Breidbach   Expeditionen ins Innere des Kopfes

Für Angela

Priv.-Doz. Dr. Dr. Olaf Breidbach

Expeditionen ins Innere des Kopfes

Von Nervenzellen, Geist und Seele

Überlegung 187 bis 192, 8. Auflage!

≡ **TRIAS** THIEME HIPPOKRATES ENKE

Koch ~ 1990, 2010, 2014, 2017

Anschrift des Autors:

PD Dr. Dr. Olaf Breidbach
Institut für Angewandte Zoologie
Universität Bonn
An der Immenburg 1
D-5300 Bonn

Gesamttypographie:
B. und H. P. Willberg, Eppstein/Ts.

Umschlaggestaltung:
Dominique Loenicker, Stuttgart
unter Verwendung einer Radierung
von Edgar Neogy-Tezar

Textzeichnungen:
Friedrich Hartmann, Nagold

*Die Deutsche Bibliothek –
CIP-Einheitsaufnahme*

Breidbach, Olaf:
Expeditionen ins Innere des Kopfes :
von Nervenzellen, Geist und Seele /
Olaf Breidbach. [Textzeichn.: Friedrich
Hartmann]. – Stuttgart : TRIAS
Thieme Hippokrates Enke, 1993

Wichtiger Hinweis:

Wie jede Wissenschaft ist die Medizin ständigen Entwicklungen unterworfen. Forschung und klinische Erfahrung erweitern unsere Erkenntnisse, insbesondere was Behandlung und medikamentöse Therapie anbelangt. Soweit in diesem Werk eine Dosierung oder eine Applikation erwähnt wird, darf der Leser zwar darauf vertrauen, daß Autoren, Herausgeber und Verlag große Sorgfalt darauf verwandt haben, daß diese Angabe dem Wissensstand bei Fertigstellung des Werkes entspricht.

Für Angaben über Dosierungsanweisungen und Applikationsformen kann vom Verlag jedoch keine Gewähr übernommen werden. Jeder Benutzer ist angehalten, durch sorgfältige Prüfung der Beipackzettel der verwendeten Präparate und gegebenenfalls nach Konsultation eines Spezialisten festzustellen, ob die dort gegebene Empfehlung für Dosierungen oder die Beachtung von Kontraindikationen gegenüber der Angabe in diesem Buch abweicht. Eine solche Prüfung ist besonders wichtig bei selten verwendeten Präparaten oder solchen, die neu auf den Markt gebracht worden sind. Jede Dosierung oder Applikation erfolgt auf eigene Gefahr des Benutzers. Autoren und Verlag appellieren an jeden Benutzer, ihm etwa auffallende Ungenauigkeiten dem Verlag mitzuteilen.

© 1993 Georg Thieme Verlag,
Rüdigerstraße 14,
D-7000 Stuttgart 30
Printed in Germany
Satz:
Druckhaus Götz GmbH, Ludwigsburg
(Linotype System 5 [202])
Druck: Gulde-Druck, Tübingen

ISBN 3-89373-225-X   1 2 3 4 5 6

Inhaltsverzeichnis

Inhaltsverzeichnis

s. 2)!

Skizze einer Expedition

Was zeigt uns ein Blick in den Innenraum des Schädelkastens? Umhüllt von einer dünnen Haut findet sich hier ein zweilappiges, wenig strukturiert erscheinendes Gewebe, das nach dem Tod – ohne Konservierung – äußerst rasch zerfällt. So wundert es nicht, daß noch im 18. Jahrhundert dieses Organ als eine Drüse angesehen wurde. Phantasievoll waren denn auch die Funktionen, die ihm zugebilligt wurden: so wurde es – anlehnend an Vorstellungen von Aristoteles – etwa als ein Organ betrachtet, das die durch ihre Arbeit erhitzten Muskeln kühlte. Die Denkfunktionen wären dieser Vorstellung zufolge nicht vcm Hirngewebe gesteuert. Bedeutsam wären vielmehr die Hirnhöhlen oder Hirnventrikel, in denen ein feines Flüssigkeitsdestillat gefangen ist, das als der eigentliche Träger der geistigen Funktionen angesehen wurde. Diese Vorstellungen wirkten noch bis ins 17. Jahrhundert nach und beeinflußten etwa das Denken des französischen Philosophen René Descartes. Üver ihn hatten sie einen großen Einfluß auf die Physiologie. Ein Zeitgenosse Descartes, der Anatom Thomas Willis, sah demgegenüber aber schon im Hirngewebe den Träger der geistigen Funktionen. Hierbei unterschied er den »sensus communis«, die Imagination und das Gedächtnis. Diese geistigen Funktionen ordnete er unterschiedlichen Hirnteilen zu. Es dauerte dann allerdings noch sehr lange, bis ein eingehenderes Verständnis der Funktionscharakteristika des Hirngewebes möglich wurde. Erst ein Blick in die Feinstruktur des Hirngewebes, eine Darstellung der zellulären Architektur dieses Gewebes, erlaubte es, hier entsprechend präzisere Vorstellungen zu gewinnen (Abb. 1).

Spätestens mit den Arbeiten von Willis war klar geworden, daß das Hirn etwas mit unserer Fähigkeit wahrzunehmen, uns zu bewegen und zu denken zu tun hat. Entsprechend folgte eine Periode experimenteller Arbeiten, in denen einzelne Teile des Hirns von Tieren – teilweise in sehr brutaler Art, etwa durch Einschlagen eines Nagels in den Schädel – verletzt wurden, um an Hand der zu beobachtenden Verhaltensausfälle Aussagen über die Funktion einzelner Hirnteile zu gewinnen. Erst gegen Ende des 19. Jahrhunderts wurden die Vorstellungen über den Aufbau und die Bedeutung der Hirnstruktur aber wirklich konkret. Es zeigte sich, daß der Ausfall bestimmter Teile der Hirnrinde, des Cortex, gut zu beschreibende Ausfälle in der Orientierungs- und Denkfähigkeit eines Patienten mit sich brachte. Eine Verletzung in einem bestimmten Bereich der linken Hirnhälfte führt zum Verlust der Sprechfähigkeit (Abb. 2, s. S. 15). Eine andere Verletzung vernichtet die Fähigkeit zu lesen; ist die Zerstörung sehr begrenzt, kann solch ein Patient u. U. zwar noch Buchstaben erkennen und diese vorlesen, er vermag daraus aber keine Worte mehr zusammenzusetzen. Dies ist nur eines von vielen Beispielen, das zeigt, daß einzelne Funktionen von dem,

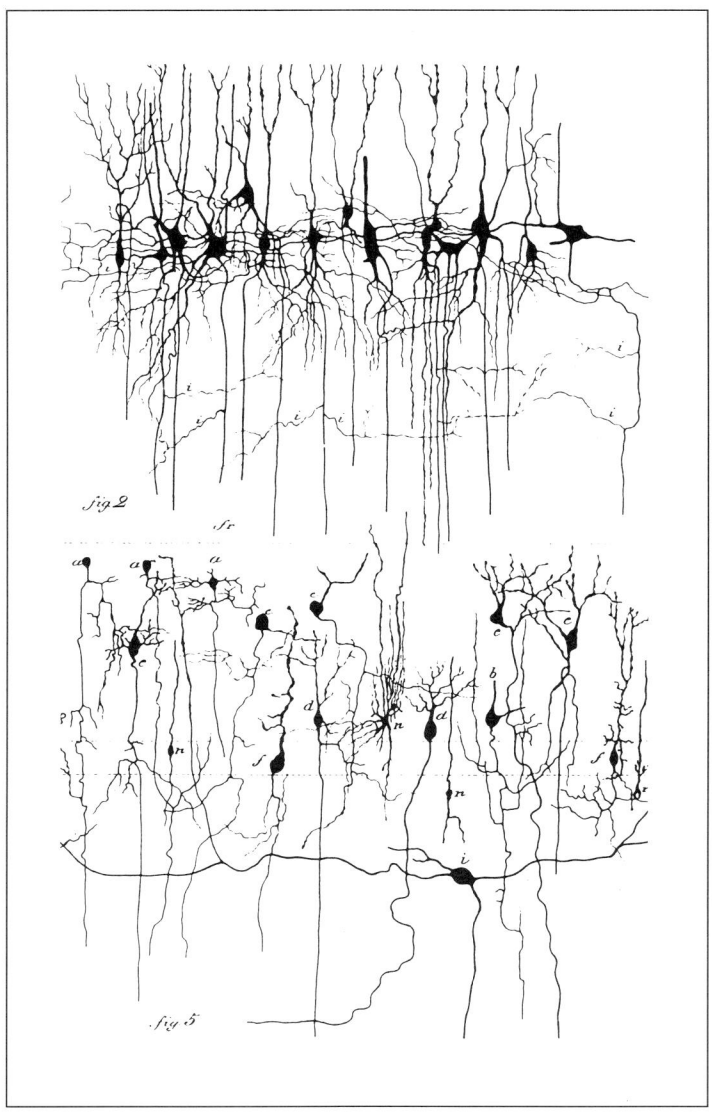

Abb. 1   Der hohe Grad von Ordnung im Nervengewebe.
         Gezeigt sind einzelne Nervenzellen aus dem Hirn eines embryonalen Hühnchens.
         Dieses Präparat wurde in einem komplizierten Verfahren gewonnen, indem das
         Hirn eines getöteten Tieres zunächst mit Farblösung durchtränkt und dann in
         dünne Scheibchen geschnitten wurde. Die hier angewendete Technik färbt
         höchstens 1% der real vorhandenen Nervenzellen, zeigt diese aber in ihrer
         komplexen Gestalt.

was wir salopp als »Denken« bezeichnen, anscheinend daran gebunden sind, daß einzelne Bausteine des Hirngewebes funktionsfähig sind. Ist damit die Schlußfolgerung zulässig, daß sich unser Denken und damit unsere Personalität letztlich aus solchen Gewebeeinheiten »zusammensetzt«? Sind wir als Personen damit dann für einen Wissenschaftler, der dieses Hirn auseinandernimmt, regelrecht zu sezieren? Die russischen Kommunisten bestellten nach dem Tode Lenins den deutschen Neurowissenschaftler Oskar Vogt, um sich den neuroanatomischen Beweis für die geistige Größe des verstorbenen Revolutionärs dokumentieren zu lassen. Ein entsprechender Beweis wurde damals nicht gefunden. Könnten wir hier heute weiterkommen, wenn wir unser modernes wissenschaftliches Rüstzeug einsetzen würden? Könnten wir im Hirn die geistige Größe eines unserer Mitmenschen sichtbar machen?

Die Frage, die sich hier aufwirft, die Frage nach dem Substrat unseres Denkens und Fühlens, war und ist nun keine Frage, die erst mit und in der Erforschung des Gehirns formuliert wurde. Diese Frage ist so alt wie die Philosophie. Ja, das Denken der Philosophen, vor allem die entsprechenden Theorien von Aristoteles, haben über Jahrhunderte das Fragen und Denken der Naturforscher, die diese Frage angehen wollten, bestimmt. Nur, die Suche nach dem Organ, dem Substrat der Seele, blieb ohne letzte Antwort. Finden wir nun, im Zeitalter der Naturwissenschaft im Zuge der Entwicklung der modernen Neurobiologie, hier endlich eine Antwort? Löst die Neurowissenschaft das Leib-Seele-Problem?

Was heißt eigentlich Neurowissenschaft, was sind ihre Disziplinen? Der Fachbereich selbst ist sehr jung. Der Begriff des Neurons wurde gegen Ende des 19. Jahrhunderts geprägt. Aber erst in den 50er Jahren unseres Jahrhunderts war klar und letztgültig bewiesen, daß dieses »Neuron«, die Nervenzelle, die Grundeinheit des Nervengewebes darstellt. Die Beschäftigung mit dem Hirnorgan selbst ist natürlich sehr viel älter, sie führt uns in die Anfänge der Medizin. Aber – wie dargestellt – begann die Forschung erst im 17. Jahrhundert, im Hirn das Organ der Seele zu suchen. Die ersten Untersuchungen waren Studien zur Morphologie des Nervengewebes, parallel hierzu wurden Verletzungs- und Abtragungsversuche ausgeführt. Erst recht spät – im Laufe des 19. Jahrhunderts – gewann man Einblicke in die zelluläre Organisation der Hirns. Zugleich entwickelte sich der Wissenschaftsbereich der Physiologie. Hirnverletzungen wurden denn auch medizinisch genauer untersucht. Das Methodenspektrum der modernen Neurowissenschaften ist aber noch um einiges umfassender. Diese Wissenschaft umfaßt molekularbiologische und genetische Forschungsansätze ebenso wie Verhaltensbeobachtungen. Sie grenzt an die Psychologie, die Informatik, die Mathematik, die Linguistik und die Anthropologie. Der

Bereich der Neurowissenschaften ist demnach methodisch äußerst vielfältig. Gerade in diesem Forschungsbereich ist denn auch eine interdisziplinäre Forschung von ausschlaggebender Bedeutung. Zentral und einend für die Vielfalt von Forschungsansätzen ist das Objekt dieser methodisch so vielfältig angelegten Begierde, das Gehirn.

Wie weit führt uns also die moderne, methodisch derart breit angelegte Hirnforschung? Stehen wir tatsächlich an der Schwelle, unser Denken, unser Fühlen, unsere Persönlichkeit naturwissenschaftlich begründen zu können? Können wir also das, was wir »Geist« nennen, in den Registrierungen der Physiologen und in den mikroskopischen Bildern der Anatomen wiederfinden? Kann die Neurowissenschaft die Frage lösen, was wir, was unser Denken eigentlich »sind«?

Es gibt derzeit einen Forschungsansatz, der sich genau diese Frage zum Programm gemacht hat. Das Denken, unser Fühlen, all das, was wir »kognitiv« nennen können, wird hier als Resultat der Stoffwechselprozesse eines Organs, des Hirns, verstanden. Die entsprechende Wissenschaft nennt sich denn auch »kognitive Neurowissenschaft«. Ist deren Sicht zu trauen? Haben wir den Schlußfolgerungen, daß das »Ich« letztlich eben nichts anderes als das in einem bestimmten Leib steckende Hirn sei, zu akzeptieren?

Und – wie ist es mit den Computern? Sind deren Leistungen unseren Denkoperationen nur ähnlich, oder sind diese Maschinen wirklich »intelligent«? Wir reden heute – mit Blick auf die enormen Leistungen der Superrechner – von »künstlicher Intelligenz«. In der Entwicklung der Leistung dieser Maschinen scheint denn auch kein Ende abzusehen; die neuesten Forschungsprogramme in Japan könnten dazu führen, daß die Leistungen der Hochleistungsrechner von heute bald um ein Vielfaches übertroffen werden. Werden hier die Visionen eines Science-Fiction-Autors wie Stanislav Lem, der eine von Computern geleitete Welt voraussagt, schneller wirklich, als wir glauben? Haben diese Maschinen nicht schon heute Intelligenz? Wenn Schachgroßmeister von solchen Maschinen geschlagen werden, sie uns Problemlösungen vorführen, die wir mit unserem Verstande nicht auszuführen in der Lage wären, ja diese Maschinen beginnen, sich selbst zu programmieren, steckt dann in ihnen nicht auch so etwas wie »Geist«?

Sind all diese Fragen aber überhaupt »richtig« gestellt? Führen uns die Ergebnisse der Neurowissenschaften wirklich zu den erhofften Antworten? Oder müssen wir sehr vorsichtig sein, wenn wir die in dieser Wissenschaft gewonnenen Daten vor dem Hintergrund des Leib-Seele-Problems interpretieren wollen? Um dies zu klären, müssen wir die Denkweise, die Grenzen und die Perspektiven dieser Wissenschaftsdisziplin näher kennenlernen. Genau dies nun sucht das vorliegende Buch zu erreichen. Ich möchte Sie zu einer Exkursion verleiten, in der wir einige wesentliche Seiten und auch einige Nebenwege im Forschungsprojekt Gehirn erkunden. Ein Ziel ist hierbei, Ihnen ein Gespür dafür zu vermitteln, was in den von dieser Wissenschaft erarbeiteten Fakten liegt.

Die Konzeption zu diesem Buch kam nach einer Diskussion mit der Lektorin des Trias-Verlages, Frau Warmuth, zustande, in der wir uns sehr schnell darüber klar wurden, welche Bedeutung den Neurowissenschaften in der Diskussion um unser Menschenbild zuzumessen ist. Nicht daß sich die Neurowissenschaftler danach drängen, sich in außerhalb ihres Faches gelegenen Bereichen zu profilieren. Nur, die Neurowissenschaft kommt in Zugzwang. Wie definiere ich den Hirntod? Was bedeutet es, wenn ein Säugling ohne Großhirn geboren wird – ist dies noch ein Mensch? Wie steht es mit Patienten, die einen weitreichenden Abbau ihres Hirngewebes erleiden? Ist unser Verhalten Resultat einer evolutionsbiologischen Optimierung, sind Ethik und Moral demnach neuronal programmiert? Was ist eigentlich Sucht? Gibt es naturwissenschaftliche Kriterien für das psychisch Normale? Wie hat eine moderne Pädagogik auszusehen? Gibt es so etwas wie eine »künstliche Intelligenz«? Solche und ähnliche, politisch wie ethisch bedeutsame Probleme werden immer drängender. Die zu bewältigenden Fragen werden hierbei immer komplexer.

Die Fortschritte, die die Naturwissenschaften erringen, wecken die Hoffnung, in ihnen die Lösung für diese Probleme zu gewinnen und damit auch uns selbst, unser Denken und Fühlen besser begreifen, wenn nicht gar völlig erklären zu können. Es schiene fantastisch, wenn wir hier zu diesen Lösungen gelangen könnten. Wäre es uns dann, wenn wir wüßten, wie unser Hirn funktioniert, nicht möglich, unsere Aggressionen abzustellen, unsere Lernfähigkeit zu steigern und so den uns drängenden Problemen sehr viel gerüsteter entgegenzusehen?

Wie weit darf uns unser Optimismus hier tragen? Die Science-Fiction-Romane, wie sie etwa Asimov in den 60er Jahren formulierte, können ja keine Leitlinie für unser Urteil sein. Zumal die Antworten, die wir hier – in der Suche nach dem Organ der Seele – fänden, weiterreichende Konsequenzen hätten. Sie betreffen unser gesamtes Wertgefüge, unsere Vorstellungen von uns selbst, die Bewertung unserer Handlungen und damit die Planung der Zukunft unserer Kinder

Was gilt ein Mensch, wenn er als eine komplexe Maschinerie begriffen ist? Was gilt er, wenn ihn letztlich in seinem Verhalten nur sehr wenig von einer Ratte unterscheidet? Schon jetzt ist der Einfluß eines sich unter entsprechend »optimistischen« Perspektiven an den Naturwissenschaften orientierenden Denkens gerade auf die Pädagogik nicht zu unterschätzen: Sind wir ähnlich strukturiert wie die Computer, müssen wir unser Lernen anders organisieren, als es das klassische Gymnasium vermag. Die ersten auf solchen Ansätzen fußenden Versuche, die Pädagogik entsprechend zu ›optimieren‹ – die Einführung des Sprachlabors gehört dazu – liegen schon einige Jahre zurück. Dieser Versuch brachte keinen wesentlichen Erfolg. Entsprechend blieb dieser, aus dem Optimismus der frühen Computertechnologie geborene Ansatz denn auch weitgehend auf der Strecke. Derzeit erfahren wir, getragen von den Zauberworten »Expertensysteme« und »interaktive Lernprogramme«, allerdings eine Renaissance entsprechender Ideen. Haben wir mittlerweile in der Handhabung der Computertechnologie so viel dazugelernt? Der Einfluß entsprechender »Lehren« auch auf die Medienwissenschaft und die Psychologie ist keineswegs gering. Die neuen Visualisierungsmöglichkeiten, der Entwurf einer totalen Imagination scheint hier die entsprechenden Visionen von Aldous Huxley aus seinem Buch »Schöne neue Welt« wirklich greifbar werden zu lassen. Der komplexe Zugriff auf alle Sinne verspricht eine neue, verbesserte Art von Lernen und eine komplexe, das gesamte Bewußtsein einbindende Imagination. Was können »Brain-Machines«, die entsprechendes leisten sollen, aber wirklich bieten?

Wie orientieren wir uns in dieser Fülle von Fragen? Dürfen wir jedem blind vertrauen, der uns glaubhaft macht, die Daten, auf denen er seine Interpretationen aufbaut, seien durch die Neurowissenschaft gesichert? Oder müssen wir nachsehen, welche Aussagen in dieser Wissenschaft selbst zu diesen Fragenkomplexen gefunden wurden? Hilft uns die moderne Hirnforschung dabei aber wirklich weiter? Ist sie nicht vielleicht selbst orientierungslos? Hat diese Forschung selbst noch ein einheitliches Weltbild, in dem sie ihre Einzelaussagen ordnen könnte?

Hier sieht es bei näherem Hinsehen doch eher so aus, als stünde die Naturwissenschaft insgesamt (und damit auch die Neurowissenschaft) genauso wie wir einzelnen vor dem Problem, daß ihr keineswegs zweifelsfrei klar ist, in welchem Rahmen sie ihre Daten eingeordnet findet. Sie kann nun eines versuchen, sie kann prüfen, ob ihre Einzelperspektive nicht doch genügt, »Land« und damit »Boden« unter den »Füßen« zu gewinnen. Diesen Versuch hat die Naturwissenschaft, speziell auch die Neurowissenschaft, gewagt; sie versucht herauszufinden, wieweit ihre Aussagen für ein Verständnis unserer selbst zureichen. Dieser Versuch ist noch nicht abgeschlossen, der Boden selbst ist noch nicht gewonnen, wenn auch in vielen Bereichen schon die entsprechenden »Claims« abgesteckt sind. Insofern wäre es denn auch trügerisch, für eine umfassende Orientierung über das, was wir »sind«, allein auf den Aussagen dieser Neurowissenschaft aufzubauen. Es bleibt aber faszinierend, an dem Erkundungsgang teilzunehmen, der klarstellen soll, wo und inwieweit hier von dieser Disziplin tragfähiger Grund erreicht ist.

Als solch ein Exkursionsbericht ist das vorliegende Buch geschrieben. Es ist hierbei – schon von seinem Umfang her – unvollständig, und steht zudem in vielen angesprochenen Punkten noch nicht in der Distanz einer schon fruchtbaren Wissenschaftstradition. Eine ganze Reihe von angesprochenen Perspektiven ist völlig neu und wird erst derzeit daraufhin getestet, ob und inwieweit die dort formulierten Denklinien überhaupt weiterführen. Insoweit ist dies Buch auch kein Kompendium nach Art eines Rezeptbuches, in dem einzelne Wissenschaftsaussagen mundgerecht zubereitet sind. Es ist der Versuch einer Geschichte dessen, was wir in der Hirnforschung, vor allem der letzten Jahre, gelernt haben. Dieser Versuch soll erläutern, wie in der Neurowissenschaft gearbeitet und gedacht wird. Dabei soll auch ein Gefühl für die Bedeutung vermittelt werden, die die Befunde dieser Wissenschaft für eine Bestimmung des »Wertes« eines Menschen, seiner Persönlichkeit besitzen und eventuell besitzen könnten.

Die Darstellung ist hierbei punktuell und in einigen Teilen auch wertend. Ich hoffe aber, auch Fachkollegen unter den Lesern beurteilen dieses Buch primär aus der Intention heraus, eine Idee von dem zu vermitteln, was in der Forschung »läuft«, und verzeihen mir die teilweise eher subjektive Gewichtung meiner «Geschichten«.

Ohne die Betreuung durch Frau Warmuth im Lektorat des TRIAS-Verlages wäre aus diesem Buch wahrscheinlich nie ein – wie ich zumindest nun hoffe – lesbarer Text geworden. Für diese Hilfe ganz herzlich: vielen Dank. Besonders danken darf ich meinen Kollegen PD. Dr. W. Köck (Siegen), Prof. D. Linke (Bonn) und Dipl.-Biol. R. Wegerhoff (Bonn), die sich der Mühe einer kritischen Lektüre des Manuskriptes nicht verschlossen. Ihre Bemerkungen und Korrekturen haben so manches verbessert.

Alle Unzulänglichkeiten des Textes sind jedoch einzig und allein dem Unterzeichnenden anzukreiden.

Olaf Breidbach

Neuro- statt Geisteswissenschaften?

Beklemmende Ruhe liegt über den am Stolleneingang des Eisenbahnbaus bei Cavendish in Vermont versammelten Arbeitern. Vier sich im dichten Abstand langsam parallel zueinander bewegende aschfahle Gesichter werden in der dicht zusammengedrängten Masse der Arbeiter näher kenntlich. Sie schieben sich durch die Menge und stemmen einen noch zuckenden Körper auf einen der nahestehenden Ochsenkarren ... Diese Arbeiter trugen einen schwerverletzten Kollegen. Ein von der Wucht einer Pulverexplosion aus einem Bohrloch geschleuderter Eisenkolben war ihm durch die Stirn gedrungen und hatte den Schädel – und damit das Hirn – durchschlagen. Der Arbeiter, Phineas Gage, wird ärztlich versorgt und überlebt das Unglück. Nach geraumer Zeit scheint er von seiner körperlichen Leistungsfähigkeit her denn auch wieder fähig, sich in seinen früheren Lebensbereich zu integrieren. Doch sehr schnell ist er unter allen seinen früheren Freunden isoliert. Seine sozialen Verhaltensweisen haben sich völlig geändert. Er ist unbeherrscht, fahrig, erkennt keinerlei Umgangsformen mehr an und scheint nurmehr gesteuert durch Aggression und einen unstillbaren Hunger nach Sex.

Das Eisenteil, das in seinen Kopf drang, hatte einen bestimmten Teil seines Hirns verletzt. Mit der selektiven Zerstörung dieses Bereichs war der Charakter dieses Menschen zerschlagen. Nicht etwa, daß er nicht mehr »funktionierte«; er konnte – wenn ihn auch sein alter Arbeitgeber zurückwies – doch wieder selbst für seinen Lebensunterhalt sorgen. Aber seine ursprüngliche Persönlichkeit war durch den Verlust eines kleinen Hirnteils vernichtet.

Aus einer ganzen Reihe ähnlicher Fälle wissen wir, daß einzelne hochkomplexe Verhaltensmuster – wie etwa unser Sprachverständnis – nach Verletzung bestimmter, zum Teil sehr kleinräumiger Bereiche des Hirngewebes ausfallen (Abb. 2). Ist solch ein Hirnareal zerstört, verliert das Opfer – etwa eines Hirnschlages – eine spezielle Fertigkeit. So kann ein Schlaganfall, bei dem ein Blutgefäß im Hirn zerplatzt und in Folge dieser Hirnblutung ein Teil des Hirngewebes zerstört wird, meine Fertigkeit, meine Muttersprache zu verstehen und zu sprechen, vernichten. Habe ich Glück und die durch den Hirnschlag bedingte Gewebeschädigung bleibt begrenzt, kann solch ein Ausfall meine Fähigkeiten im Umgang mit einer erlernten Fremdsprache allerdings unberührt lassen. So könnte ich dann zwar nicht mehr Deutsch sprechen und verstehen, meine Fertigkeiten in der Konversation in dieser Fremdsprache blieben von dem Hirnschlag aber unberührt.

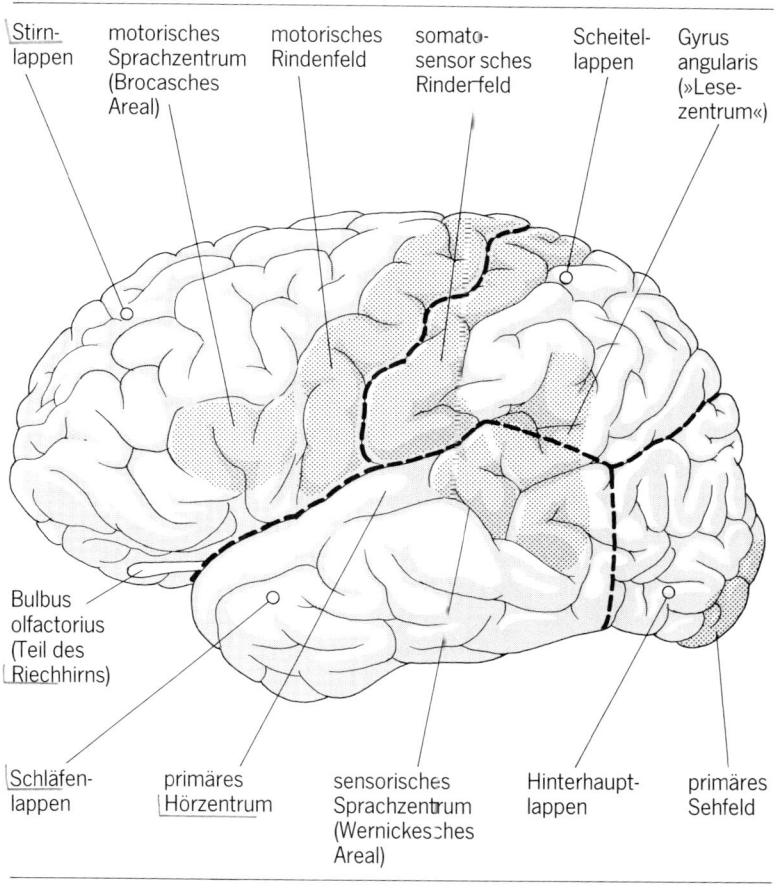

Abb. 2   Blick auf die linke Großhirnrinde des Menschen.

(beide Sprachzentren, also in li. Hälfte, 3d. Blick von links)

Wir kennen Ausfallerscheinungen nach begrenzten Hirnverletzungen, die – wiederum selektiv – das Erkennen von Satzanfängen, die Modulation der Sprache oder aber das Lesen von Wörtern betreffen (das Erkennen von Buchstaben ist im letzten Fall ungestört). Der Neurophysiologe Otto Creutzfeldt konnte in Versuchen, die zur Diagnose vor einer Hirnoperation notwendig waren, einzelne Nervenzellen im Bereich des Sprachzentrums – in einem Teilbereich der linken Hälfte der Hirnrinde – ausfindig machen, die selektiv auf Pop-Musik oder klassische Musikstücke ansprachen. Betrachten wir diese Beispiele, so erscheint unser Denken als

eine Reihung von Teilfunktionen, die nur richtig ›verlötet‹ sein müssen, um
unser normales Verhalten entstehen zu lassen. Die Verletzungen demontie-
ren Teilbereiche dieser Hirn-Maschinerie. In Folge dieses Abbaus fallen
Einzelfunktionen, die dieses Gewebe besaß, aus.

Vielleicht entsinnen Sie sich der Demontage von HAL, dem Super-
computer im Science-Fiction-Film »2001 – Odyssee im Weltraum«. Zeigte
sich dort doch eindringlich, was das Zerlegen einer zu kognitiven Verhaltensleistungen fähigen Maschine bedeutet: HAL wird allmählich seiner
Platinen beraubt und fällt von Ausbau zu Ausbau auf immer tiefere
Leistungsstufen hinab, bis er schließlich nurmehr dem Leistungsprofil
eines Heim-Computers entspricht.

Wäre solch eine Gleichsetzung von Mensch und Computer anma-
ßend? In unseren Krankheitsgeschichten kennen wir eine erschreckende
Parallele zu jener Demontage eines Supercomputers. Die Phase der Senilität, in der ein alter Mensch infolge eines allmählichen Abbaus des Hirngewebes mehr und mehr von seinen geistigen Fähigkeiten verliert, scheint
dieser Computergeschichte direkt zu entsprechen. Die Krankheitsbilder
von Patienten, die an Multipler Sklerose oder dem Alzheimer-Syndrom
erkrankt sind – bei all diesen Krankheiten werden aufgrund unterschiedlicher Stoffwechselstörungen kontinuierlich Nervenzellen abgebaut –, zeigen
äußerst drastisch, was es bedeutet, wenn ganze Nervenzellgruppen im Hirn
nacheinander ausfallen. In direkter Folge nehmen die geistigen Fähigkeiten der Patienten ab, die in der Endphase ihrer Krankheiten nurmehr als
Nahrung aufnehmende körperliche Hüllen ihrer einstigen Persönlichkeiten
dahinvegetieren. Die Persönlichkeiten dieser Menschen, ihre Fertigkeiten,
basierten offensichtlich auf dem – im Laufe der Krankheit vernichteten –
Nervengewebe, der neuronalen »Hardware« sozusagen.

Wenn also nicht nur einzelne unserer Fertigkeiten, sondern sogar
unsere Persönlichkeit, unser Charakter von der Funktion unseres Hirnes
abzuhängen scheint, dann müßten wir fordern, daß bestimmte Hirnteile
dafür verantwortlich sind, daß ich oder auch ein etwaiges Gegenüber in der
jeweils charakteristischen Weise zu reagieren vermag. Unser Denken und
Handeln scheint demnach durch die neuronale Maschinerie bestimmt.
Willard von Orman Quine, ein Philosoph aus Harvard, wollte es – ganz
konsequent – denn auch den Neuroanatomen überlassen, zu erklären
warum unser Denken »logisch« ist; sie sollten sich eben bemühen, die
Neuronen aufzufinden, die unsere Logik »codieren«. Entsprechend forderte
er denn auch, die Erkenntnislehre zu »naturalisieren«, d. h., die Philosophie
als Ausfluß der Reaktionen des Hirngewebes zu verstehen.

In der Kybernetik führte diese Idee, etwa in den Neuronenmodellen von McCulloch und Pitts, zu Vorstellungen, logische Programmierstrukturen als Integrationsleitungen von neuronalen Elementen zu begreifen und – in Konsequenz – dann auch zu dem Versuch, umfassende Programmstrukturen über neuronenähnliche Verrechnungsarchitekturen aufzubauen. Dies ist die Idee, die hinter der Arbeit mit neuronalen Netzen (das sind zumindestens entfernt nervengewebsähnliche Programmstrukturen) und etwa hinter dem Versuch steht, Neurocomputing (das heißt Programmieren mit neuronalen Netzen) und Fuzzy-Logik zu verknüpfen. Können wir mit solchen Programmierungsansätzen im Computer die innere Organisation neuronaler Systeme nachbauen? Finden wir in diesen Programmstrukturen die Ansätze, aus denen heraus wir die Logik unseres Denkens als Effekt einer internen neuronalen Programmierung begreifen können?

Die Fuzzy-Logik greift auf ältere philosophische Ansätze zurück. So hatte Reichenbach in den 20er Jahren versucht, eine Aussagenlogik zu formulieren, die wahrscheinlichkeitstheoretisch fundiert war. Er griff hierzu auf das methodische Instrumentarium der neuen Physik, speziell der Quantenphysik zurück. In den 50er Jahren formulierte dann Rudolf Carnap eine Wahrscheinlichkeitslogik, die Aussagen nicht grob als wahr oder unwahr klassifizierte, sondern ihnen einen Wahrscheinlichkeitswert zuerkannte. Damit wollte Carnap versuchen, unsere oft nur approximativen Aussagen in einem logischen Gerüst einzufangen. Die Fuzzy-Logik geht hier noch einen Schritt weiter. Sie versteht komplexe Entscheidungen, die auf Grund einer oft nur unzureichend abgetesteten Erfahrungsbasis gefällt werden, als Wahrscheinlichkeitsabwägungen. Genaugenommen schätzen wir in solchen Situationen – so die Fuzzy-Logik – dabei nicht nur ab, ob dann, wenn eine bestimmte Ereignisfolge vorliegt, eine Wahrscheinlichkeit v besteht, daß hierauf ein Ereignis y folgt. Diese Beschreibung unseres Denkens wäre ungenau. Entsprechend geht die Fuzzy-Logik in ihrer Analyse unserer Entscheidungsstruktur einen Schritt weiter. Schließlich sind die Ereignishorizonte, vor denen ich die Wahrscheinlichkeit des Eintretens eines Ereignisses y berechne, keine fest bestimmten Größen; auch bei ihnen sind ja jeweils nur Teilhorizonte der komplexen Faktenlage erfaßt. Schon meine Bestandsaufnahme der Ausgangssituation, die mich dann zur Berechnung der Wahrscheinlichkeit führt, daß das Ereignis y eintritt, arbeitet mit Wahrscheinlichkeiten. Demnach bestimmte ich in solchen Situationen letztlich die Wahrscheinlichkeit von Wahrscheinlichkeiten. Will ich etwa vorhersagen, in welchem Größenordnungsbereich die mittlere Jahrestemperatur in Nordamerika über die nächsten 10 Jahre schwanken wird, kann ich nicht auf einen kompletten und in allen Details ausgearbeiteten Faktenkatalog zurückgreifen. Vielmehr werde ich Hypothesen und

Vereinfachungen in eine entsprechende Modellrechnung einbauen, die mir dann eine Abschätzung der Klimaentwicklung ermöglichen wird. Erst wenn ich das Material, das in meine Berechnung einfließen soll, derart vereinfache, werde ich zu einer Aussage kommen können. Solch eine Aussage ist dann aber nicht absolut, sie trägt nur eine gewisse Wahrscheinlichkeit (die wiederum auch davon abhängig ist, wie »wahrscheinlich« meine Annahmen sind, mit denen ich die Berechnung startete). Ist nun nicht all unser Denken von dieser Art? Leben wir nicht von solchen Vereinfachungen, indem wir unsere Orientierung, unsere Entscheidungsfindung auf für uns eben sehr wahrscheinliche Vorgaben aufbauen?

Wir können damit insgesamt drei Problemfelder formulieren:

1) Das menschliche und das tierische Hirn sind sich sehr ähnlich. In beiden wirken die gleichen Mechanismen. Läßt sich damit die Funktion unseres Hirnes verstehen? Wir könnten – zunächst ganz naiv – das menschliche Hirn als eine bloße Erweiterung der Organkonstruktion begreifen, die wir bei tierischen Organismen finden. Das menschliche Hirn ist »nur« ein weitentwickeltes Säugerhirn. Da wir die Entwicklungsgeschichte der Säugetiere zumindest in groben Konturen kennen, können wir demnach auch die Entwicklungsfolge rekonstruieren, in der das menschliche Hirn entstanden ist. Von dieser Analyse ausgehend können wir die komplexen Mechanismen, die sich in unserem Hirn finden, auf ihre Anfänge, auf ihre Grundtypen hin, zurückverfolgen. Wir können sehen, wie das Hirn von einfacher organisierten Tieren »funktioniert«. Wir können versuchen, die Verhaltensmuster solch eines einfacher organisierten Tieres als Resultat seiner Hirnfunktionen zu deuten, d. h., das Verhalten als Funktion des Nervengewebes zu verstehen.

2) Es scheint, daß sich Computer und menschliches Hirn in vielem entsprechen. Es ist möglich, Grundfunktionen des menschlichen Hirnes in diesen Maschinen zu modellieren. Was bedeutet das? Können diese Maschinen denken, oder explizieren sie nur die Programmstruktur, die ihnen durch einen – menschlichen – Programmierer vorgegeben ist?

3) Eine Analogie von Hirn und Computer scheint auch darin zu liegen, daß beide Strukturen modular aufgebaut sind, daß ich also die Funktionen des menschlichen Hirnes – ganz analog wie in dem Film »2001 – Odyssee im Weltraum« an HAL geschildert – gleichsam sezieren kann. Diese letzte Vorstellung steht in guter Deckung mit den Annahmen von Punkt 1. Schließlich können wir zeigen, daß sich das Hirn in der Evolution sukzessive, immer wieder auf alten Strukturen aufbauend, entwickelt. D. h., die jeweilige Neukonstruktion (die neu entstehende Art) »übernimmt« die alte (Hirn-)Konstruktion. Es läßt sich zeigen, daß ursprüngliche

neuronale Strukturen in der Evolution über weite Entwicklungsphasen unverändert bleiben, obwohl sie in verschiedenen Arten in umfassend veränderte funktionelle Strukturen eingebunden werden. Dies gilt sowohl für einfache Reflexbahnen wie auch für Nervengewebsbereiche, die dazu dienen, Sinnensinformation aufzunehmen und weiterzuverarbeiten. Diese evolutionäre »Stabilität« neuronaler Strukturen ist keineswegs die Ausnahme, sondern eher die Regel.

Haben wir demnach also die naturalisierte Erkenntnislehre, wie sie etwa Quine vertritt, sehr ernst zu nehmen? Die Logik, die Form unseres Denkens, wäre also direkt abhängig von der Struktur des Hirngewebes. Die Verknüpfungen der Zellen, die dieses Gewebe bilden, die Zyklen, in denen die Stoffwechselprozesse in diesem Organ ablaufen, enthielten folglich die Formel, nach der unser Denken zu entschlüsseln wäre. Genau diese Konsequenz hätten wir zu ziehen, wenn die Analogie von Mensch und Computer stimmig wäre. Das Hirn könnten wir uns – annäherungsweise – als eine komplexe Schaltkreisarchitektur vorstellen; seine Regelkreise, seine Programmierung bestimmen das, was dieses Hirn »auswirft«: Geist. Der Programmierer dieses Systems ist bekannt: die Evolution.

Nun wissen wir, daß es für den historischen Übergang zwischen Tier und Mensch keine scharfe Grenze gibt. Die Fossilfunde aus der Zeit der Anfänge der Menschwerdung zeigen eher menschenaffenähnliche Formen – wie den *Australopithecus* –, die sich in ihren Struktureigenschaften nur graduell von den sehr frühen eigentlichen Menschen, den Arten der Gattung *Homo,* unterscheiden. Damit zeigt schon die vergleichende Anatomie, wie dicht unser Stammes»verhältnis« zu den Affen ist. Genau diese Ähnlichkeiten zeigen sich auch, wenn wir das Verhalten von Affe und Mensch eingehender vergleichen. Wir kennen spielende Schimpansen; berühmt sind die von Jane Goodall beschriebenen Tiere, die Werkzeuge erfanden und den Werkzeuggebrauch auch in ihrer Gruppe tradierten. Jane Goodall beschrieb etwa, wie ein Schimpanse Termiten mit einem Halm aus ihrem Bau fischte, den er sich zuvor abgerissen und auf die richtige Länge zugebissen hatte. Von den Zwergschimpansen, den Bonobos, ist bekannt, daß sie schwere Steine, die sie dazu benutzen, hartschalige Nüsse zu knacken, über weite Entfernungen herbeiholen und sie auch regelrecht lagern. Es konnte auch beobachtet werden, wie eine Zwergschimpansenmutter ihr Junges darin unterwies, dieses ›Werkzeug‹ richtig zu handhaben, also die Nuß in eine günstige Position zu legen, die ›richtige‹ Seite des Steins zu benutzen und auch die Bewegungen beim Zuschlagen zu koordinieren. Von diesen Zwergschimpansen ist zudem bekannt, daß sie auch in ihrem Sozial- und Sexualverhalten eine ganze Reihe »menschlicher Züge« besitzen; gar nicht zu reden von der (allerdings nicht unproblematischen) Diskussion um den Sprachgebrauch bei Schimpansen.

Ein Vergleich des Verhaltens dieser Tiere mit dem des Menschen zeigt weitgehende Entsprechungen. Noch deutlicher wird die Ähnlichkeit der beiden Gruppen im anatomischen Vergleich. Mensch und Tier zeigen hier keinen wesentlichen Unterschied. Dies wird besonders deutlich, wenn wir unsere Relationen – mit denen wir solche Vergleiche unternehmen – überprüfen. Der Bauplan eines Frosches unterscheidet sich sehr viel stärker von dem eines Schimpansen als dessen Anatomie von der des Menschen. Wir betrachten die verschiedenen Ausprägungen im Bauplan und in der Physiologie der Tiere aber nurmehr als die – evolutionsbiologischen – Variationen eines Grundthemas. Auch den Menschen haben wir hier folglich einzupassen. Für den Neurobiologen bedeutet dies, daß er all die Daten, die er an weniger komplex organisierten Tieren erarbeitet hat, dazu verwenden kann, das Hirn des Menschen besser zu verstehen. Nun sind die Programme, über die das Nervensystem das Verhalten ansteuert, bei einigen Organismen, u. a. auch bei einzelnen niederen Wirbeltieren wie der Erdkröte oder dem Krallenfrosch, neurobiologisch schon sehr weitgehend entschlüsselt. Wenn es nun innerhalb der Evolution zum Menschen keine prinzipiellen Grenzen gibt, was kann uns hindern, genau denselben Forschungsansatz, der bei den einfacheren Kreaturen so erfolgreich war, auf uns selbst anzuwenden?

Mittels hirnphysiologischer Untersuchungen kann man feststellen, inwieweit sich die Reaktionen des Hirngewebes durch Erfahrungsprozesse modifizieren lassen. Es läßt sich prüfen, ob etwaige Änderungen in dem Erregungsgefüge des Hirnes mit bestimmten Verhaltensveränderungen korrelieren. Dies kann folgendermaßen aussehen: Wir registrieren mittels einer physiologischen Meßapparatur die Veränderungen in den Reaktionen eines bestimmten Teils des Hirngewebes. Dabei messen wir zugleich, ob und wie sich das Verhalten des Tieres ändert. Finden wir, daß eine entsprechende Verhaltensänderung immer mit einer Umschichtung in der Aktivität dieser Hirnregion einhergeht, d. h. daß der Wechsel in den Hirnfunktionen und im Verhalten korreliert ist, haben wir ein sehr starkes Indiz dafür, daß die Verhaltensumschichtung und die Veränderung der Hirnphysiologie ursächlich miteinander verknüpft sind. Diese Formulierung ist sehr vorsichtig gewählt, genaugenommen reicht solch eine Beobachtung allein noch nicht für die Behauptung aus, daß diese Veränderung in der Hirnphysiologie die Verhaltensänderung *verursacht*. Um so weit gehen zu können, sind bestimmte Voraussetzungen notwendig. Dieses Buch soll klären helfen, inwieweit solche Voraussetzungen zwingend anzunehmen sind. Hierzu werden wir diesen Forschungsansatz im weiteren noch eingehender betrachten. Haben wir damit den Weg gefunden, der es uns erlauben könnte, unser Verhalten – und damit auch uns selbst – zu begreifen?

Die Gegenthese würde lauten, daß eine Analyse all dieser Phänomene zwar wichtig und für ein Verständnis dessen, was den Menschen ausmacht, bedeutsam ist, daß es aber nicht zureicht, unser Ich lediglich als eine Kopplungsstelle zwischen Reizeingang und einem durch solche Reizmuster abrufbaren Bewegungsprogramm zu begreifen.

Bleiben wir aber zunächst noch einmal im Denken der Neurowissenschaft. Was heißt es in deren Betrachtungsweise, wenn wir etwas »erfahren«, wenn wir also sehen, schmecken, ertasten, hören usf.? Wir nehmen Reize wahr, erfahren unsere Umwelt durch unsere Sinne. Diese »Wahrnehmung« können wir nun in verschiedenen Sprachebenen beschreiben. Zunächst können wir in der Alltagssprache ansetzen und eine Vielfalt von weitgehend unreflektiert aufgenommenen Einzelbeobachtungen aneinanderreihen. Die Sprachebene des Psychologen wird solch eine Beschreibung schon reduzieren und etwa bestimmte Grundtypen des Wahrnehmens herausstellen, wobei sie ausweisen wird, daß solch eine Anschauung von bestimmten Vorgaben, etwa der Erziehung, geprägt ist. Noch weiter reduziert sich solch eine Beschreibung, wenn wir sie mit dem Vokabular eines Physiologen beschreiben. Für diesen wäre »Wahrnehmung« zunächst die Aufnahme bestimmter physikalischer Ereignisse, etwa von Schallwellen oder Duftstoffen durch spezielle an bestimmte Energiespektren angepaßte Sinnesorgane. Diese leiten die in den Sinneszellen aufgefangenen »Reiz-Ereignisse« in bestimmte Hirnareale. Dort werden diese Ereignisse dann in eine Erregung bestimmter Nervengewebsbereiche übersetzt. Sehr vereinfacht können wir davon sprechen, daß die physikalischen Ereignisse der Außenwelt in diesem Bereich des Nervengewebes »repräsentiert« sind. Wie werden mir diese Erregungsmuster aber verfügbar? Wann wird aus solch einer u. U. großflächig gestreuten Aktivität von Nervenzellen im Gehirn eine »Erfahrung«? Ich, als der Erfahrende, muß auf diese wie auch immer gearteten Repräsentationen zurückgreifen, ich muß sie mir dienlich machen, sie in ein komplexeres Verhaltensprogramm – meine Gesamtverhaltenssteuerung – einbauen. Dies kann ich nicht, indem ich mir den Schädel aufreiße und auf die Erregungsmuster schaue, die über das Gewebe hinwegspielen. Ich habe auch keine Kamera im Kopf: und ich stehe nicht bei mir selbst im Hirn. Niemand schaut sich an, was sich da unter der Schädeldecke ereignet.

Dies bedeutet, daß es nicht zureicht, die Aktivitätsmuster im Hirngewebe zu beschreiben, um zu erfassen, was das Ich, das Bewußtsein und damit die wesentliche Qualität dessen, was für uns »Geist« ist, ausmacht. Wir wissen zudem – schon von den Ergebnissen der Neurowissenschaft her –, daß die Erfahrung kein passiver Prozeß ist. Reizaufnahme ist schon in ihren ersten Schritten Deutung. Wir erkennen Qualitäten –

»grün«, »Bäume« oder »Wolken« – und nicht etwa physikalische Frequenzspektren in einem dimensional geordneten Gefüge. Die Physik der Farbe ist definiert. Wir können auch Korrelationen zwischen einem physikalisch definierten Farbspektrum und etwaigen Antworten bestimmter Sinnesorgane erarbeiten. Diese Zuordnung erklärt uns allerdings noch nicht, daß wir ein Farb*empfinden* besitzen. So wird uns eine hellgelbe Keramik-Schale, die wir von einem hell erleuchteten Raum in ein abgedunkeltes Zimmer tragen, auch in dem dunklen Zimmer sehr viel heller erscheinen als ein dunkelblauer Fußboden in dem hell erleuchteten Zimmer, den wir durch die offenstehende Tür erblicken. Die Keramik bleibt für uns hellgelb, obwohl sich das physikalische Spektrum, das unsere Sinnesorgane beim Übergang vom hellen in das dunkle Zimmer registrieren, verändert. So ist etwa – von der physikalischen Messung her – das Dunkelblau des Fußbodens in dem hell erleuchteten Zimmer heller als das Gelb der Schale in dem dunklen Raum. Wir erfahren diese Farben aber anders. Bedeutet dies, daß wir einen Ansatz, in dem wir zu erfahren suchen, was wir sind, was uns und unser Denken bestimmt, sehr weit über ein einfaches physiologisches Konzept hinaus fassen müssen?

Zu fragen wäre, ob die Neurowissenschaft hier Konzeptionen anbietet, die es erlauben könnten, zumindest Aspekte des Ichs, seiner Eigenbestimmtheit und damit unserer Personalität wirklich zu verstehen. Wenn uns diese Wissenschaft hier dann etwas zu sagen hat, dann ist sie keine Detailwissenschaft im klassischen Verständnis mehr. Wenn uns diese Wissenschaft sagt, warum und wie wir denken, welchen Platz hätten gegenüber solch einer Wissenschaft dann noch Disziplinen wie die Philosophie oder die Psychologie? Diese beiden Wissenschaften studieren, wenn wir in der Analyse des Hirnes eine Antwort auf unsere Fragen finden, doch lediglich die Phänomene dessen, was die kognitive Neurowissenschaft analytisch entschlüsselt.

Einer solchen Argumentation ist entgegenzuhalten, daß sie sehr vordergründig mit dem Begriff des »Kognitiven« umgeht; sie reduziert das komplexe Verhalten eines Menschen auf die wenigen Momente, die die Neurowissenschaft mit ihren Methoden und in ihrem Vokabular handhaben kann. Andererseits sind die in dieser Wissenschaft formulierten Perspektiven zunächst nur Wegweisungen für eine Analyse, sie zeigen damit nicht mehr als eine Denkmöglichkeit auf. Doch wissen wir von den Untersuchungen pathologischer Erscheinungen, welche komplexen Wirkungen ein Eingriff in die Hirnphysiologie hat. Zeigt die Analyse entsprechender Ausfallerscheinungen nicht auf, wie berechtigt der Ansatz ist, unser Denken vom Hirn her, als Verhaltensausfluß dieses speziellen Organs zu deuten? Dies heißt, wir müssen versuchen zu verstehen, wie weit das

Konzept der Neurowissenschaft dazu geeignet ist, menschliches Verhalten zunächst einmal als Resultat einer bestimmten Neurophysiologie zu betrachten.

Dies Konzept möchte ich im weiteren austesten. Der Ausflug ins Innere des Schädels, auf den wir uns hierfür einzulassen haben, beginnt bei den natürlichen »Fenstern« der Innenwelt »Hirn«: bei den Sinnen, mit einer Darstellung unser Sinneswahrnehmung. Hierbei können wir keineswegs erwarten, daß wir eine »objektive« Umwelt einfach abbilden. Wir können nicht ohne weiteres davon ausgehen, daß wir das Subjekt und das Objekt sauber auseinanderhalten können. Schon die vorab ausgeführten ersten Andeutungen zeigen, wie sehr die »Sphären« von Subjekt und Objekt in unserer Wahrnehmung verzahnt sind. Unsere Sinnesorgane filtern ein äußerst schmales Spektrum von für uns relevanten Reizen aus, das dann in einer sehr komplexen Art und Weise weiterverarbeitet wird. Das, was wir sehen, hören oder riechen, ist demnach keineswegs vorurteilsfrei aufgenommene Realität; in vielerlei Hinsicht sind diese Qualitäten eher ein Abbild der Verrechnungsstrukturen in unserem Hirn als eine »objektive« Darstellung unserer Umwelt. Was passiert aber dann im Hirn? Das Hirn generiert und steuert Verhalten, hierbei paßt es das Verhalten an die Umwelt – an die jeweils aufgenommenen sensorischen Informationen – an. Können wir hierzu mehr sagen, gibt es Konzepte die uns deutlich machen, was hier im Hirn vorgeht? Ist es möglich, neurowissenschaftlich zu erläutern, was es heißt, »sich für etwas zu entscheiden«?

Um zu sehen, ob und wie dies möglich ist, werden wir uns dann Vorstellungen zuwenden, die zu erklären suchen, was wie im Hirn wirklich geschieht. Dazu müssen wir zunächst die Grundprinzipien des Hirnaufbaus kennenlernen. Daraus folgen Konsequenzen, die mit den verfügbaren experimentellen Daten in guter Übereinstimmung stehen. Somit können wir es wagen, von hier ausgehend, grundsätzliche Vorstellungen über die Funktion des Hirnes zu erarbeiten. Dabei bewegen wir uns in einem noch hypothetischen Raum. Ich werde einige Modelle vorstellen und versuchen zu erläutern, wie weit wir mit entsprechenden Vorstellungen kommen können. Die skizzierte Sichtweise ist vergleichsweise neu und auch nur in einigen Eckdaten allgemein akzeptiert. Sie ist aber – wie es mir scheint – derzeit ohne Alternative. Damit hätten wir dann ein Bild von der funktionellen Struktur des Hirnes erarbeitet und könnten nun herangehen, die eingangs formulierten Fragen an die Neurowissenschaft zu stellen. Hierbei wird schon die Darstellung der Aussagen über die Funktion des Hirnes zeigen, wie die Neurowissenschaft denkt, und in welchen Grenzen sie sich dabei bewegt. Es wird sich erweisen, daß diese Grenzen zu eng sind, um aus diesem Ansatz eine umfassende, unser Bewußtsein, unser »Ich« und unsere

Personalität beschreibende und erklärende Theorie zu gewinnen. Deutlich wird dies in der Antwort auf die Frage: »Können Computer denken?«, in der Darstellung der Aussagen der Neurowissenschaften über das Gedächtnis und in einer Analyse des Verhältnisses von Neurowissenschaft und Philosophie. Dabei suchen wir das Konzept der kognitiven Neurowissenschaft zu bewerten, den Menschen als »l'homme neuronal«, als neuronalen Menschen, und nicht als vernunftbegabtes Tier, als »animal rationale« oder »Homo sapiens«, als weisen Menschen, zu begreifen. Das Buch schließt mit der Darstellung der Problematik einer angewandten Neurowissenschaft. Welche Möglichkeiten hat die Medizin, in das Hirn einzugreifen? Welche ethischen Konsequenzen sind bei entsprechenden Möglichkeiten abzusehen?

Das Buch ist insoweit ein Versuch, auszutesten, was die kognitive Neurowissenschaft zu einem modernen Bild des Menschen beitragen kann. Wie weit kommen wir auf dem Weg, auf dessen Wegweiser die sehr plakative – aber zumindest als Forschungsprogramm auch höchst berechtigte – Forderung steht, die Leitfiguren für eine Analyse des Geistigen auszutauschen? Nicht mehr die Psyche, sondern das sehr viel prosaischere Neuron hätte uns zumindest zu Beginn auf diesem Weg zu leiten.

Literatur

Blakemore, C. (1977): Mechanics of the Mind. Cambridge; *eine packend geschriebene, gut illustrierte Einführung in das Problemfeld Hirn und Bewußtsein.*

Braitenberg, V. (1987): Künstliche Wesen. Verhalten kybernetischer Vehikel. Braunschweig–Wiesbaden, *ein gänzlich anderer, sehr anregender Zugang zur Problematik ›Hirn und Geist‹.*

Brazier, M. A. B. (1988): A History of Neurophysiology in the 19th Century. New York; *eine eher vertiefende Spezialstudie.*

Churchland, P. (1986): Neurophilosophy – Toward a Unified Science of the Mind/Brain. Cambridge (Mass.) – New York; *grundlegende Einführung in die cognitive Neurowissenschaft aus philosophischer Perspektive, mit einer umfassenden und kompetenten Einführung in die Neurobiologie.*

Clarke, E., Dewhurst, K. (1972): An Illustrated History of Brain Function. Oxford; *gut illustrierter Abriß der Geschichte der Hirnforschung.*

Lurija, A. R. (1992): Das Gehirn in Aktion. Reinbek; *eine allgemein-verständliche Einführung in die Neuropsychologie.*

Sacks, O. (1987): Der Mann, der seine Frau mit einem Hut verwechselte. Reinbek; *packend geschriebene Fallstudien zur Problematik neuronaler Erkrankungen, in deren Zentrum der Mensch und nicht bloß seine Physiologie steht.*

Eine gute Orientierung vermitteln auch die beiden Reader:

Gehirn und Nervensystem (1985), Heidelberg, Spektrum der Wissenschaft.

Gehirn und Kognition (1990). Heidelberg, Spektrum der Wissenschaft.

Die Innenwelt der Außenwelt –
Reizverarbeitung im Hirn

Die Fakten sind die Münzen, in denen uns der Dämon auszahlt,
wenn wir uns darauf einlassen, vor dem Wirklichen die Augen
zu schließen.

Bergischer Anonymus

Was bedeutet es eigentlich »zu erfahren«, wie vermittelt sich uns unsere Umwelt? All das, was uns so direkt, unmittelbar erscheint, unser Fühlen, Tasten, Schmecken ist ja letztlich nicht die ganze Welt. In diesen Sinnesqualitäten fassen sich die Reaktionen bestimmter Sinnesorgane, die ihre Erregung an bestimmte Hirnregionen weiterleiten. Diese Sinnesorgane schieben nun nicht etwa eine physikalische Qualität, zum Beispiel einen Farbwert, die das Wahrgenommene auszeichnet, »nach innen«, zum Hirn. Sie melden sich für das Hirn in einer Art Morsecode, der bei allen Sinnesorganen gleich ist. Eine Sinnesqualität wird aus diesen Meldungen allein dadurch, daß sie bestimmte Hirnbereiche aktivieren. Diese Hirnbereiche bearbeiten die entsprechende Meldung und »machen« solch eine Morsefolge dann zu einem Duft oder einer Farbe. Ein Schlag aufs Auge reizt (unter Umständen) auch die Lichtsinnesorgane, dann empfinde ich nicht nur Druck, sondern ich sehe auch Sterne. Das Hirn kann das Ansprechen dieser Sinnesorgane nur als Sehen »verstehen«: Erregung in den diesen Organen nachgeordneten Hirnarealen »bedeutet« Licht. Würde man eine kleine Nadel in diesen Hirnbereich einführen und über diese Nadel das Hirngewebe elektrisch reizen, empfände ich weder Schmerz noch »Elektrizität«: Ich würde etwas »sehen«.

Was heißt also »Erfahrung«, wie verarbeitet das Nervengewebe die Erregungseingänge, die es von der Außenwelt erlangt? Ja, welche Komponenten der Umwelt werden überhaupt in unseren Sinnesorganen abgebildet?

Am Beispiel des Ohres werden wir uns verdeutlichen, was es überhaupt bedeutet »wahr«-zunehmen. Wir machen dann einen großen Sprung und versuchen, uns in einer zunächst sehr groben Orientierung klarzumachen, wie das Hirn bestimmte Laute verarbeitet. Nun sollte man ja meinen, es sei einfach, zumindestens die Laute wiederzuerkennen, die man auch selbst produzieren kann. Doch zeigt eine entsprechende Untersuchung, wie schwierig es schon ist, Sprachlaute zu erkennen. Unsere Computer scheitern hier bisher. Unser Hirn erkennt aber nicht nur Sprache, es strukturiert den Schallstrom vor und läßt dabei schon in den ersten Reizverarbeitungs-Instanzen so etwas wie syntaktische Regeln erkennen. Können wir demnach sagen, daß der Aufbau unserer Sprache der Reflex der Abbildungseigenschaften unseres neuronalen Programms ist?

Nachdem wir uns an der akustischen Orientierung klargemacht haben, was Erfahrung in einem neurobiologischen Sinne bedeutet und inwieweit wir hier in unseren Möglichkeiten an unsere neuronale »Hardware« gebunden bleiben, wollen wir in einem zweiten Schritt versuchen, solch eine Erfahrung als Reaktion einer Gruppe von miteinander verschalteten Zellen zu begreifen. Hierzu begrenzen wir erst einmal unseren Problemansatz und versetzen uns zunächst in ein ganz einfaches System. Wir sehen davon ab, daß auch solch ein System ein höchst kompliziertes Verhalten zeigen kann. Wir spielen eine Art Pilot der im Kopf eines Tieres sitzt und auf bestimmte Meßinstrumente blickt. Wir registrieren deren Skalenausschlag und stellen – nach bestimmten Regeln, auf Grund dieser Meßdaten – ganz bestimmte Bewegungsprogramme ein oder aus. Wir werden sehen, daß solch ein nahezu blinder Pilot das Tier in höchst komplexen Verhaltenssituationen sicher navigieren kann. Wir werden ferner feststellen, daß das zelluläre Programm der Verhaltenssteuerung genauso abläuft. Nur finden wir im Kopf etwa einer Fliege keinen Piloten; wir finden nur ganz definiert verknüpfte Nervenzellen. Wir finden auch kein Regelbuch für dieses Tier, die Regeln der Navigation sind vielmehr in den Verknüpfungsfunktionen der Nervenzellen festgeschrieben. Insoweit lernen wir also einen Ansatz zur Erklärung des Verhaltens kennen, der mit einem Minimum an Vorgaben auskommt. Die Zellen, deren Verknüpfung, deren Reaktionen, all dies können wir mit dem Instrumentarium der Physiologie messen. Haben wir damit also ein Programm gefunden, das uns erklärt, wie Verhalten funktioniert?

Damit hätten wir schon einen weiten Bogen gespannt, die Erklärungsmöglichkeiten der Neurowissenschaften, die Tragweite ihrer Aussagen hätten wir exemplarisch kennengelernt. Immer wieder stoßen wir dabei auf das Phänomen, daß wir damit zwar Einzelheiten verstehen, etwa begreifen, wie eine Fliege eine Kurve fliegt, aber doch nicht dazu kommen, eine Erfahrungsganzheit, das, was wir etwa mit einer »Stimmung« bezeichnen, in den Blick zu nehmen. Bei der Fliege ist dies nicht weiter verwunderlich, aber kann uns nicht diese Analyse das Vorbild dafür geben, wie wir insgesamt solch komplizierte Verhaltensweisen zu interpretieren haben? Sieht unser Wahr-Nehmen aber nicht doch anders aus? Fügen wir nicht das Einzelne, das wir erkennen, schon in der Wahrnehmung zu einem Ganzen zusammen?

Sagt uns die Analyse unserer Reizverarbeitungs-Mechanismen in solch einem Kontext dann wirklich noch Wesentliches aus? Wir können ja – etwa über eine Brille oder auch über eine Operation – die Reizselektions-

Mechanismen manipulieren, die Details der Reizaufnahme verändern, aber wir verändern mit solchen Korrekturen nicht die Erfahrung, daß wir in einer einheitlich strukturierten Welt leben. Unsere Wahrnehmung ist ja nicht zerstückelt. Es kann sein, daß wir unser Umfeld weniger konzentriert betrachten und demnach nur einen geringen Anteil von dem registrieren, was um uns vorgeht. Bei höherer Aufmerksamkeit können wir mehr und Genaueres von dem wahrnehmen, was in unserem Umfeld geschieht. Müßten wir dann nicht auch im Versuch einer neurophysiologischen Erklärung unserer Wahrnehmung auf das Ganze gehen, und Wahrnehmung als ein komplexes Ereignis zu begreifen suchen, in das Erinnerung, Vorwissen und Stimmungen eingreifen? Haben wir Wahrnehmung demnach nicht schon von vornherein als ein kognitives Phänomen, als Resultat unseres Denkens zu begreifen? Gibt es in der Neurowissenschaft hierzu einen Ansatz? – Es gibt ihn. Wir werden kurz die Grundzüge der Vorstellungen G. Freemans, die er in der Untersuchung der Geruchswahrnehmung gewann, skizzieren. Diese bilden – wie ich meine – ein gutes prinzipielles Modell dafür, was »Wahrnehmung« neuronal bedeuten könnte.

Vor uns liegt demnach ein sehr langes Kapitel. Wir beschäftigen uns zuerst mit dem Hören, dann mit dem Sehen und schließlich mit dem Geruch. Die Darstellung der Verarbeitung dieser Sinnesqualitäten dient uns hierbei zugleich dazu zu demonstrieren, wie die Neurowissenschaft in ihrer Analyse vorgeht, welche Methoden ihr zur Verfügung stehen und was sie in solchen Analysen letztendlich aussagt.

≡ Hören

Musik wird störend oft empfunden,
dieweil sie mit Geräusch verbunden.

Wilhelm Busch

≡ Das Ohr

Was passiert nun bei der Reizwahrnehmung? Das neurowissenschaftliche Erklärungsmodell verfolgt die Bahn, die ein Außenreiz, ausgehend von der Aktivierung eines Sinnesorgans, in den Verarbeitungsinstanzen im Hirn durchläuft. Was erfahre ich? Was bedeutet es, wenn meine Sinnesorgane aus der Vielfalt der mich umgebenden Anregungen ein jeweils äußerst enges Spektrum herausschneiden, was wir dann »Geruch« oder etwa auch »Geräusch« nennen?

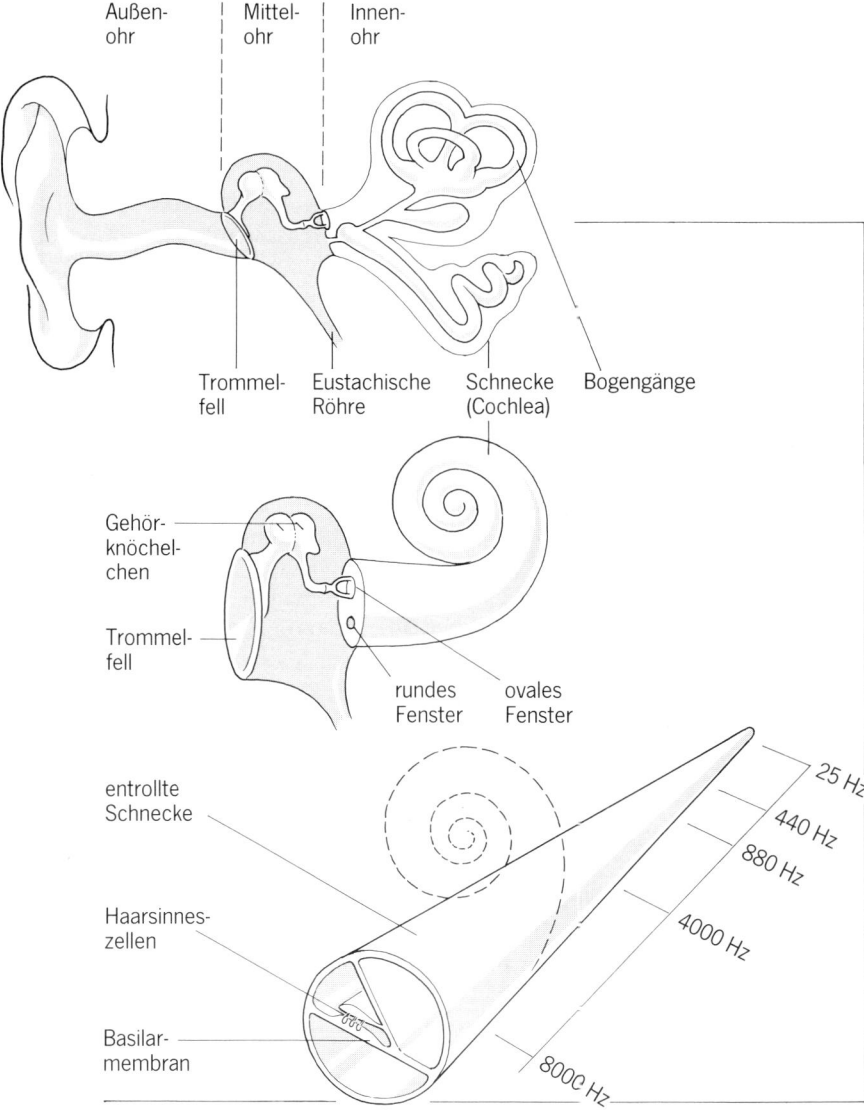

Abb. 3   Aufbau des Ohres. Die Hörsinneszellen sitzen auf der sogenannten Basilar-
membran der Schnecke oder Cochlea auf. Die Bogengänge dienen der
Lageorientierung und sind in den Hörvorgang nicht eingebunden.
Die beiden schematischen Zeichnungen verdeutlichen die prinzipielle Situation.
In der unteren Schemazeichnung sind Bereiche der Cochlea markiert, in denen die
Sinneszellen auf bestimmte Lautfrequenzen optima ansprechen.

Bleiben wir zunächst beim Beispiel des Hörsinnes. Was bedeutet es
– ganz von den reizaufnehmenden Organen, von den Ohren her »gesehen«
– zu hören? Das Ohr registriert Schallwellen, es nimmt sie allerdings nur
dann auf, wenn sie innerhalb einer bestimmten Größenordnung liegen;
Ultraschall oder auch sehr tiefe Töne können wir ohne technische Hilfsmit-
tel nicht wahrnehmen. Was passiert hier nun?

Wenn wir von Details – wie etwa der Frequenzselektion und
Verstärkung von akustischen Reizmustern durch die Ohrmuschel – absehen, lassen sich die Reizaufnahme, die Reaktionen, die im Ohr bei solch
einer »Wahr«-Nehmung ablaufen, wie folgt darstellen (Abb. 3): Die Schallwellen treffen auf das Trommelfell und bringen es zum Vibrieren. Hinter
dem Trommelfell liegen drei kleine, komplex ineinandergreifende Knochen,
die die Vibration des Trommelfells auf eine zweite, kleinere, wie eine
Trommel aufgespannte Membran, das ovale Fenster, übertragen. Hierbei
wird das akustische Eingangssignal noch einmal verstärkt. Diese kleinere
Membran grenzt an einen flüssigkeitsgefüllten, zu einer Schnecke aufge-
rollten Schlauch, der die eigentlichen Hörsinneszellen enthält. Dieser
Schlauch ist in der Horizontalen durch eine sogenannte Basilarmembran
geteilt. An der dem ovalen Fenster gegenüber »gelagerten« Flüssigkeitssäule in diesem Schlauch ist eine dritte Membran, das runde Fenster,
eingesetzt. Eine auf das ovale Fenster übertragene Vibration setzt nun die
Flüssigkeitssäule innerhalb der Schnecke in Schwingung. Die Flüssigkeit
wird nicht komprimiert, da sie ihre Schwingungen über das runde Fenster
ihrerseits an das Luftvolumen der sogenannten Eustachischen Röhre weiterleiten kann. (Diese Eustachische Röhre verbindet das Innenohr mit dem
Mund-Rachen-Raum; sie ist leider allzuoft von recht unangenehmen Ent-
zündungen betroffen.) Das Schwingen der Flüssigkeit in der ›Schnecke‹
bedingt eine Auslenkung der Basilarmembran, die – über einen komplexeren Mechanismus – von auf dieser Membran verteilten speziellen reizaufnehmenden Zellen, den Haarsinneszellen, registriert wird. Die Auslen-
kungscharakteristika der Basilarmembran sind frequenzspezifisch. Das
bedeutet, diese Membran schwingt bei unterschiedlichen Frequenzen in
einer jeweils anderen Wellenform. Diese jeweils für jede Frequenz charak-
teristische »Auslenkwelle« kann nun von den Haarsinneszellen »abgegriffen« werden, sie tasten gleichsam die Kontur dieser Welle ab und melden
die Position der jeweiligen Wellenmaxima nach zentral – ins Hirn.

Auf diese Art und Weise wird das das Trommelfell erreichende
Schallsignal in eine Erregung des Nervensystems umgeformt. Das Nervensystem erfährt hierbei kontinuierlich einen entsprechenden Erregungseingang, fortlaufend verändert sich die Form dieser Erregung, und entsprechend werden andauernd neue Erregungsprofile nach »zentral« gemeldet

(Abb. 4). Lautfolgen, etwa eine Tonfolge in der Musik, werden als komplexe Veränderung der Frequenzeingänge in der Zeit registriert.

Nun haben wir bekanntlich zwei Ohren. Die entsprechenden relativen Zeitabfolgen in den Lautmustern sind in beiden Ohren in etwa gleichartig, allerdings ergeben sich leichte Zeitdifferenzen und unter Umständen sogar leichte Frequenzverschiebungen, die allerdings dann das jeweilige Gesamtlautspektrum umfassen. In einer Analyse der Lautdifferenzen zwischen beiden Ohren können daraus Raumpositionen einer Schallquelle und gegebenenfalls – gemittelt über eine kürzere Zeitspanne – auch die relative Bewegung einer Schallquelle zu uns bestimmt werden.

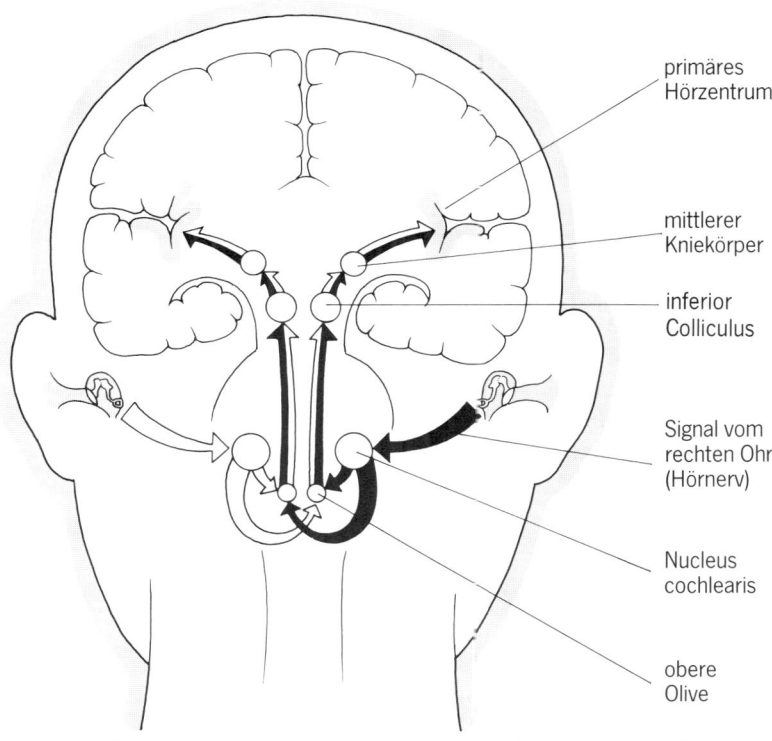

primäres
Hörzentrum

mittlerer
Kniekörper

inferior
Colliculus

Signal vom
rechten Ohr
(Hörnerv)

Nucleus
cochlearis

obere
Olive

Abb. 4   Akustische Bahnen vom Ohr zum akustischen Cortex.
Der akustische Reiz wird über verschiedene Kernregionen in den ipsi- wie kontralateralen akustischen Cortex weitergeleitet.

Was ist an dieser Reizumsetzung aber noch für »wahr« zu nehmen? Bildet sich hier meine Umwelt ab? Ist das, was ich dann als Eigenschaft der Umwelt festhalte, ein unverfälschtes Abbild der Welt? Das erste, was das Hirn erreicht, ist eine Aussage über die Schwingungsverhältnisse einer sich zwischen zwei Flüssigkeitssäulen bewegenden Membran. Wo ist hier die Sphärenharmonik oder die Stimmungslage, die wir etwa mit Musik verbinden? Es wäre falsch, solch komplexe Reizkombinationen schon auf dieser ersten Verrechnungsebene des Nervengewebes herauszudestillieren zu wollen. Das Sinnesorgan übersetzt zunächst allein die physikalischen Ereignisse des Umfeldes in einen Ereigniscode, den das Nervengewebe weiterleiten und den dieses Gewebe dann auch bearbeiten kann. Die Membran-Schwingungen des Hörorgans »reizen« bestimmte nachgeordnete Hirnbereiche, die zwar sehr direkt auf bestimmte Auslenkungsverschiebungen in dieser Membran reagieren, nur – was »höre« ich denn? Gilt hier nicht – sehr übertragen – schon für die Sensorik die Phrase von André Heller: »Die wahren Abenteuer sind im Kopf«?

Das Hörorgan reagiert auf unterschiedliche Außenreize, unterschiedliche Frequenzen, unterschiedliche Lautstärken – darauf sind wir oben gar nicht eingegangen – verschieden. Insoweit bildet das Hörorgan die Außenwelt im Innen»raum« Hirn denn auch tatsächlich ab: Die Erregung der Sinneszellen wird in ein raumzeitliches Muster von Erregungen nachgeschalteter Nervengewebsareale übersetzt. Nur, die Qualität, in der sich diese Signale abbilden, ist zunächst einmal die Qualität der Ansprecheigenschaften und der Eigencharakteristika des Sinnesorganes. Dieses selektiert bestimmte besonders gut weiterleitbare Teilspektren aus der Gesamtbandbreite des Eingangssignales aus; es ist ferner für bestimmte »Tonlagen« besonders sensibel. Diese Nischen, die das Sinnesorgan besonders »gut« abbildet, sind damit zunächst einmal Eigencharakteristika, besondere Ansprecheigenschaften des Sinnesorgans.

Das akustische Signal, das das Hirn »wahr«nimmt, bildet primär eine hochkomplexe Kaskade von Reaktionen unseres Gewebes ab. Diese Kaskade ist von der Umwelt initiiert; die Qualität des Signals, die registrierte Stimmung (etwa die Klangfarbe eines Tones) ist zunächst und weitgehendst aber ein Abbild unserer körpereigenen Reaktionen.

In unserer frühen Kindesentwicklung lernen wir mit dem Mechanismus unseres Sinnesapparates umzugehen. Dessen Funktion ist uns vorgegeben. Wir müssen versuchen, unsere Reaktionen auf das Ansprechen der Sensorik zu optimieren, um uns in unseren Handlungsfolgen möglichst optimal in unsere Umwelt (von der die Sinnesorgane ja immer nur einen Teil »abbilden«) zurechtzufinden. Hierzu müssen wir denn auch die verschiedenen Sinne aufeinander abstimmen. So ist es für eine Raumorientierung wichtig, daß optischer Sinn, Tastsinn und Hörsinn aufeinander abgestimmt sind. Die sensorischen Eingänge der verschiedenen uns verfügbaren Sinne werden koordiniert; wir lernen dabei, die Eingangssignale unserer Sinnesorgane sinnvoll »anzusprechen«. So ist es für die Entwicklung der Tiefenwahrnehmung beim Kleinkind wichtig, daß es seine Umwelt abtasten kann. Erst aus dem Abgleich der Seherfahrung mit der Erfahrung des Tastsinnes, des »Begreifens« der Dinge, ›lernt‹ das Kind Distanzen auch rein visuell abzuschätzen. Bei größeren Distanzen ist dieser Lernprozeß mühsamer. So erklärt es sich denn auch, daß ein Kleinkind noch relativ lange versucht, den Mond zu greifen. Haben wir unsere Sinnesorgane aber einmal entsprechend koordiniert, ist ihr Programm vergleichsweise fest. Erst in neuen Umweltsituationen, wie etwa unter den Bedingungen der Schwerelosigkeit, fällt uns diese Bindung wieder auf; wir müssen dann gegebenenfalls umlernen und können dies bei nicht allzu drastischer Umschichtung unseres Gesamtumfeldes auch vergleichsweise rasch.

Nur, aus all dem folgt, daß wir unseren Sinnen nicht immer und auch nicht überall gleich trauen können. Schon bevor ein »Signal« überhaupt in das Nervensystem »eingefüttert« wird, hat die sensorische »Peripherie« bestimmte Reizkomponenten herausgefiltert und gegebenenfalls nach den ihr eigenen Modalitäten verstärkt, umgewandelt und auf unsere Physiologie hin abgestimmt. Was nehme ich also von der Umwelt »wahr«? Das, was sich von der »Umwelt« letztendlich im Hirn präsentiert, ist hochgradig vorverarbeitet. Von der Um»welt« bleibt in dieser Reizverarbeitungskaskade letztlich sehr wenig übrig.

Wörter und Laute

In allen Lüften hallt es wie Geschrei

Jakob van Hoddis

Ist es aber überhaupt wichtig, in den Sinnen eine »Realität« abzubilden? Reicht es nicht aus, wenn wir eindeutige Beziehungen zwischen unseren Handlungen und bestimmten Außenreizkonfigurationen aufbauen? Wäre also – sofern wir diesem Ansatz folgen – die Frage, ob wir so etwas wie »Realität», in einem ganz naiven Sinne verstanden, wahrnehmen können, nicht hinfällig? Ein sehr einfaches Beispiel mag verdeutlichen, was gemeint ist:

Auch als Rot-Grün-Blinder kann ich im Straßenverkehr teilnehmen. Es ist nicht von Bedeutung, daß ich an einer Ampel das Rot als rot wahrnehme. Wichtig ist vielmehr, daß ich mit diesem Lichtsignal eine

Bedeutung assoziiere und mich dieser Bedeutung entsprechend verhalte. So ist es unwesentlich, ob mir dieses Rot als Grauton, bläulich oder wie auch immer erscheint, wichtig ist, daß ich bei Aufleuchten dieses für mich unter Umständen »anormal« definierten Zeichens richtig reagiere und meinen Wagen anhalte.

Entsprechend könnten wir denn auch verstehen, was »Wahrnehmung« zunächst einmal ist: eine Art, unsere Reaktionen möglichst optimal auf eine Reizkonstellation in der Umwelt auszurichten. Wichtig ist hierbei nicht, daß die Umwelt »richtig« erkannt wird (im Sinne einer objektiven Strukturanalyse), wichtig ist allein, daß die auf die Reizkonstellation hin produzierten Handlungsabfolgen die Situation des handelnden Individuums stabilisieren.

Nun hatten wir uns eingangs auf solch komplexe Phänomene wie die Sprachanalyse bezogen. Derart komplizierte Kommunikationsstrukturen scheinen sich einer vereinfachenden Interpretation zunächst zu entziehen. Wenn es aber möglich wäre, auch für den Bereich der akustischen Kommunikation ein vereinfachendes Modell aufzustellen, das uns einen Ansatz für eine vertiefende neurobiologische Analyse gäbe, hätten wir u. U. die Möglichkeit, an solch einem basalen Modell prinzipielle Charakteristika des Hörsystems aufzuzeigen, die wir dann auch wieder auf den Menschen rückbeziehen könnten. – Ein entsprechend vereinfachtes System finden wir in der akustischen Kommunikation der Frösche.

Bei den Fröschen dient das Lautäußerungsverhalten dem Auffinden und der Auswahl des Geschlechtspartners. Neurobiologisch genauer untersucht wurde dieses Verhalten am amerikanischen Ochsenfrosch. Das Männchen dieser Art besitzt ein Revier und signalisiert einem Weibchen durch sein Rufen seine Präsenz. Die Weibchen laufen auf rufende Männchen zu. Auf weite Entfernungen hin reicht dem Weibchen allein das Rufsignal eines Männchens, um es zur Annäherung zu bewegen. Im Nahfeld werden dann weitere Reizkomponenten wie das Sehen, aber auch die Wahrnehmung von Oberflächenwellen in dem Tümpel, in dem die rufenden Männchen sitzen, für das Weibchen bedeutsam. Wie sähe nun ein einfaches Ortungsprogramm für ein ein Männchen suchendes Weibchen aus? Das Weibchen muß die arteigenen Rufe erkennen und dann auch die Position der Schallquelle im Raum orten. Hier soll nur der erste Aspekt der Orientierung des Weibchens interessieren: Wie erkennt das Weibchen, daß ein arteigenes Männchen ruft? Es wäre ökonomisch für das Weibchen, wenn es nicht auf jeden beliebigen Laut reagiert und so u. U. erst nach einer mühsamen Annäherung feststellt, daß das rufende Tier nicht seiner Art zugehört. Zudem wäre so auch das Risiko für das Weibchen herabgesetzt, einem möglichen Freßfeind in die Arme zu laufen. (Bei bestimmten Käfern gibt es allerdings auch Räuber, die die Signale imitieren, die die um einen Geschlechtspartner werbenden Individuen ihrer Beuteart aussenden. Hierbei handelt es sich um Blinksignale, die – in diesem Falle – die Weibchen aussenden. Ein Männchen, das auf die Blinkimitate hereinfällt, landet im Magen einer Raubkäferart.) Gut wäre es zudem, wenn das Weibchen schon am Lautmuster eines arteigenen Männchens erkennen könnte, ob dieses für eine Paarung in Frage kommt. Dies ist speziell beim Ochsenfrosch bedeutsam, denn hier rufen auch schon »halbstarke«, nur wenig fruchtbare junge Männchen, die für ein Weibchen unattraktiv sind. Für das Weibchen würde es sich nicht lohnen, diesen »Halbstarken« »nachzulaufen«. Wie erkennt das Weibchen nun den Ruf des »richtigen« Männchens?

Das Froschweibchen nimmt nur ganz bestimmte Frequenzen eines Schallereignisses auf. Der Laut des Männchens ist genau auf dieses enge Band, in dem das Weibchen besonders gut »hört«. abgestimmt. Hört das Weibchen nun diese Frequenzen in einem bestimmten Zeitmuster, das dem arteigenen Laut entspricht, so nähert es sich der diesen Laut aussendenden Schallquelle. Dies ist im Normalfall – wenn kein Neurobiologe mit Tonband und Computer die akustische Landschaft im Umfeld solch eines Weibchens »verunreinigt« – ein Männchen seiner Art. Die relevanten Teilkomponenten eines Froschrufes lassen sich aber auch über einen Lautsprecher abspielen. Einzelne Anteile des Lautes können dabei variiert werden. Durch solche Attrappenversuche läßt sich demnach testen, welche Signalkomponenten im Laut des Männchens für das Weibchen relevant sind.

Wie unterscheidet das Weibchen aber nun, ob es ein paarungsfähiges Tier oder einen »Halbstarken« vor Ohren hat? Die »halbstarken« Ochsenfrösche sind in einer Art Stimmbruch (bedingt durch die noch mangelnde Größe ihrer Schallblase). Sie senden den arteigenen Ruf zwar im richtigen Zeittakt aus, jedoch mit der falschen Frequenz, weil der Resonanzraum, in dem ihre Rufe »produziert werden«, die Schallblasen, zu klein ist. Den tieffrequenten Lautanteilen überlagert sich noch ein höherfrequenter Anteil. Das Weibchen hört beides. Nun geschieht etwas sehr Einfaches: Die Ohren des Frosches sind viel weniger komplex gebaut als unsere Ohren, diesen Tieren fehlt eine Schnecke; sie besitzen aber zwei Sinneshaarfelder im Innenohr, die auf unterschiedliche Frequenzen ansprechen. Das eine Sinneshaarfeld spricht auf die tieffrequenten Schallanteile des arteigenen Lautes an. Entspricht das Zeitmuster dieses Lautanteiles den arteigenen Rufmuster, werden diesem Sinneshaarfeld nachgeordnete Bereiche im Hirn aktiviert, die zuletzt die Verhaltensprogramme zur Annäherung an ein Männchen starten. Das zweite Sinneshaarfeld reagiert auf höherfrequente Lautanteile. Treten solche Signalanteile auf, leitet dieses Sinneshaarfeld ein Signal in die Hörbahn, das nun aber hemmend wirkt. Ruft ein halbstarkes Männchen, werden beide Sinneshaarfelder aktiviert; parallel zum Ansprechen des Tiefton-Feldes wird immer auch das Hochton-Feld gereizt. Dadurch wird die Weiterleitung der Erregung aus dem Sinneshaarfeld 1 an das Hirn blockiert. Die Reizung des Sinneshaarfeldes 1 bleibt damit ohne Effekt, die ihm nachgeordneten Hirnareale werden nicht mehr erregt. Von Zentralhirn her gesehen hört das Weibchen diese »Halbstarken« gar nicht. Entsprechend eindeutig ist denn auch seine Verhaltensantwort auf deren Rufen: Es reagiert nicht.

Haben wir damit ein simples, aber unter Umständen doch prinzipielles Modell für die neurobiologischen Mechanismen der Kommunikation gewonnen? Könnten wir uns unsere eigene Sprache als eine Art von Reiz- und -Antwort-System denken, das zwar viel, viel komplizierter, aber im Prinzip doch ähnlich wie dieses Frosch-Kommunikationssystem aufgebaut ist?

Betrachten wir das Problem »Sprache« zunächst einmal in einer Analyse der Phänomenologie dieser weitentwickelten akustischen Kommunikation. Ist es möglich, Sprachlaute, Wörter, ähnlich einfach zu beschreiben wie die Grundsignalkomponenten des Froschlautes?

Es scheint, daß bei dem Erkennen von Sprachlauten die Probleme doch um einiges schwieriger gelagert sind. Dies wurde vollends klar, als man versuchte, die ersten »hörenden« Computer zu entwickeln. Sprachlaute sind schon von ihrem physikalischen Grundkomponenten (der Frequenz-Zeit-Verteilung) äußerst komplex aufgebaut. Jedes Individuum hat bestimmte Besonderheiten seiner Sprachmodulation, die eine Verschiebung der Frequenz-Zeit-Charakteristika des Sprachlautes bedingen. Auch bei einer einzelnen Person variieren die entsprechenden Spektren erheblich; dies zeigt sich in unterschiedlichen Stimmlagen (Rufen, Flüstern) einer Person oder auch bei einem leicht veränderten physiologischen Zustand (nach zwei Vierteln Wein oder nach einem 1000-m-Lauf); die Zeit-Frequenz-Muster eines Lautes sind hier zum Teil wesentlich verschoben.

Die Spracherkennung kann demnach nicht so erfolgen, daß für ein »Silben-Detektions-System« eine bestimmte Frequenz-Zeit-Charakteristik vorgegeben ist. Wir müssen vielmehr viel variabler operieren. Um ein Signalerkennungssystem aufzubauen, müssen wir das gesamte Schallspektrum eines Sprechers registrieren. Analysieren wir nun die Sprache, müssen die Lautcharakteristika einzelner ähnlicher Silben verglichen werden, um in einer Differentialanalyse herauszubekommen, welche Silbe die redende Person gerade ausgesprochen hat. Hierzu müssen wir im Moment der Analyse schon wissen, was an Lautkombinationen in einer bestimmten Sprache möglich ist, und wir müssen die Eigenheiten der Aussprache der jeweils zu uns sprechenden Person abschätzen. Wenn wir der Person zuhören, müssen wir fortlaufend auf dieses Vorwissen zurückgreifen und eventuell schon aus dem Gesprächszusammenhang erahnen, welche Silbenkombination in einem bestimmten Satz sinnvoll ist und welche wir von vornherein ausschließen können. Nur im fortlaufenden Rückgriff auf ein derartiges Vorwissen ist es uns möglich, einem Gespräch zu folgen. Nur so ist zu erklären, wie wir auch bei einer extrem schlechten telephonischen Verbindung noch verstehen können, was uns unser Gesprächspartner sagt.

Ein weiteres Problem kommt hinzu: Nicht nur die Einzellaute innerhalb eines Wortes, sondern auch die Betonung eines Wortes wird durch die Einbindung dieses Wortes in einen Satzzusammenhang geändert. Wir können hier keinen starren Filter vorgeben. Laut- und Wortgrenzen sind im akustischen Signal verwischt. Wenn wir keine Vorstellung von den syntaktischen Regeln und von den Silbenkombinationen besitzen, die eine Sprache hat, ist es nahezu unmöglich, auch nur Wortgrenzen in einem fließenden Gespräch sicher zu bestimmen. Haben wir kein Vorwissen über mögliche Verschiebungen in der Aussprache von kombinierten Silben, wissen wir nichts über die Anwendung grammatischer Regeln in einer Sprache, ist die Fehlerwahrscheinlichkeit im Erkennen von Wortgrenzen oder Teilwörtern sowie die Gefahr einer Verwechslung ähnlicher Wortkombinationen extrem erhöht.

Zudem hören wir Sprachlaute normalerweise ja nicht in einem ansonsten schalltoten Raum. Wir müssen die Laut-Elemente eines zu uns gesprochenen Satzes vielmehr aus den Umgebungslauten, etwa dem Lärm, den ein startender Lastwagen verursacht, gleichsam herauslösen. Wir müssen also wissen, welche Frequenzteile des von uns wahrgenommenen Lautmusters dem Sprachsignal zuzuordnen sind und welche nicht. Insgesamt zeigt dies, daß das Sprachsignal erst auf seine Struktur hin abgetastet werden muß, ehe es verstanden werden kann. Oder vielmehr, ich habe zuerst zu erkennen, was gemeint ist, um zu erkennen, was gesagt wurde.

Nun beschränkt sich sprachliche Kommunikation nicht nur auf die syntaktisch korrekte Reihung der möglichen Silbenkombinationen. Sprache hat einen Rhythmus sowie eine Melodie, und sie wird von Gesten begleitet. Eine allein an akustischen Signalparametern interessierte Analyse der Sprache wäre demnach zu eng, die Sprachverarbeitung umfaßt mehr. Sie setzt nicht nur ein Vorverständnis für die akustischen Signalkomponenten voraus, sondern umgreift letztlich den gesamten Erfahrungsraum unserer Sensorik. Damit wäre »Sprache« schon als Erfahrungseinheit ganz anders strukturiert als das Lautmuster des Frosches. Dort konnten wir ein Signalschema identifizieren, das in Grenzen variieren kann und keinen allzu komplexen neuronalen Verrechnungsapparat voraussetzt. Das

Muster des arteigenen Rufes ist beim Ochsenfrosch stark schematisiert. Allerdings sind die reizselektionierenden Filter auch beim Frosch nicht völlig starr, sondern messen Relationen im Zeit- und Frequenz-Muster der Laute. Damit erhalten sich diese Reizdetektionssysteme die Variabilität, die für ein Kommunikationssystem eines in seinen Verhaltensweisen nicht völlig stereotypen Wirbeltieres notwendig sind.

Sprache wäre durch ein solches Filtersystem allerdings nicht analysierbar. Die hohe Komplexität der Signale erfordert einen fortwährenden Vergleich mit bekannten Texturen, d. h., in diesem Falle muß die Wahrnehmung schon durch ein Vorwissen strukturiert sein. Die Peripherie (das die Laute registrierende Organ) darf der Zentrale (dem die Signalkomponenten analysierenden, der sensorischen Eingangsregion nachgeordneten Hirngewebe) nichts ›wegfiltern‹, vielmehr muß sich die »Zentrale« den Reizeingang selbst ordnen. Die Realisation für ein derart komplexes System ist von einem auch noch so komplexen Reizfilter völlig unterschieden. Die Sprachanalyse benötigt Vor»kenntnisse« und umfaßt mehrere Sinnesbereiche, wie etwa – zur Analyse der Mimik – das Sehen.

Sprachstörungen

> *Durch das ausnahmslose Auftreten auch der Stummheit bei angeborener oder zeitlich acquirierter Taubheit fällt ein höchst interessantes Streiflicht auf die Bedeutung der Gehörseindrücke für die Entwickelung der Sprache. Es ist nämlich ein allgemein verbreiteter, besonders von Philosophen und Sprachforschern vertretener Irrtum, daß für die Entwickelung der Sprache das wichtigste Moment die Bildung des Begriffes, also die Summe (sic) der verschiedenen Sinneseindrücke eines Gegenstandes sei.*

C. Wernicke

Wie erkennt und verarbeitet unser Hirn aber nun »Sprache«? Ist dieser komplexe Vorgang durch eine eingehendere Analyse der einzelnen Signalverarbeitsmechanismen des Hirnes zu erklären, oder gibt es hier noch eine andere Zugangsmöglichkeit?

Schon eingangs hatten wir kurz beschrieben, daß Verletzungen des Hirnes zum Teil auf eng umgrenzte Teilfunktionen begrenzte Ausfälle in der Sprachwahrnehmung und in der »Sprachproduktion« zur Folge haben. Wäre es also möglich, aus einer genaueren Analyse dieser Ausfallserscheinungen die Grundbausteine des Sprachanalyse-Apparates in unserem Hirn herzuleiten (Abb. 2, S. 15)?

Ganz grundsätzlich unterscheiden wir zwischen Störungen der Sprach*produktion* (motorische Aphasie oder auch Brocasche Aphasie) und Störungen des Sprach*verständnisses* (sensorische oder Wernickesche Aphasie). Ferner gibt es Wortfindungsstörungen, sogenannte amnestische Aphasien. Der Patient hat hierbei Schwierigkeiten, einen Gegenstand zu benennen. Er kann ihn zwar umschreiben (»ein Tier, das bellt«), findet aber nicht das richtige Wort (»Hund«). Diese Art der Aphasie beeinträchtigt anscheinend kaum die Umgangssprache, das Sprachverständnis und das Lesen der betroffenen Person. Ausgelöst wird sie durch eine Verletzung in einem bestimmten Teilbereich der linken Hirnrinde, aber auch durch Läsionen im Bereich des vorderen Hirnbereiches, des Frontalhirns oder durch diffuse, weniger streng lokalisierte Hirnverletzungen.

Bei sensorischen Aphasien ist die Fähigkeit gestört, aus Silben sinnvolle Wörter zusammenzusetzen. Hierbei betrifft diese Aphasie sowohl das Sprachverständnis wie auch die Sprachproduktion. Einfache Sätze wie »Setzen Sie sich« können zwar verstanden werden, bei komplizierten Wörtern, längeren Sätzen oder Unterhaltungen versteht der Betreffende jedoch nichts mehr. Auch einzelne Wörter vermag er nicht mehr korrekt nachzusprechen oder bestimmte Gegenstände zu benennen. Dennoch redet er; teilweise nahezu enthemmt produziert er einen kaum zu stoppenden Wortsalat aus Silbenassoziationen. Seine Fähigkeiten zu schreiben und zu lesen sind ebenfalls gestört.

Bei der motorischen Aphasie bleiben das Sprachverständnis und die Fähigkeit des Nachsprechens weitgehend erhalten, das eigene Formulieren komplexerer Sätze ist aber nicht mehr möglich. (Ein Patient mit einer motorischen Aphasie, der eine Szene, in der ein Junge Kekse stiehlt, beschreiben sollte, formulierte – nach einer Fallstudie von Otto Creutzfeldt –: »Ah ... kleiner Junge ... Kekse ... laufen ... Junge«). Zudem werden komplexere Silben von solchen Patienten verwaschen und inkorrekt ausgesprochen; die Fähigkeit, Wörter und Begriffe zu sinnvollen sprachlichen Gebilden zu formen, ist gestört. Es scheint demnach, als sei durch diese Art der Aphasie auch die Fähigkeit betroffen, abstrakte begriffliche Operationen auszuführen.

Was zeigt sich uns hier? Die Fähigkeit, Sprache zu verstehen und zu sprechen, ist daran gebunden, daß bestimmte Bereiche der Hirnrinde adäquat funktionieren. Allerdings zeigt schon diese äußerst grobe Skizze, daß diese Einzelfunktionen komplex miteinander verwoben sind. Die elektrische Stimulation vermag zwar Gewebeteile zu kennzeichnen, die für Teilfunktionen des Sprachverständnisses bedeutsam sind, doch sind diese entsprechenden Gewebsareale stark miteinander vernetzt. Würden wir die Aktivität der gesamten Hirnrinde registrieren, würde sich zeigen, daß auch bei einfachen Funktionen immer weite Hirnbereiche aktiviert werden. Wird ein Teilbereich aus diesem Gesamtfunktionskontext herausgeschnitten, so wird die gesamte komplexe Maschinerie geschädigt, in die diese Gewebebereiche eingebunden sind. Entsprechend haben denn auch Hirnverletzungen jeweils sehr komplexe Verhaltensdefizite zur Folge (die – speziell bei motorischen Aphasien – allerdings auch wieder regeneriert werden können). Die Areale, in denen Sprachfunktionen lokalisiert sind, sind über weite Bereiche der Großhirnrinde verstreut und anscheinend auch – dies zeigen die Regenerationsmöglichkeiten – in bestimmten Grenzen austauschbar. All dies spricht dagegen, den Sprachanalyse-Apparat ähnlich aufgebaut zu denken wie die Filterarchitektur im auditiven System der Frösche. Hier werden von den Reizeingängen keine kaskadenartig hintereinander geschaltete Strukturen durchlaufen, die relevante Reizkomponenten ausfiltern und verstärken, um dann im Endeffekt eine normierte Verhaltensantwort des Hirngewebes zur Folge zu haben (die dann in eine Ansteuerung von Bewegungssteuerungsprogrammen »umgeleitet« werden könnte). Die Analyse der Sprachlaute erfolgt vielmehr in einem Netzwerk sich wechselseitig stützender neuronaler Strukturen.

Dieses Netzwerk können wir neurophysiologisch zumindest näherungsweise darstellen. So ist es möglich, kleine Bereiche des menschlichen Hirngewebes elektrisch zu reizen. Solche Versuche sind etwa vor neurochirurgischen Eingriffen notwendig, um die Regionen abzugrenzen, die bei einem Eingriff – etwa dem Entfernen eines Hirntumors – keinesfalls geschädigt werden dürfen. In diesen Experimenten werden Elektroden auf die Hirnoberfläche aufgelegt, die darunterliegenden Hirnbereiche werden gereizt, und das dadurch hervorgerufene Empfinden oder etwaige Reaktionen des Patienten werden notiert. Dies ist möglich, da im Hirn keine Schmerzrezeptoren vorhanden sind, entsprechende Eingriffe also bei voll bewußten Patienten ausgeführt werden können. Alternativ können solche Hirnrindenbereiche auch abgekühlt werden. Dadurch wird ein Funktionieren der so behandelten Hirnbereiche kurzfristig unterbunden. Es ist dann möglich zu registrieren, was ein entsprechend behandelter Patient in dieser Phase nicht mehr kann. Im Ergebnis solcher Experimente zeigte es sich, daß für die Sprachproduktion und das Sprachverständnis eine ganze Reihe von Hirnregionen notwendig sind. Diese Regionen werden nun nicht insgesamt aktiviert, vielmehr findet sich in ihnen eine Fülle von millimeterscharf umschriebenen Teilbereichen, die jeweils für Einzelfunktionen notwendig sind. Ort und Anzahl dieser Bereiche variieren bei verschiedenen Patienten extrem stark. Aber selbst bei einer Person verändert sich die räumliche Verteilung solcher Zentren mit der Zeit. Zudem zeigt sich, daß Patienten Ausfälle in diesen Arealen langfristig kompensieren können. Dies bedeutet, daß andere Hirnbereiche die Funktion der durch eine entsprechende Verletzung ausgefallenen Hirnareale übernehmen. Daraus folgt, daß auch bei einem Individuum diese millimeterscharf umschriebenen Teilregionen nicht ein für alle Mal festgeschrieben sind. Diese Regionen entsprechen also nicht Computerchips, die für eine bestimmte Teilfunktion optimal ausgestaltet sind, vielmehr sind sie in verschiedene Funktionszusammenhänge eingebunden, die entsprechend ihrer Beanspruchung mehr oder weniger stark ausgeprägt sind. Fällt diese Einbindung fort, kann der entsprechende Hirnbereich dann auch wieder andere Funktionen übernehmen. Von Untersuchungen an anderen Sinnesmodalitäten wissen wir, daß die Ausdehnung solcher Areale in Abhängigkeit von der Intensität ihrer Nutzung variieren kann, im Zusammenhang der Darstellung der Hirnentwicklung und des Gedächtnisses kommen wir auf diese Punkte noch zurück.

Setzen wir mit unserer Analyse nun etwas tiefer an und versuchen, die Antworteigenschaften einzelner Nervenzellgruppen in dem durch die entsprechenden Läsionen charakterisierten Sprachzentrum näher zu beschreiben. Wir können dann innerhalb dieser Zentren einzelne Nervengewebsbereiche kennzeichnen, die ganz bestimmte Funktionen übernommen haben. Wir finden Kleinstareale, die für die Merkfähigkeit für Wörter, den Sprachfluß, die Entschlüsselung von Silbenkombinationen oder für die motorische Bildung von einzelnen Wortteilen, die Ansteuerung der komplexen Muskulatur des Kehlkopfes und des Mund-Rachenraumes zuständig sind; ferner finden sich Nervenzellgruppen, die genau dann aktiviert werden, wenn Wörter oder Wortgruppen ausgesprochen werden. Schließlich finden sich Areale, die für Gedächtnisfunktionen, das Auffinden von Wörtern oder das »Abspeichern« von Gedächtnisinhalten zuständig scheinen. Doch bildet sich in all diesen Daten, die uns zeigen, wann kleine und kleinste Hirngewebeteile besonders aktiviert erscheinen, keine festgeformte, regionale Topographie des Hirnes ab. Schon bei vergleichsweise einfachen Funktionen, wie dem Aufmerken auf ein Geräusch, sind große Areale des Hirns aktiviert. In all diesen Bereichen bilden sich Aktivitätsherde, allerdings ist keine hierarchische Stufung in der Verknüpfung dieser Teilareale erkennbar, vielmehr scheinen diese Areale weitgehend parallel aktiviert zu werden. Registriere ich während solch einer Aktivierung die Antwortcharakteristika eines Gewebeteilbereiches, werde ich entsprechende Reaktionsoptima auffinden; blockiere ich diesen Bereich, werde ich – zumindest kurzfristig – auch einen enger umschriebenen Verhaltensausfall registrieren. Mit all diesen Einzelbefunden habe ich aber immer nur einzelne Maschen eines komplex gestrickten Netzes freigelegt, die ihre Funktionen erst in der Reaktion des gesamten Strukturgefüges adäquat zu erfüllen vermögen.

Dies ist eine andere Situation als im Froschhirn; wir finden auch in dieser kleinräumigen Betrachtung keine hierarchische Stufung von Selektionsmechanismen, die uns das Erkennen von Sprachlauten nach Art des Frosches verständlich machen würde. Vielmehr sehen wir auf eine komplexe Vernetzung von Teilfunktionen, die zwar selektiv ausfallen können, die damit aber dennoch nicht in ein festes Programm zur Analyse von Sprachlautkonstellationen eingebunden scheinen. Speziell die Wortfindungsstörungen, die auch bei gestreuten Verletzungen der Hirnrinde auftreten können, deuten hier in eine ganz andere Richtung:

Die Areale der Hirnrinde, die in die entsprechenden Sprachverarbeitungs- und Sprachbildungsprozessen eingebunden sind, werden global aktiviert. Wir finden auch in einfachen Funktionszusammenhängen große Bereiche der Hirnrinde aktiviert. Der Cortex ist immer als Ganzes aktiviert. Es läßt sich kein Teil aus ihm entkoppeln. Kommt es – etwa bedingt durch einen Hirnschlag – zu Ausfällen, so wird sich diese Gesamtaktivierung umlagern. Hierbei trifft sie allerdings auf vorliegende Bahnen, die in anderen Funktionszusammenhängen gebraucht werden. Insoweit bildet sich eine Spezifizierung der Einzelareale, die in bestimmten Funktionszusammenhängen genutzt werden. Diese Verbindungen sind aber nicht starr, sondern – zumindest in Grenzen – variabel.

Es ist mittlerweile möglich, die Reaktion des Hirnes beim Hören oder Produzieren von Sprache nicht mehr nur punktuell, sondern auch großräumig zu erfassen. Was sehen wir aber zunächst, wenn wir die Erregungsspektren des Hirngewebes kleinräumiger, in einer Analyse der Aktivität einzelner Zellen zu erfassen suchen?

Die Antwortcharakteristika einzelner Nervenzellen oder kleinerer Zellgruppen lassen sich registrieren. Hierzu wird eine feine Nadel in das Hirngewebe eingeführt (Abb. 5). Wenn Nervenzellen aktiv sind, sie also Erregung weiterleiten, schichten sie Ionen direkt an ihrer Zellgrenze um. Dies bedingt eine sehr kleine und lokalisierte Umlagerung von elektrischer Ladung, die wir mit geeigneten Geräten registrieren können. Zeichne ich diese Ladungsumschichtungen über die Zeit auf, kann ich erfassen, wann und bei welchen Veränderungen etwa im Reizangebot in der Umgebung des Patienten oder in seiner Verhaltens»produktion« die entsprechenden Nervenzellen aktiv waren. In einem Versuch gehe ich nun so vor, daß ich die entsprechende Situation, etwa die Beschallung eines Ohres dieses Patienten mit einem Laut einer bestimmten Tonhöhe, Dauer und Intensität mehrmals wiederhole und registriere, ob die entsprechende Zelle oder Zellgruppe hierauf reproduzierbar reagiert. Darauf variiere ich das Reizangebot und registriere nun die Bereiche, in denen solch eine Zelle oder Zellgruppe optimal anspricht. Entsprechend erhalte ich physiologische

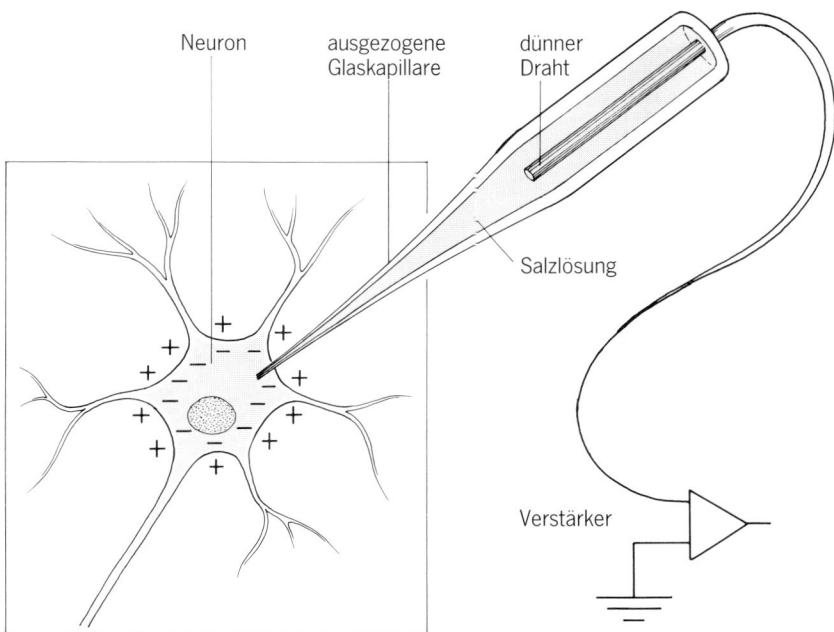

Abb. 5   Idealisiertes Schema einer Einzelzellregistrierung.
          Eine feine Elektrode wird in eine Zelle eingeführt. Mit ihr kann man
          Potentialschwankungen registrieren. Diese Potentialschwankungen bilden die
          Erregungsübertragungsleistungen der Zelle ab.

›Kenndaten‹ für einen eng umgrenzten Gewebebereich. Was direkt
»nebenan« passiert, in welches Gesamterregungsgefüge solch ein Gewebebereich während dieses Versuches eingebunden war, kann ich allerdings
nicht registrieren.

    Mit neueren Techniken ist es möglich, diesem Manko abzuhelfen.
Im Prinzip funktionieren diese Techniken derart, daß sie Veränderungen in
der Stoffwechselintensität des Hirngewebes registrieren. Besonders aktive
Zellen zeigen einen hohen Stoffwechselumsatz, entsprechend erlaubt mir
die Kenntnis des relativen Stoffumsatzes in einem Hirnbereich denn auch
Aussagen darüber, wie stark dieser Bereich aktiviert wurde (Abb. 6).
Direkt gemessen wird in diesem Verfahren etwa der Zuckerumsatz im
Hirngewebe. Die Technik selbst ist sehr kompliziert: In die Blutbahn eines
Patienten wird ein radioaktiv markierter Zucker injiziert, der in seiner
Struktur leicht verändert ist, so daß er von einer Zelle wohl aufgenommen,
in einem bestimmten Zeitraum aber nicht abgebaut werden kann. Regi-

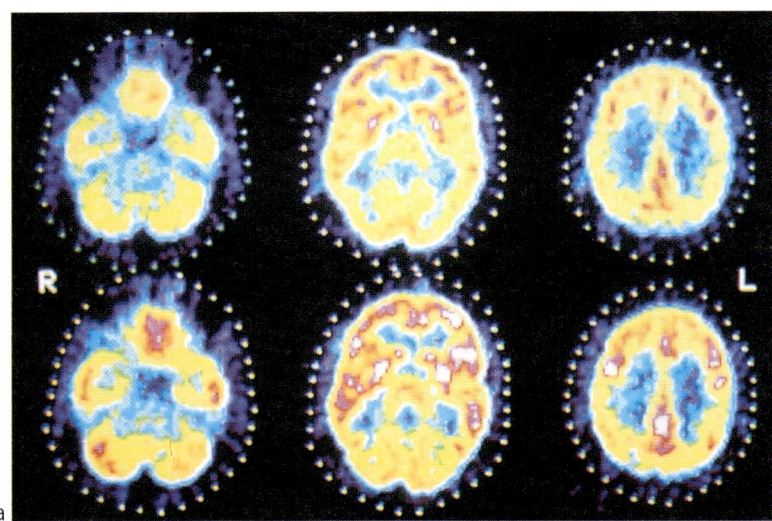

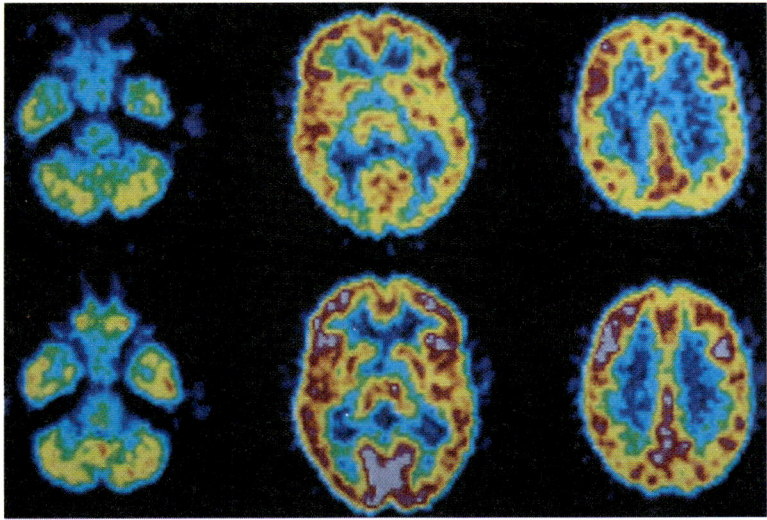

Abb. 6   Positronen-Emissions-Tomographie-Bilder der Glukose-Umsatzrate im Gehirn.
a) Rechtshänder in Ruhe und in spontaner Rede. Der Umsatz der radioaktiv
markierten Glukose steigt in den vorderen Hirnbereichen, den Basalganglien und
im Kleinhirn an. Besonders hoch ist die Aktivität im linken Schläfenlappen, im
Wernicke-Areal und im rechten Kleinhirn.
b) Mann in Ruhe und beim Lösen einer visuellen Aufgabe. Der Glukose-Umsatz
steigt in den hinteren Hirnbereichen.

striert wird nun die relative Verteilung dieses radioaktiv markierten Zuckers. Dessen relative Verteilung ist proportional zum Energieverbrauch der einzelnen Nervenzellen. Dieser Energieverbrauch selbst wiederum ist proportional zur Aktivierungsintensität einer Nervenzelle. Die Daten, die ich erhalte, wenn ich die Verteilung des radioaktiv markierten Zuckers registriere, entsprechen damit dem Aktivitätsprofil des Nervengewebes. Es gibt eine Reihe sehr ähnlicher oder doch im Prinzip vergleichbarer Verfahren. All diesen ist gemein, daß sie es erlauben, die Aktivität ganzer Hirnbereiche zu registrieren. Ihre Grenzen haben diese Verfahren allerdings in ihrer – räumlichen wie zeitlichen – Auflösung. Sie zeigen zudem nur ein sehr indirektes Bild von den real sehr schnellen Aktivitätsschwankungen in den Reaktionen von einzelnen Nervenzellen. Dessenungeachtet haben diese Verfahren einen ungeheuren Vorteil: Erstmals sind wir in der Lage, die Reaktion größerer Hirnareale zu registrieren. Hierbei bestätigt sich, daß schon allereinfachste Sprachwahrnehmungsprozesse zu einer komplexen gleichzeitigen Aktivierung weiter Hirnareale führen (Abb. 7).

Die durch die Analyse der Effekte von Hirnverletzungen identifizierten Verarbeitungszentren im Hirn sind demnach nur Aktivitätsherde in einer komplexen Aktivierung der Hirnrinde.

Das Hirn reagiert demzufolge völlig anders als ein klassischer Computer. In einem PC haben wir bestimmte Teilfunktionen an bestimmte Hardware-Elemente gebunden. So wird die Graphik über eine Graphikkarte erzeugt. Ich kann die Funktionsfähigkeit meines Rechners erhöhen, indem ich einfach eine bestimmte Platine – wie etwa einen Math-Coprozessor – in die vorhandene Hardware einbaue, die dann ganz bestimmte Funktionen, wie etwa Fließkommarechnungen, übernimmt. Die Grundorganisation des Rechners ist hierbei hierarchisch.

Das Hirn funktioniert anders. In der Hirnrinde werden einzelne »Hirnfunktionen« nicht durch definierte und voneinander isolierbare »Chip-Elemente« ausgeführt. Das Hirn ist vielmehr immer insgesamt aktiviert. Zwar gibt es jeweils Bereiche mit stärker ausgebildeter Aktivität – die etwa näher an die Bahnen angeschlossen sind, durch die Sinnesdaten an das Hirn weitergeleitet werden –, doch werden rasch umfassendere Teile der Hirnrinde aktiviert. Die Prozesse, die mit Spracherkennung oder Sprachproduktion einhergehen, umfassen jeweils weite Hirnbereiche.

Dem entgegen steht allerdings wieder der Befund, daß sich kleinere Subregionen etwa im Wernickeschen Areal dingfest machen lassen, die nur bei ganz bestimmten Reizkonfigurationen (Frequenz-Zeit-Mustern) »anspringen«. So finden wir neuronale Einheiten, die etwa bei Satzanfängen oder überhaupt bei Wortanfängen aktiv werden. Diese Nervenzellen

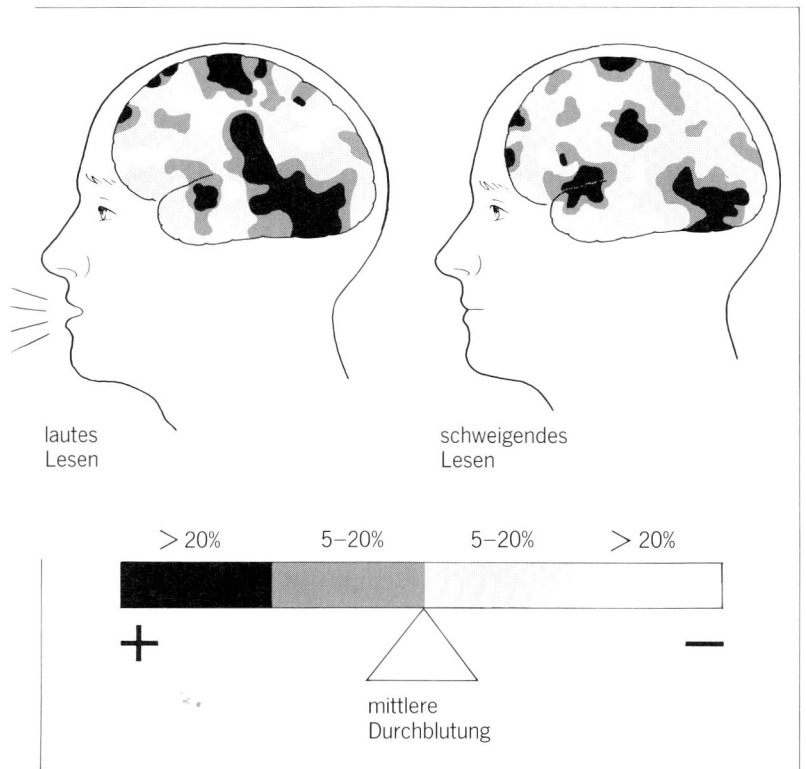

lautes
Lesen

schweigendes
Lesen

> 20%   5–20%   5–20%   > 20%

+   △   −

mittlere
Durchblutung

Abb. 7   Relative Durchblutungsrate von Hirnrindenarealen unter verschiedenen
Bedingungen.
Blick von der Seite auf die linke Hirnrinde. Die Differenz zu der mittleren
Durchblutungsrate ist in Prozent, bezogen auf die mittlere Durchflußrate im
Ruhezustand, angegeben.

sprechen z. B. auf den Beginn einer Silbensequenz an, sind dann kurzzeitig
inaktiviert und können danach wieder jede neu ansetzende Silbensequenz
»markieren«. Somit können diese Neuronen in einem Satz jeden Wortan-
fang kennzeichnen. Wären damit nicht zumindest in Subsystemen der
betrachteten Areale neuronale Filter identifiziert, die uns einem Verständnis der Reizverarbeitungsprozesse auf der zellulären Ebene näherbringen
könnten? Die Registriermethoden, die es erlauben, die Antwortcharakteristika größerer Hirnareale abzutasten, zeigen allerdings, daß solche etwaigen Sub»selektoren« keineswegs isoliert aktiviert sind, sondern in ein
ganzes Netzwerk von aktiven Nervenzellen eingebunden sind.

Bedenken wir nun noch die Dimensioner_, die diese Aktivitätsver-
netzungen im menschlichen Hirn annehmen können. Die menschliche
Hirnrinde besitzt etwa 10 Milliarden Nervenzellen, von denen jede mit
mehreren Tausend Nervenzellen verknüpft ist. Sind in einem solchen schon
nahezu chaotischen Gefüge nicht äußerst komplexe Vernetzungen der
neuronalen Architektur denkbar? Muß sich nicht jede neuronale Hierarchie, wie sie etwa die Voraussetzung eines Reizfilters wäre, verwischen?

Hier wird uns dann auch sehr schnell einsichtig, daß schon im 19.
Jahrhundert Neurowissenschaftler wie Fridtjof Nansen, Hermann von
Helmholtz oder Sigmund Freud zunächst das Nervensystem der Krebse zu
studieren suchten, hoffend, an diesen einfacher gebauten Tieren zumindest
die Grundprinzipien der Hirnfunktion ablesen zu können, die in der komplexen Verzahnung des Nervenorganes der höher organisierten Wirbeltiere
kaum mehr deutlich werden.

≡ Sehen

Es gibt nur eine Methode, die Brille, die man aufhat, deutlich
zu sehen: man nimmt sie ab. Dann erst ist das

Stephen Toulmin

neurenautische Problem erkenn- u. lösbar.
< Continur schweigt >

Was läuft nun aber auf zellulärer Ebene im Hirn ab? Wenn der
Denkansatz, Verhalten als Funktion des Hirnorgans zu verstehen, richtig
ist, muß es möglich sein, Hirnfunktionen auf der zellulären Ebene darzustellen. Dazu müssen wir uns zunächst eine Vorstellung darüber verschaffen, wie neuronale Verrechnungsprozesse auf dieser Ebene prinzipiell
ablaufen, d. h. wir benötigen zunächst ein vereinfachtes Modell, in dem wir
austesten können, wie Einzelneuronen interagieren und wie sich in einer
Analyse ihrer Reaktionen komplexe Verhaltensmuster eines Organismus
verstehen lassen.

Es gibt eine Reihe von Ansätzen, in denen versucht wird, in einer
Analyse einfacher organisierter Tiere Grundsätzliches über den Aufbau
und die Funktion eines Nervengewebes zu erfahren. Im nachstehenden
Kapitel möchte ich Ihnen solch ein Erklärungsmodell vorstellen. Daran
anschließend werden wir versuchen, aus den gewonnenen Vorstellungen
prinzipiellere Aussagen über die Funktionen des Hirnes abzuleiten. Weiter
könnten wir uns fragen, ob sich hiermit ein Ansatz bietet, etwa auch so
komplizierte Phänomene wie die Sprachverarbeitung als Resultat aufeinander abgestimmter Reaktionen von Nervenzellen zu betrachten.

=====   ## Orientierung im Raum

Einer geregelten Ordnung im Gegebenen entspricht eine
geregelte Ordnung im Gesuchten.

Gottfried Wilhelm Leibniz

Was bedeutet es überhaupt »zu sehen«? Analog wie beim Hören wird das physikalische Erregungsspektrum Licht von speziell ausgebildeten Sinneszellen in einen neuronalen Informationscode übersetzt. Dieser Code wird von den Nervenzellen registriert, die an den entsprechenden »Eingabebahnen« liegen, und so in das Nervengewebe »eingefüttert«. Wie müßte ich nun diese Daten weiterverarbeiten, um daraus ein Programm für eine visuelle Orientierung erarbeiten zu können?

Schauen wir hierzu zunächst einmal auf einen – zumindest von seiner Größe her – vergleichsweise einfach organisiert erscheinenden Organismus, auf die Stubenfliege. Diese Tiere besitzen sogenannte Facettenaugen: Der Linsenapparat ihrer Augen ist aus einem Raster von Einzellinsen aufgebaut, denen jeweils ein Besatz von gleichartigen Sehsinneszellen nachgeordnet ist. Diese Sinneszellen registrieren die Erregungen in solch einem »Teilauge«, die dann in einem komplexen, aber insgesamt hochsymmetrischen Muster in das eigentliche Nervengewebe »eingefüttert« werden (Abb. 8). Dabei findet man die Nervenzellen, die an die Sinneszellen eines Teilauges angekoppelt werden, in einer säulenartigen Schichtung. Diese Schichtung zeigt einen Aufbau, der direkt dem Raster der Einzelaugen des Facettenauges entspricht. So bleibt die durch die nebeneinander liegenden Reihen von Einzellinsen vorgegebene Grundrasterung des visuellen Umfeldes auch in der ersten Verrechnungsebene des zugehörigen Nervengewebes erkennbar. Die durch die Facettierung vorgegebene Rasterung des visuellen Umfeldes bildet sich demnach direkt im Nervensystem ab. Folglich entspricht ein Signal im Ort x des visuellen Verrechnungsgebietes im Nervengewebe, wir sprechen hier kurz von einem Neuropil, direkt einem Ereignis in der Position X des Facettenauges. Da das Facettenauge fest in die Kopfkapsel der Fliege eingesenkt ist und das Tier seinen Kopf in einer festen Lage »einrastet«, bildet dieses X ein bestimmtes Segment im visuellen Umfeld des Tieres ab.

Ist ein Verhalten auf dieses Umweltereignis auszurichten, so muß ein Bewegungsprogramm auf dieses Umwelt»segment« bezogen werden. Dieses Segment ist durch X definiert und in x abgebildet. Das Tier müßte sein Bewegungsprogramm also letzthin nur auf x und damit auf eine räumlich definierte Erregung seines eigenen Nervengewebes beziehen. Die Stubenfliege schafft dies in einer verblüffend einfachen Vernetzung ihrer

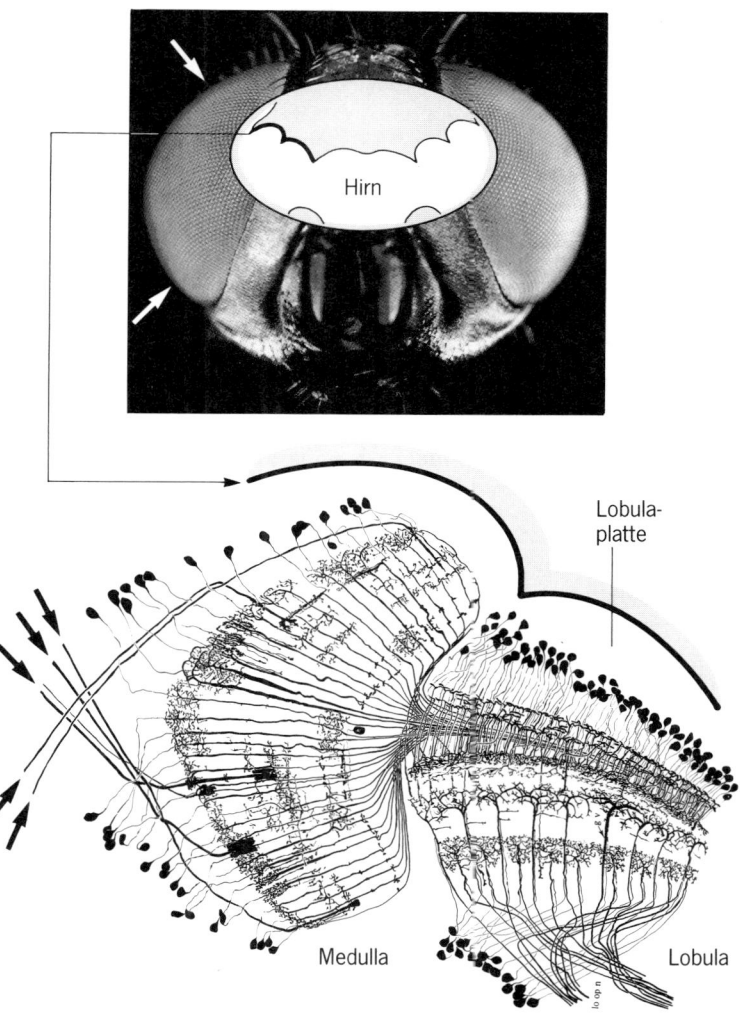

Abb. 8   Ein Blick ins Fliegenhirn.
Gezeigt ist ein Blick von vorne auf die Kopfkapsel der Stubenfliege, in die ein
Fenster geschnitten ist, um die Lage des Gehirns zu verdeutlichen. Gut zu
erkennen ist die Facettenstruktur des Auges. Die untere Zeichnung stellt einen Teil
der Neuronenkaskade dar, in der die optische Information im Fliegenhirn
verrechnet wird. Die Pfeile markieren die Eingangsfasern. Beachten Sie den
regelmäßigen, parakristallinen Aufbau dieser Nervenzellen, die so die
Grundstruktur des Facettenauges aufnehmen.

Nervenzellen: Die Säulen des dem visuellen Reizeingang nachgeordneten Nervengewebes werden von einzelnen in ihrer Struktur hochgradig normiert ausgebildeten, vergleichsweise großen Neuronen »abgegriffen«: Die Bereiche, in denen diese sogenannten Großfeldneuronen Information aufnehmen – ihre Dendriten –, stehen mit ganz bestimmten Teilen der Säulenarchitektur des ihnen vorgelagerten Gewebes in Kontakt. Wenn solch ein Großfeldneuron eine Erregung registriert, bedeutet dies folglich, daß genau in dem Kompartiment des Facettenauges, das die von ihm abgegriffenen Säulennervenzellen »repräsentiert«, eine Umweltveränderung aufgetreten ist. Jedes dieser Großfeldneurone »repräsentiert« insoweit ein ganz bestimmtes Segment im Umfeld des Tieres (Abb. 9). Koppelt sich dieses Neuron nun sehr definiert an Bewegungssteuerungs-Neurone, so wäre für die Fliege ein einfacher Weg gefunden, ein Umweltereignis in ein »Bewegungsprogramm« umzusetzen.

> Reicht ein so einfaches Programm aus, die Verhaltenssteuerung einer Fliege zu »erklären«?

Sie kennen sicher die vor allem an Sommerabenden zu beobachtenden Verfolgungsflüge einzelner Stubenfliegen, die in einem rasanten, leicht taumelnden Flug hintereinander um eine Glühbirne jagen. Bei diesem »Jagd«-Verhalten handelt es sich um ein Element der Partnerwahl dieser Insekten. Der Verfolger ist ein Männchen, die verfolgte Fliege ein Weibchen. Für den Erfolg einer eventuellen »Werbung« des Männchens ist es ausschlaggebend, daß es in diesem über mehrere Sekunden dauernden Verfolgungsflug das Weibchen nicht verliert, also befähigt ist, äußerst schnelle Kurskorrekturen zu vollziehen und so – am Ende der Jagd – kurz hinter dem Weibchen zu landen. Hat das Männchen diese Prüfung durchlaufen, steht einer möglichen Weitergabe seines Genmaterials kaum mehr etwas im Wege. Wie schafft es das Tier aber, diese komplexen, äußerst rasanten Kurskorrekturen auszuführen?

Abb. 9   Die Großfeldneuronen im optischen System der Fliege.
Zur Orientierung ist ein Blick von vorne auf den Fliegenkopf eingezeichnet. Wieder ist hier ein Teil der Kopfkapsel entfernt, so daß die Lage des Hirns erkennbar ist. Der untere Teil der Abbildung zeigt einzelne Großfeldneurone (schwarz) und Steuerungsneurone für die Motorik, mit der jene verknüpft sind (weiß). Jeweils links neben diesen Darstellungen sind Frontalsichten auf den Fliegenkopf skizziert. In deren Augen sind die Bereiche graugerastert, die von den entsprechenden Großfeldneuronen »abgegriffen« werden.

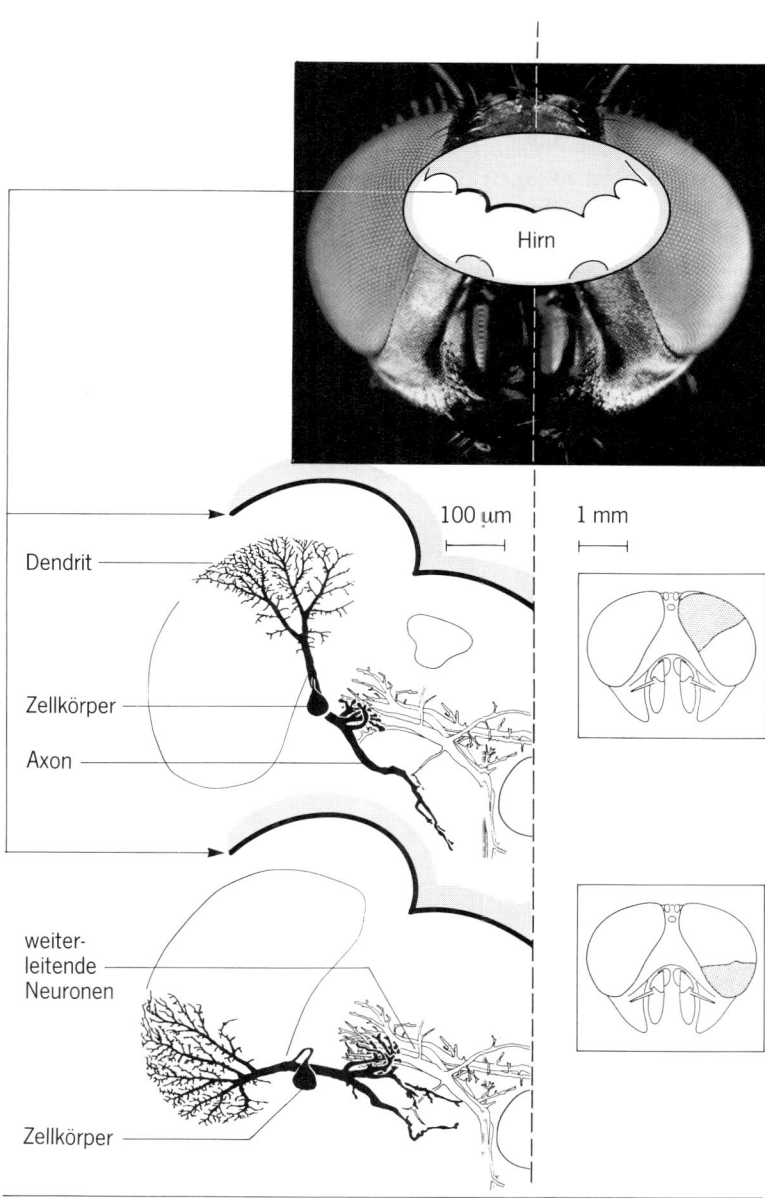

Hirn

Dendrit

Zellkörper

Axon

100 µm

1 mm

weiter-
leitende
Neuronen

Zellkörper

Abb. 9

Die Antwort scheint verblüffend einfach. Männliche Stubenfliegen besitzen ein Paar Männchen-spezifische Großfeldneuronen, die die in einer Säulenarchitektur geschichteten Nervenzellen in dem Hirnbereich »abgreifen«, der den Lichtsinneszellen des Auges nachgeordnet ist. Sie formen einen Dendriten, dessen »Informationseingangs-Bereich« dem oberen inneren Augenrand entspricht. Analysiert man das »Jagd«-Verhalten dieses Tieres genauer, zeigt sich, daß die Männchen den Weibchen in der Weise folgen, daß sich das Weibchen immer genau in diesem Bereich der beiden »männlichen« Augen abbildet.

Was passiert hier auf der neuronalen Ebene? »Jagd«-Verhalten bedeutet in diesem Fall, daß das Männchen einem visuellen Reiz einer bestimmten Größenordnung folgt. Dies geschieht dadurch, daß das Männchen das entsprechende Objekt so fixiert, daß es sowohl im linken wie im rechten Sehfeld gleich »stark« abgebildet ist. Dies bedeutet, daß in beiden Augen der Fliege jeweils die gleiche Anzahl von Sinneszellen in den sich entsprechenden Augenbereichen erregt werden. Dies führt dazu, daß die beiden spiegelsymmetrisch im Gehirn liegenden Männchen-spezifischen Großfeldneuronen gleichstark gereizt werden. Schert das »Zielobjekt«, das Weibchen, zur Seite aus, ist die Erregung der dem entsprechenden Augensegment nachgeordneten Säulenelemente reduziert, der Reizeingang in das entsprechende Großfeldneuron ist damit vermindert. Entsprechend asymmetrisch ist dann der Erregungszustand der beiden Männchen-spezifischen Großfeldneuronen. Über eine interne Verrechnung wird nun in Hundertsteln von Sekunden die Differenz im Erregungsspektrum dieser beiden Neuronen ermittelt und eine dieser Differenz proportionale Erregung an die nachgeordneten Neuronen, die die Flugmuskulatur ansteuern, weitergegeben. Diese Neuronen modulieren den Flügelschlag des Männchens. Dessen Grundmuster läuft nach einer internen Rhythmik ab, die von den Bewegungssteuerungs-Neuronen aber für den rechten und linken Flügel jeweils separat moduliert werden kann. Die Bewegungssteuerungs-Neuronen, die den Flügelschlag der linken und rechten Körperhälfte modulieren, werden durch die Differenz des Erregungsausgangs des rechten und linken Großfeldneuron gesteuert. Eine verminderte Erregung im rechten Auge – die dann eintritt, wenn das Weibchen nach links aus dem Sehfeld ausschert – führt zu einer stärkeren Erregung der rechten Bewegungssteuerungs-Neuronen und damit zur Erhöhung der Flügelschlagfrequenz auf der rechten Körperseite. Letztlich bedingt dies ein »Abbiegen« des Tieres nach links. Diese Kurskorrektur wird gestoppt, wenn die Erregung der beiden Großfeldneuronen wieder gleich verteilt ist, u.s.f... Landet das Weibchen, wird das – im übrigen auch mit einer Attrappe der entsprechenden Größenordnung hervorzurufende – »Jagd«verhalten abgestellt. Die visuellen

Reize, die mit der Annäherung auf eine Landefläche das Auge des Männchens erreichen, »schalten« ein weiteres, von der Jagdverhaltenssteuerung unabhängiges »Bewegungsmuster« ein. Das Männchen landet – und befindet sich im Normalfall nicht allzuweit vom Weibchen entfernt.

In dieser Darstellung kamen wir ohne den Begriff einer zentralen, sich selbst kontrollierenden Steuerungseinheit für das Verhalten aus. Nirgendwo wird hier der das Verhalten ausrichtende Reiz »gedeutet«. Begriffe, die einen Selbstbezug dieser Verhaltensweisen beschreiben würden, erscheinen hier unnötig. Das Fliegenmännchen reagiert auf eine Reizung eines bestimmten Sehfeldbereichs seines visuellen Systems. Seine darauf abgestimmten Reaktionen reichen denn im Normalfall aus, eine erfolgreiche Begattung zu ermöglichen. In keinem dieser Verhaltensschritte »erkennt« das Männchen ein artgleiches »Weibchen«. Ein komplexes, für uns höchst sinnvolles und sehr fein abgestimmtes Verhalten läuft demnach also ab, ohne daß die Fliege selbst irgendwie darum »weiß«. Demnach ist es in einer Interpretation dieses Verhaltens völlig unnötig, auch nur Vorstufen von so etwas wie »Bewußtsein« anzunehmen. Liefert uns die Fliege demnach ein generelles Modell für eine Erklärung komplexer Verhaltensmuster? Könnten wir nicht auch komplexere Verhaltensreaktionen als eine Staffelung solcher reflexartig aufgebaute Teilentscheidungsfolgen begreifen? So hatte der amerikanische Psychologe B. F. Skinner schon in den 60er Jahren vorgeschlagen, auch die komplexeren menschlichen Verhaltensweisen als Effekt einer derartigen Schichtung reflexähnlicher Einzelentscheidungsfolgen zu erklären.

≡ Exkurs: Die Nervenzelle

Die Zelle ist ... die einfachste und doch vollständige Form der Lebensäußerung

Rudolf Virchow

Wie verstehen wir nun das neuronale Programm, mit dem sich die Verhaltenssteuerung etwa bei der Stubenfliege organisiert? Hierzu benötigen wir einige Grundkenntnisse davon, wie eine Nervenzelle funktioniert.

Strukturell gliedert sich eine Nervenzelle in drei Grundbereiche: den Zellkörper, den Dendriten und den axonalen Bereich (Abb. 10). Im Zellkörper, von dem aus Dendriten und Axon auswachsen, befinden sich der Zellkern und die Hauptsyntheseareale für den Aufbau der zelleigenen Moleküle. An den Dendriten – und bei Wirbeltieren auch am Zellkörper – finden sich speziell ausgebildete Kontaktstrukturen, die Synapsen, über die

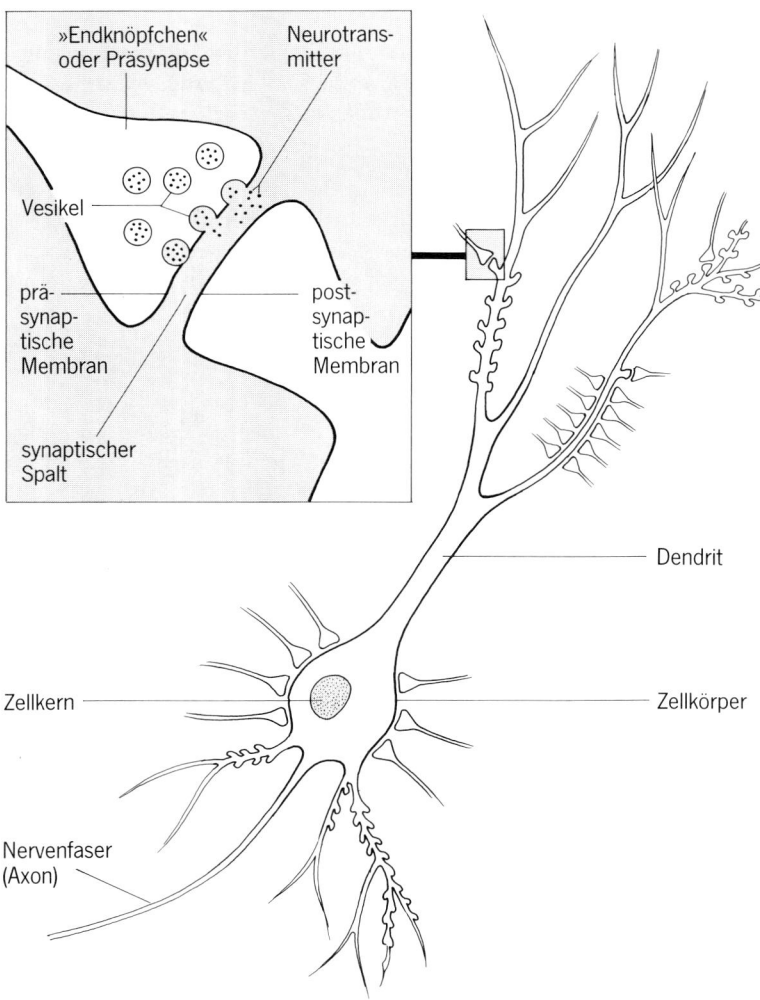

Abb. 10   Grundaufbau einer Nervenzelle und Struktur einer chemischen Synapse.
Bei der chemischen Synapse wird Erregung über portionierte Abgabe von
Nervenbotenstoffen (Neurotransmittern) weitergeleitet. Die Neurotransmitter
liegen in der Präsynapse in Vesikeln vor. Nach Calcium-Einstrom in die Synapse
lagern sich diese Vesikel an die präsynaptische Membran an. Hierbei
verschmelzen die Membranen der Vesikel und der Präsynapse. Dabei wird der
Neurotransmitter in den synaptischen Spalt ausgeschüttet.

sich Nervenzellen aneinander anlagern und ihre Erregung von der jeweils vorgelagerten (präsynaptischen) in die nachgelagerte (postsynaptische) Zelle übertragen. In den Dendriten wird diese Erregung weitergeleitet und hierbei – entsprechend den strukturellen und physiologischen Besonderheiten – weiterverarbeitet. Die Erregung eines Dendritenabschnitts durch eine Synapse trifft auf eine jeweilige Grunderregung des Gesamtdendriten, die durch vorhergehende (oder gegebenenfalls auch zeitgleiche) Erregungen anderer Teile des Dendritenbaumes modifiziert ist. Der sich überlagernde Erregungsstrom läuft nun bis zum Zellkörper und wird hierbei fortlaufend modifiziert. Liegt die Gesamterregung im Bereich des Zellkörpers dann noch über einem bestimmten Wert, dem sogenannten »Schwellenwert«, wird ein Programm in dieser Zelle in Gang gesetzt, über das die axonalen Informationsweiterleitungsmechanismen der Zelle aktiviert werden. Im Axon wird eine Erregung, ohne daß weitere Verarbeitungsprozesse einsetzen, bis in die präsynaptische Region dieser Zelle geleitet und kann dort an die postsynaptische Nervenzelle weitergegeben werden.

Innerhalb der Nervenzelle sind Anzahl und Art der Ladung tragender Moleküle (Ionen) verschieden von der Ionenzusammensetzung in ihrer Umgebung. Die Nervenzellmembran, die nur für bestimmte Ionentypen durchlässig ist, verhindert einen Ladungsausgleich in diesem Kleinmilieu. Damit besitzt eine Nervenzelle ein bestimmtes elektrisches Potential. Dies Potential ergibt sich aus der asymmetrischen Verteilung der Ionen zwischen dem Zellinnen- und dem Zellaußenmilieu. Diese Verteilung steht allerdings in einem labilen Gleichgewicht. Wird dieses Gleichgewicht in einem Kleinbereich der Nervenzellmembran – etwa im Ansatzbereich einer Synapse – gestört, kommt es in den anliegenden Membranbereichen der Nervenzelle zu strukturellen Veränderungen von sogenannten Tunnelproteinen. Verändern sich diese Tunnelproteine in ihrer Struktur, werden Kanäle in der Membran geöffnet. Durch diese Kanäle können dann Ionen in die Zelle herein oder aus der Zelle herausströmen. Damit schichtet sich die Ladung auch in dem Bereich des Tunnelproteins um, entsprechend werden wiederum in angrenzenden Bereichen Veränderungen der Membran induziert u.s.w. So breitet sich eine Erregung in der Zelle aus. Die genannten Kanäle sind hierbei selektiv für bestimmte Ionen und lassen insoweit nur Ladungsumschichtungen eines bestimmten Typs zu. Diese Verlagerung von Ladung über die Zellmembran ist die Basis des Codes, in dem die Nervenzelle Erregung im Nervengewebe weiterleitet.

Ist die Erregung der Nervenzelle »überschwellig«, schaltet sie im Bereich des Zellkörpers – bei Wirbeltieren kann man diese Region morphologisch als sogenannten Axonhügel erkennen – auf den axonalen »Erregungsweiterleitungsmechanismus« über. Im Gegensatz zur dendritischen

Informationsweiterleitung schwächt sich ein überschwelliges Signal im Axon nicht ab. – Dies hängt mit bestimmten energieverzehrenden Membranprozessen im Axon zusammen. Über das Axon wird die Erregung im Neuron zu den Synapsen weitergeleitet. Es gibt zwei Grundtypen von Synapsen: elektrische Synapsen, bei denen die Membranen der prä- und postsynaptischen Nervenzellen so dicht aneinander liegen, daß beide Zellen miteinander elektrisch gekoppelt sind, und chemische Synapsen. Bei den letztgenannten führt die Erregung in der vorgeschalteten Nervenzelle zur Öffnung von Ionenkanälen in der Membran, die dann in einem bestimmten, meist auch morphologisch besonders strukturierten Bereich Calcium-Ionen einfließen lassen. Diese Calcium-Ionen bewirken, daß in dem Kontaktbereich der beiden Neuronen kleine membranumschlossene Säckchen, die Vesikel, mit der präsynaptischen Membran verschmelzen. Hierbei schütten diese Vesikel ihren Inhalt in das Zellaußenmilieu aus. Dieser »Inhalt« besteht aus den Nervenbotenstoffen oder Neurotransmittern, dies sind Moleküle, die nun wiederum eine Veränderung in der Membran der nachgeordneten (postsynaptischen) Nervenzelle bewirken. Bindet ein Neurotransmitter an die postsynaptische Membran der nachgeordneten Nervenzelle, führt dies wieder zur Öffnung eines oder mehrerer Ionenkanäle. Damit schichtet sich auch im postsynaptischen Neuron die Ionenverteilung um, und entsprechend ist nun die Erregung vom prä- auf das postsynaptische Neuron hinübergesprungen.

Festzuhalten wäre noch, daß die aktive Erregungsweiterleitung keinen kontinuierlichen »Erregungsstrom« durch das Axon schickt. Die Erregung besteht im Axon vielmehr aus einer Folge von Signalpulsen. Dies erklärt sich daraus, daß die Öffnung der axonalen Ionenkanäle zu einer drastischen Umlagerung von Ionen über die Nervenzellmembran führt, die durch einen kompensierenden Mechanismus sehr schnell wieder ausgeglichen wird; die Ionen müssen sich aber neu verteilen, um den Ausgangszustand, der für eine Erregung notwendig ist, wiederherzustellen. Erst dann kann ein erneuter Erregungsschub weitergeleitet werden. In dieser Umschichtungsphase ist der entsprechende Bereich des Axons unempfindlich für jeden neuen Erregungseingang. In Konsequenz übersetzt sich im Axon eine im Dendritenbereich noch kontinuierliche, überschwellige Erregung in eine Folge von An-Aus-Antworten. Deren Dichte pro Zeiteinheit ist ein direktes Maß für die Erregungsintensität eines Neurons. Präsynaptisch wird diese Pulsfolge direkt proportional (allerdings abhängig von der Calcium-Ionen-Dichte im Synapsenbereich) in ein Einströmen von Calcium-Ionen umgesetzt. Dieser Calcium-Ionen-Einstrom wird – wie beschrieben – wiederum in ein »Andocken« von synaptischen Vesikeln und damit in ein der Pulsfolge proportionales Ausschütten von Neurotransmittersubstanz umgesetzt, et voilà...

Nun messen wir – wenn wir die Aktivität eines Neurons bestimmen – nicht direkt den Ionenfluß durch die Zellmembran. Die Umschichtung der Ionen bewirkt aber eine Ladungsumverteilung, die sich direkt in einer veränderten elektrischen Spannung zwischen Zellinnen- und Zellaußenmilieu niederschlägt. Diese Spannungsveränderung läßt sich mit einem verfeinerten Spannungsprüfgerät messen. Diese Technik erlaubt es, die Änderungen im Millisekundenbereich, wie sie sich in der neuronalen Erregungsübertragung vollziehen – die hier betrachteten Zeitfenster liegen im Bereich von Tausendsteln einer Sekunde –, zu registrieren. Hierzu wird eine feine Elektrode in eine Zelle eingeführt, die über einen hohen Vorwiderstand mit einem Spannungsprüfgerät, einem Oszilloskop, verbunden ist, an dem die jeweiligen Erregungsschwankungen der Zelle abzulesen sind. Zugleich kann über diese Elektrode auch ein Farbstoff in die Zelle injiziert werden. Damit kann dann das Neuron, dessen spezielle Erregungscharakteristika registriert wurden, auch in seiner Gestalt und damit in seiner strukturellen Einbindung in das Nervengewebe studiert werden.

Sehen bei Wirbeltieren

Vision is the process of discovering from images what is present in the world, and where it is.

David Marr

Im Prinzip ist unser Auge – was das neuronale Programm anbelangt – ganz ähnlich aufgebaut wie das visuelle System der Insekten. Unser Auge besitzt zwar keine Facetten, doch bilden auch in unserem Auge die Sinneszellen ein Raster, auf dem sich das visuelle Umfeld abbildet. Im Augenhintergrund liegen die Sehsinneszellen dicht nebeneinandergepackt. Ein bestimmter Punkt des Sehfeldes wird jeweils auf einen Bereich dieser Sinneszellen projiziert. Schon im Auge wird die Grunderregung dieser Sinneszellen aber weiterverarbeitet, es gibt quervernetzende Neuronen, die die Eingänge verschiedener Sinneszellen verkoppeln und – unabhängig von diesen – vertikal geschichtete Elemente, die die Erregung einer oder auch mehrerer Sinneszellen weiterleiten. Auf der höchsten – noch im Auge liegenden – Verrechnungsebene wird diese Erregung dann gebündelt und in das Gehirn weitergeleitet. Die entsprechend ins Gehirn weitergeleitete Erregung ist demnach schon durch die Verrechnungen im Nervengewebe des Auges, der Retina, vorstrukturiert (Abb. 11). Die Zellen, die diese vorstrukturierte Erregung ins Hirn weiterleiten, die Ganglienzellen, entsprechen funktionell den Großfeldneuronen der Insekten. Ganz analog zu diesen Neuronen greifen die Ganglienzellen – vermittelt über eine Kaskade

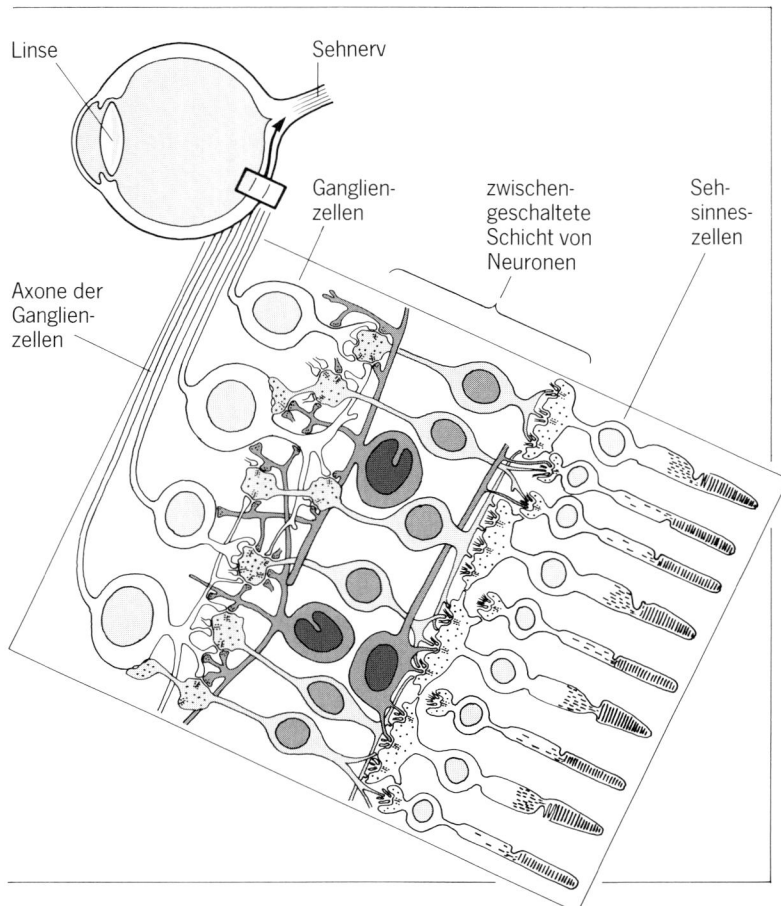

Abb. 11   Grundaufbau der Retina eines Primaten.
Der Grundaufbau der Retina oder Netzhaut entspricht im Prinzip einem
umgedrehten Insektenauge. Die Sehsinneszellen sind zum Augenhintergrund hin,
von der Linse weg orientiert. Zwischen ihnen und der Ganglienzellschicht liegt eine
komplex strukturierte Schicht von Neuronen, die schon innerhalb der Retina
komplexe Verrechnungen der Erregungseingänge ermöglichen.

zwischengeschalteter, quer und vertikal vernetzter Neuronen der Retina – einen bestimmten Bereich dieser Sinneszellen ab Damit bilden sie jeweils einen festumrissenen Bereich des Sehfeldes ab. Wir sprechen hier vom »rezeptiven Feld« einer Ganglienzelle.

Die rezeptiven Felder der höheren Wirbeltiere sind recht klein. Bei der Katze besitzen die kleinsten rezeptiven Felder einen Durchmesser von etwa 0,12 Millimeter, die zugeordnete Ganglienzelle greift Sehsinneszellen innerhalb dieses Radius ab. Übertragen wir dies auf eine konkrete Seh-situation, bedeutet dies, daß die jeweilige, diesem rezeptiven Feld zugeord-nete Ganglienzelle einer Katze, die auf eine 2 Meter entfernte Wand blickt, über ein Gebiet von etwa einem Zentimeter Durchmesser informiert. Die Axone der Ganglienzellen projizieren ins Hirn. Diese Verbindungen, wir sprechen von Projektionen, sind wohlgeordnet und erhalten die räumliche Zuordnung der Ganglienzellen, wie wir sie im Auge finden. Diese Situation entspricht dem Bauprinzip, das wir schon im Fliegenauge beschrieben haben: Die Anordnung der Projektionen der Ganglienzellen im Hirn bildet die relative Positionierung der rezeptiven Felder im Auge nach. Bei einfa-cheren Wirbeltieren – wie etwa den Kröten – enden diese Fasern in den sogenannten optischen Loben. Dies sind bei diesen Tieren die Hauptver-rechnungszentren für visuelle Information. Bei den Säugetieren – und damit auch bei uns Menschen – ist der Aufbau des Sehsystems im Hirn etwas komplizierter.

Bei den Säugern hat sich der vordere Hirnbereich mächtig entwik-kelt und überformt in zwei durch Kommissuren verbundenen Rindenarea-len die älteren Hirnbereiche – und damit auch das Projektionsareal der Ganglienzellen. Beim Menschen ist die Hirnrinde stark entwickelt und bildet die beiden mächtigen Hirnlappen, die nahezu das gesamte Hirn (bis auf das Kleinhirn) überlagern. Diese Großhirnrinde, oder der Neocortex, ist über Faserstränge mit den alten Hirnregionen verbunden. Diese Verbin-dungen sind geordnet.

Wir werden im weiteren noch sehen, daß die Hirnrinde selbst vergleichsweise uniform aus einer Vielzahl von Modulen aufgebaut ist (s. S. 128). Vereinfacht kann man sich diesen Neocortex als eine dicht gepackte Lage parallel geschalteter Elemente denken, die den älteren Hirnregionen »aufsitzt«. Der Aufbau der älteren Hirnteile ist komplexer. In diesen älteren Hirnbereichen finden wir Regionen, in die die Projektionen der Sinnesorgane hineinführen, und andere Regionen, aus denen heraus Bewe-gungssteuerungsneuronen Projektionen in das Rückenmark entsenden. Diese Regionen bilden sogenannte Kerne. Diese Kerne sind zugleich mit dem Neocortex verbunden. Insoweit ist das Gehirn eines Säugetiers auch in seinen stammesgeschichtlich älteren Bereichen komplex überformt. Prinzipiell bleibt aber auch hier der Aufbau, den wir bei den niederen Wirbeltieren finden, erhalten. Die Kernareale im Hirn der Säuger, die mit den Sinnesorganen verbunden sind, entsprechen den Zentren, die wir bei den niederen Wirbeltieren finden können. Entsprechend wird die »Information« denn auch über diese primären Hirnzentren an die überlagernden corticalen Areale weitergeleitet. Sie sind allerdings – wie angedeutet – von Neocortexarealen überlagert. Hierbei ist jedes Neocortexareal mit einem ganz bestimmten Teilbereich der alten Hirnkerne verbunden. So wird denn das Neocortexareal, das sich mit dem Kernbereich im alten Hirnbestand verbindet, in den die Augen-Ganglienzellen projizieren, primär von visuellen Eingangsbahnen innerviert; es bildet den primären visuellen Neocortex. Da die Neocortexareale untereinander verknüpft sind, läuft die visuelle Information aus dem primären visuellen Neocortex auch in anliegende Hirnareale weiter, in denen der visuelle Erregungseingang speziell weiterverarbeitet wird.

Im visuellen System der Säugetiere gibt es allerdings gegenüber den Insekten eine Besonderheit. Die Augen sind beweglich. Dies ist anders als bei der Fliege. Will ich ein Bild meines Umfeldes aus dem erarbeiten, was mir die Sinneszellen des Auges melden, muß ich in einer Analyse der Bildverschiebung die Eigenbewegungen des Auges abziehen; zum anderen muß ich, um über Augenbewegungen mein visuelles Umfeld gezielt »abtasten« zu können, die Augenmuskeln präzise ansteuern. All diese komplexen Funktionen wurden von den Hirnarealen übernommen, die bei den Kröten den optischen Loben entsprechen.

Bei den höheren Säugetieren, wie der Katze oder beim Menschen, wurden die Projektionen der Ganglienzellen aus diesem Hirnbereich »herausgedrängt«. Sie besetzen jetzt ein angrenzendes Hirnareal, den sogenannten äußeren Kniekörper. Dieser ist eine Neubildung. Das prinzipielle Strukturmerkmal des alten Hirnareals, bei dem in diesem ersten zentralen Projektionsareal die Raumstruktur des Sehsinneszellenbesatzes noch erkennbar ist (d. h. die Axone von Ganglienzellen, die nebeneinanderliegende rezeptive Felder besitzen, liegen auch in diesem Kernbereich nebeneinander; wir sprechen von einer »retinotopen« Organisation), blieb aber erhalten.

Wir finden folgende anatomische Situation (Abb. 12): Die Projektionen der Ganglienzellen aus der Netzhaut des Auges (Retina) ziehen – zum Sehnerv gebündelt – zu den äußeren Kniekörpern. Hierbei überkreuzen sich die Sehnerven beider Augen, sie bilden ein Chiasma. In diesem Chiasma teilt sich der Sehnerv jedes Auges auf. Eine Hälfte der Ganglienzellfasern zieht weiter in den dem Auge gegenüberliegenden (kontralateralen) Kniekörper, die andere Hälfte der Faser projiziert in den »gleich«seiti-

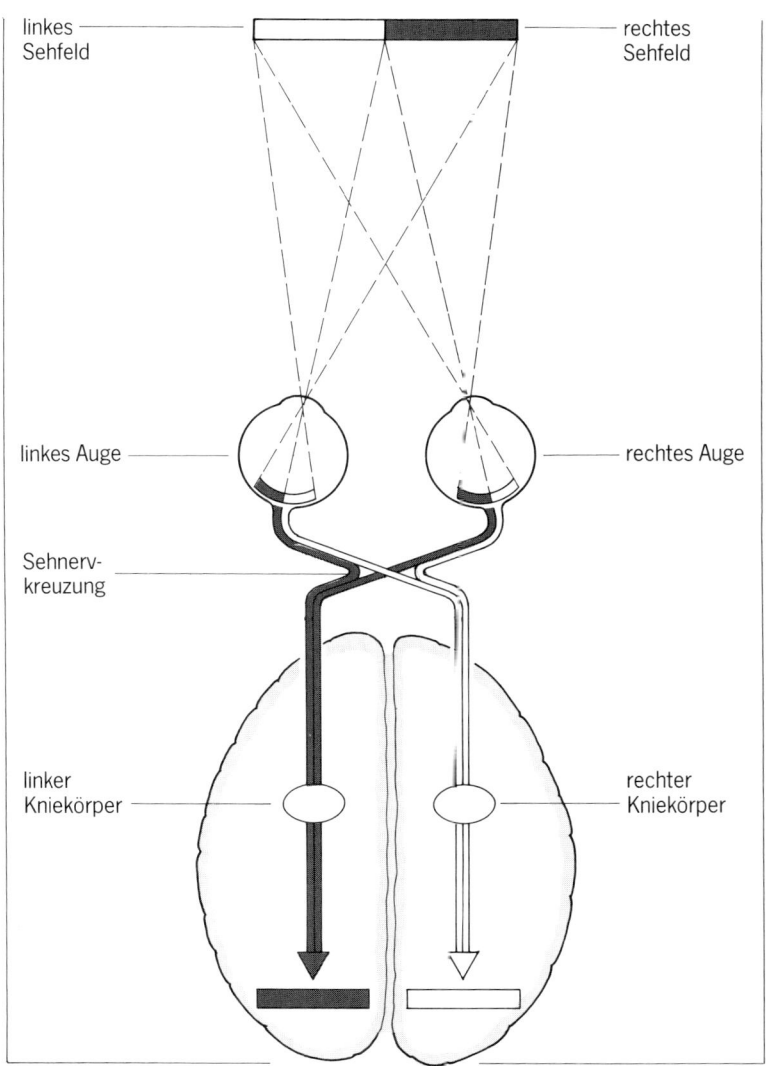

linkes Sehfeld — rechtes Sehfeld

linkes Auge — rechtes Auge

Sehnerv-kreuzung

linker Kniekörper — rechter Kniekörper

Abb. 12   Die Sehbahn des Menschen.
Vom Auge projizieren die Ganglienzellen durch den Sehnerv über eine Sehnervkreuzung (das Chiasma) in den Kniekörper, schalten sich hier auf nachgeordnete Neuronen um, die dann weiter in den visuellen Cortex, das primäre Sehfeld, projizieren. Die Projektionen der beiden Augen sind hierbei so verteilt, daß sie im linken Cortex nur das rechte und im rechten Cortex nur das linke Sehfeld abbilden.

104

gen (ipsilateralen) Kniekörper hinein. Dadurch bündeln sich die Fasern beider Augen, die jeweils das rechte oder das linke Sehfeld darstellen. Der linke Kniekörper sammelt hierbei die Projektionen, die das rechte Sehfeld abbilden, und der rechte Kniekörper ist die Projektionsregion für das linke Sehfeld. Hierbei sind auf dieser Ebene der Sehbahn die Projektionen beider Augen jeweils noch getrennt, sie enden in verschiedenen Schichten des Kniekörpers.

Im Kniekörper verschalten sich die Ganglienzellen mit nachgeordneten Nervenzellen, die direkt in die primäre cortikale Sehrinde projizieren. Diese Sehrinde befindet sich im hinteren unteren Bereich der beiden Neocortexlappen. Linke und rechte Sehrinde bilden – da sie ausschließlich vom zugehörigen (linken bzw. rechten) Kniekörper versorgt werden – auch nur das rechte bzw. linke visuelle Feld ab. Die in die Sehrinde von diesen Fasern eingegebene Erregung wird nun von überlagernden Neuronen weiterverarbeitet (komplexe Neuronen), die dann ihrerseits ihre Erregung wieder an sogenannte hyperkomplexe Neuronen vermitteln. Hierbei bleibt in der Grundschichtung der cortikalen Projektionen die Trennung von Arealen, die jeweils vom linken oder rechten Sehfeld erregt werden, erhalten. Die Fasern, die jeweils entsprechende Bereiche der Netzhaut abbilden, liegen schichtartig, in Streifen, nebeneinander.

Nun ist die primäre Sehrinde aber nicht nur räumlich geschichtet. Vielmehr läßt sich feststellen, daß Teilareale in diesen Streifen auf bestimmte Eigenschaften des visuellen Umfeldes besonders gut reagieren. So gibt es Subareale, in denen die Neuronen auf besondere Struktureigenschaften eines optischen Reizes, etwa die Orientierung eines Streifenmusters im Sehfeld, bestimmte Bewegungsrichtungen oder auch Farbkontraste optimal ansprechen. Insofern zeigt die beschriebene Architektur eine hohe funktionelle Spezifizierung der einzelnen Nervenzellen. Hier scheinen in einzelnen Zellen eine Fülle von Teilinformationen abgebildet zu sein, die die Raumposition und auch bestimmte Eigenschaften eines visuellen Signals kennzeichnen.

Cortikale Karten

Wie wäre nun mit solch einer Hardware eine Orientierung im Raum zu gewinnen? Wie kann ein Organismus seine Bewegungen auf die von den Sinnesorganen vermittelten Veränderungen seines Umfeldes abstimmen? Wie kann ich also etwa die Muskeln in meinem Arm so ansteuern, daß sie einen von meinen Augen »verfolgten« Ball greifen können?

Das primäre Sehfeld bildet, wie wir gesehen haben, die räumliche Zuordnung der Ganglienzellen zweier Augenhälften ab; es formt damit eine »Karte«, die für jedes rezeptive Feld der Netzhaut ein räumlich entsprechendes Ereignisfeld im visuellen Neocortex reserviert. Demnach sind in der Raumschichtung des visuellen Neocortex die Relationen eines Objekts im Sehraum eines Auges direkt abgebildet. Da die Projektionen des rechten und linken Auges einander zugeordnet sind, können die topologisch entsprechenden Bereiche der beiden Netzhäute direkt verglichen werden. In einer Integration über ein größeres Areal der Sehrinde läßt sich feststellen, wie einzelne von ihrer Größe, Bewegungsrichtung und Bewegungsgeschwindigkeit gleichartige Reizmuster sich in den Retinae der beiden Augen bewegen.

Cortikale Elemente registrieren die relative Verschiebung der korrespondierenden Erregungspunkte, daraus ergibt sich die relative Position eines Objektes im Sehfeld des rechten und linken Auges. Damit ist das entsprechende visuell wahrgenommene Objekt in seinen Raumkoordinaten bestimmt.

Wie läßt sich nun ein Verhaltensprogramm gezielt auf dieses Reizmuster ausrichten? Gibt es einen Mechanismus, der schon auf der Ebene von Zell-Zell-Interaktionen solch eine Verhaltenssteuerung leistet? Wir können uns – ausgehend von unserer bisherigen Kenntnis des Hirnaufbaus – vorstellen, wie solch ein Mechanismus prinzipiell realisiert sein könnte. Wenn es möglich ist, die Karte des visuellen Umfeldes, die sich in der skizzierten Weise ausgebildet hat, mit einer Karte zu koppeln, die die relativen Positionen meines Armes im Raum darstellt, wäre solch eine Verhaltenssteuerung gelungen. »Ich« müßte also meine sensorische Karte auf eine entsprechend geeichte motorische Karte übertragen. Wie sieht solch eine motorische Karte aus?

Im visuellen Neocortex zeigt mir ein Erregungsereignis, wo sich im visuellen Umfeld ein Objekt befindet. Ein Ereignis an der Position x im Neocortex entspricht damit einer Raumkoordinate X. Die geforderte motorische Karte wäre genau umgekehrt aufzubauen. Die Erregung m, die in sie eingebracht wird, ist an ein komplexes Gefüge von Faserverbindungen gekoppelt, die (direkt oder indirekt) einzelne Muskeln ansteuern. Diese Faserverbindungen können bei Aktivierung von m in definierter Weise angeregt werden. m stößt damit eine Kaskade von Teilbewegungsfolgen an. Ist die Topographie der motorischen Karte nun so geartet, daß sie sich auf die Karte des visuellen Umfeldes umschichten läßt und sich umgekehrt das visuelle Umfeld in den Bewegungskoordinaten der motorischen Karte abbildet, könnte sich ein visuelles Wahrnehmungsereignis so direkt und gezielt in ein Verhaltensprogramm umsetzen (Abb. 13). Es gibt eine Reihe

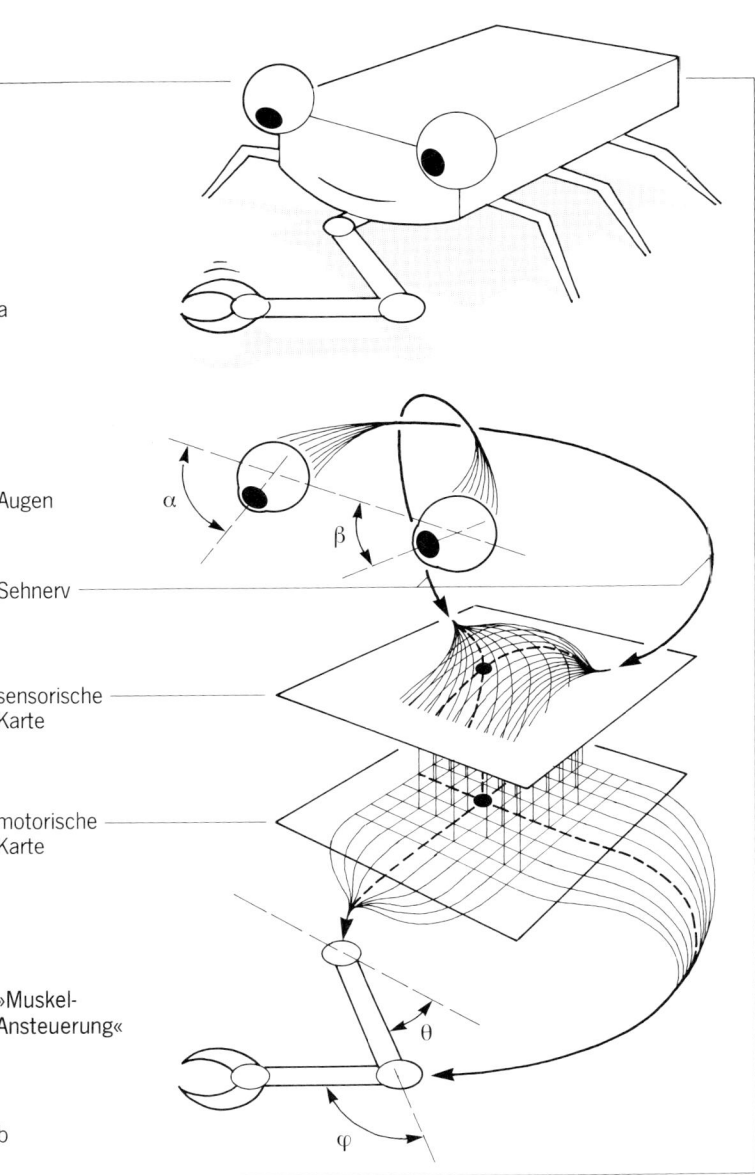

a

anders 68!

Augen   α   β

Sehnerv

sensorische
Karte

motorische
Karte

»Muskel-
Ansteuerung«   θ

b   φ

von Hinweisen, daß solche motorische Karten etwa im Kleinhirn ausgebildet sind.

Damit hätten wir einen Ansatz gefunden, um zu verstehen, wie einfach neuronale Programme sein könnten, die ausreichen, um das Bewegungsprogramm eines Organismus auf seine Umwelt abzustimmen. Für das Wirbeltier ergäbe sich hier ein Grundmuster, das letztlich kaum von dem verschieden wäre, was wir zunächst für die Fliege beschrieben hatten. Haben wir mit dieser Interpretation das Vokabular gefunden, um den Aufbau von Verhaltensmustern generell zu erklären? Sind komplexere Verhaltensstrukturen – wie die Produktion von Lauten, die Handbewegungen eines Pianisten oder auch die Fertigkeiten im Hochleistungssport – folglich nurmehr als komplexer gestalteter Ausbau des hier formulierten Grundprogramms zu begreifen?

Mustererkennung

Wir hatten im vorstehenden Kapitel gesehen, daß sich die räumliche Strukturierung des Sehraumes bis in die Organisation der Projektionsmuster in der primären Sehrinde erhält. Dies bedeutet, daß sich nebeneinanderliegende Areale im Sehfeld in nebeneinanderliegenden Arealen dieses Neocortexbereiches wiederfinden. Damit ist das visuelle Umfeld eines Organismus im Hirn in einer eindeutigen – wenn auch leicht verzerrten (worauf wir hier nicht näher eingehen wollen) – Karte abgebildet. Das heißt, daß sich die Konfiguration meines Gesichtsfeldes in ihren wesentlichen Strukturbezügen in der Sehrinde »wieder«finden läßt.

In der Sehbahn, dem neuronalen »Kanal«, über den die visuelle Information in das primäre Sehfeld geleitet wird, sind mehrere Neurone hintereinandergeschaltet, wobei in jeder »Umschaltstelle« die jeweils weiterleitende Nervenzelle mehrere »Eingangsneurone« kontaktiert. Entspre-

◄ Abb. 13   Bewegungssteuerung einer Roboterkrabbe mit zwei Augen und einem Greifarm (a). b) Der Arm wird durch eine Überlagerung von einer sensorischen mit einer motorischen Karte gesteuert. Die Überlagerung ist derart, daß ein Bildpunkt x in der sensorischen Karte (der eine Raumkoordinate x' entspricht – errechnet durch die relative Verschiebung der fixierenden Augen über die jeweilige Auslenkung α und β) einer Position m in der motorischen Karte zugeordnet werden kann. »m« steuert zwei Motoren an, die den Greifwinkel des Armes gezielt verändern. Und zwar werden diese beiden Motoren jeweils um φ respektive θ verändert. Bei einem präzisen Abgleich beider Karten ist die Krabbe in der Lage, mit ihrem Arm einen Raumpunkt, der in der sensorischen Karte registriert wurde, anzusteuern.

chend bündelt sie die Informationseingänge aus diesen ihr vorgeordneten Zellen. Derart werden in der Sehbahn die von den Sinneszellen aufgefangenen Signale fortlaufend verrechnet. Diese Verrechnungskaskade setzt sich in den »komplexen« und »hyperkomplexen« Neuronen des Neocortex fort (Abb. 14). Diese Neuronen berechnen nun nicht nur relative Verschiebungen in der Position einzelner Teilbilder auf dem rechten und linken Augenhintergrund. Die jeweils vorgeschalteten Neuronen haben ganz bestimmte Ansprechmaxima, das heißt, sie reagieren auf bestimmte Reizkonstellationen besonders gut. Entsprechend filtern sich in ihnen bestimmte Signalkomponenten aus. In der Kette von Verrechnungsprozessen werden diese Filterfunktionen miteinander verkoppelt. In dieser Reihung wird eine entsprechende Analyse damit immer komplexere Muster ausfiltern können. O. D. Creutzfeldt und H. C. Nothdurft haben die Verarbeitung verschiedener visueller »Inputs« über diese Informationsleitkaskade verfolgt. Die Neuronen in den Endgliedern dieser Kette sprechen selektiv auf bestimmte visuelle Grundmuster, wie etwa Kanten oder Streifen, an. Diese Neuronen fungieren demnach als »Detektoren« (als Erkennungselemente) für solche Reizgrundkomponenten. Es wäre nun ohne weiteres vorstellbar, daß sich diese Detektions»neuronen« nun noch ihrerseits immer komplexer verschalten und auf diese Weise auch komplexe Signalkomponenten in einem entsprechend aufgebauten Netz von Neuronen darstellbar sind.

Das visuelle Umfeld (A) (etwa ein *Alpensee*) kennzeichnet sich demnach z. B. durch ein selektives Ansprechen der Neuronen *223341, *223342, *223352, *223455, *34321 ... usf. Schalte ich hinter diese Neuronenkette wieder ein Neuron, das nur dann anspricht, wenn die benannten Neuronen gereizt sind, hätte ich einen komplexen Detektor für einen *Alpensee* oder – bei einer anderen neuronalen Ausgangskonfiguration – auch für meine Großmutter. Diese Vorstellung, daß es ein Neuron gibt, das aktiv ist, wenn meine Großmutter sich in meinem Sehfeld befindet, schien eine Zeitlang äußerst überzeugend für die Neurobiologie. Allerdings wäre dieses »Großmutter-Neuron« sehr komplex zu verschalten, da es etwa verschiedene Profilwinkel, gegebenenfalls auch Frontal- oder Rückansichten derselben Person zu identifizieren hätte. Dies gilt so natürlich auch für jedes andere »Objekt«.

Es ließ sich zeigen, daß in der Sehrinde die Teilinformationen des Sehraumes sozusagen in Portionen vorverarbeitet wurden. Die Grundkomponenten der Bildwahrnehmung wurden erst in der Reihung dieser Einzelverarbeitungsschritte entschlüsselt. Diese erste, gerade in Hinblick auf entsprechende Computerarchitekturen befriedigend erscheinende Lösung des Reizdetektionsmodells führt allerdings für das Verständnis der Organisation des visuellen Systems nicht weiter. Computer arbeiten zwar in dieser

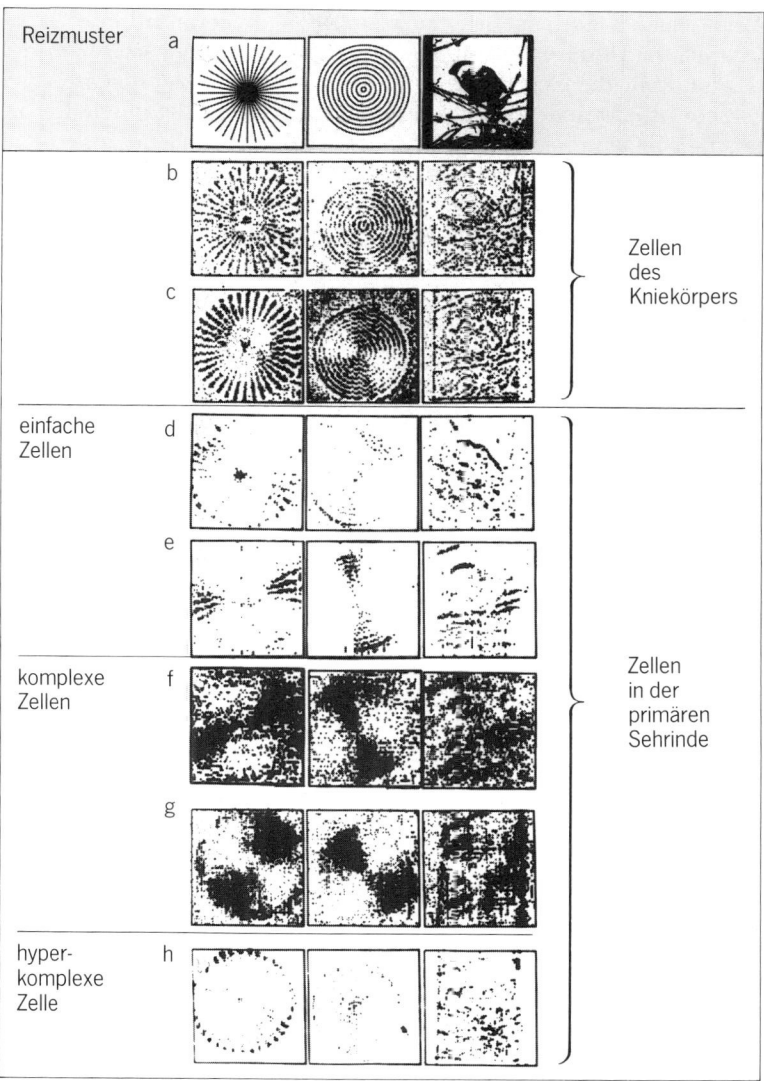

Abb. 14 Abbildung komplexer visueller Reize durch Nervenzellen in der Sehbahn der Katze, a zeigt das angebotene Reizmuster, b–h zeigen die Antwortcharakteristika einzelner Zellen im Kniekörper (b, c) und in der Sehrinde (d–h). Beachten Sie das zunehmend selektivere Ansprechen auf einzelne Reizparameterkonstellationen, das die Neuronen in dieser Sequenz zeigen.

Weise seriell, doch ist unsere visuelle Wahrnehmung viel komplizierter organisiert. Dies zeigt schon die Anatomie. In den sensorischen Hirnrinden-arealen sind die Sinnesorgane jeweils mehrfach repräsentiert. So finden sich bei Affen mindestens 10 mehr oder minder vollständige Repräsentatio-nen des Sehraumes im Neocortex. Diese Areale sind nun nicht einfach hintereinander geschaltet und so an die skizzierte Kaskade der Informa-tionsverrechnung angehängt, vielmehr erhalten alle diese Zentren einen Eingang von den auf optische Informationseingänge ansprechenden Kern-regionen der älteren Hirnareale. Sie verarbeiten die entsprechenden senso-rischen Erregungseingänge zunächst parallel und werden dann in dieser Erregungsverarbeitung erst sekundär miteinander verkoppelt. Genauge-nommen fächert sich die Sehbahn also schon in dem primären Projektions-zentrum, dem Kniekörper, auf und infiltriert nun, hoch parallel geschaltet, eine Vielfalt von Neocortexarealen. Diese Situation wird direkt verdeut-licht, wenn wir die Erregungsveränderung ganzer Hirnareale bei visueller Stimulierung registrieren. Das Bild, das wir erhalten, entspricht in der Analyse der visuellen Informationsverrechnung der Situation, die wir bei der Darstellung des Hörvorgangs aufzeigen konnten.

Die Analyse des visuellen Systems hat uns demzufolge nicht sehr viel weitergebracht als die Untersuchung des Hörens. Genau wie dort können wir eine Kaskade von Elementen dingfest machen, die bestimmte Signalkomponenten aus den Erregungsmustern herausfiltern, die durch die Sinnesorgane verursacht wurden. Solange wir in unserer Analyse dicht an diesen Reizeingangsregionen bleiben und die Vorstrukturierungen auf-zeigen, die diese Signale erfahren, scheint unser neurobiologisches Bild der visuellen Informationsverrechnung klar. Die Beispiele zu der Darstellung der Orientierung im Sehfeld zeigten, wie weit eine entsprechende Analyse führen kann, die etwa bei der Fliege bestimmte Verhaltensteilelemente als Interaktion definierter Nervenzellen begreifen läßt. Genau wie beim aku-stischen System ist eine entsprechende Analyse aber verloren, wenn sie die Analyse komplexerer Strukturen zu erklären sucht. Genau wie beim Hören zeigen Verfahren, die es erlauben, die Hirnaktivität großflächig zu regi-strieren (auf diese Techniken kommen wir zurück), daß auch in einfachen Reizverarbeitungsprozessen ganze Hirnareale synchron aktiviert sind. Zeigt dies an, daß uns eine Analyse, die auf der Zellebene verharrt, doch nur erklären kann, wie ein Reiz der Außenwelt im Hirn transformiert wird, ohne uns Information darüber zu liefern, ob und wo es eine Instanz gibt, die solch einen Reiz dann »interpretiert«?

≡ Riechen

Der welcher sein parfümiertes Schnupftuch aus der Tasche zieht,
traktiert alle um und neben sich wider ihren Willen und nötigt sie
wenn sie atmen wollen zugleich zu genießen; daher es auch aus der
Mode gekommen ist.

Immanuel Kant

Wohin haben uns die bisherigen Exkursionen, in denen wir die
Strategien der Reizverarbeitung im Hirn näher untersuchten, geführt?
Solange wir uns damit begnügten darzustellen, wie das Hirn die durch die
Sinnesorgane vorstrukturierten Umweltreize in seinem Neuronengefüge
ausfilterte, konnten wir zumindest einzelne der dafür wesentlichen Mechanismen nachweisen. Unsere Untersuchung blieb jedoch ganz bei der Analyse von Reizselektionsmechanismen. Für einfacher strukturierte Organismen, wie Frösche oder Stubenfliegen, konnten wir dann zeigen, daß damit
bei diesen Tieren bestimmte Verhaltensleistungen erklärt werden können.
In diesen Mechanismen löst eine bestimmte Reizstruktur definierte Teilver-
haltenskomponenten aus, die unter ›normalen‹ Umständen (d. h. in der
natürlichen Umwelt der Tiere) die für das Tier erfolgreiche Gesamtverhaltenssteuerung leistet. In diesen Modellen reagiert das Tier letzthin aber
immer stereotyp auf eine nur durch einen trickreich angesetzten Reizfilter
vorstrukturierte Umweltsituation. Die Stubenfliege »erkennt« nichts von
ihrer Umwelt, auch der Frosch »beurteilt« keineswegs das ihn erreichende
Signalspektrum. Wir hatten denn auch auf entsprechende Begriffe verzichtet. Im Gegenteil, dieser Ansatz versuchte, Verhalten aus der Mechanik des
Nervengewebes, d. h. ohne Begriffe wie »Ich« oder »Bewußtsein«, zu erfassen. Es muß daher erstaunen, wie weit wir in der Analyse damit gekommen
sind. Komplexe Verhaltensweisen, wie das Jagdverhalten der Fliege, sind
neuronal regelrecht simpel strukturiert.

Dies mahnt uns zunächst zur Vorsicht. Ein uns sinnvoll erscheinendes Verhalten muß von einem Organismus nicht »sinn«voll strukturiert
sein. Der derart vollzogene Analyseansatz erzieht insoweit dazu, ein Verhalten immer mit einem absoluten Minimum an interpretierenden Vorgaben anzugehen. Damit geraten wir aber an Grenzen. In komplexeren
Reizdetektionssituationen können wir unseren Ansatz zunächst noch zu
retten suchen, indem wir immer weiterführende Kaskaden von Selektions-
instanzen postulieren. Dies scheint sinnvoll. Schließlich können wir, etwa
wenn wir einen Computer programmieren, eine komplexe Aufgabe in eine
Reihe von Einzelfunktionen aufgliedern, die über einfache »Wenn−dann«-
Beziehungen verkoppelt sind. Damit lösen wir ein komplexes Steuerungs-
programm in einer logischen Sequenz von einfachen Steuerungs-»Grund«-
bausteinen auf. Wäre für das Hirn hier nicht Entsprechendes denkbar?

Unser Hirn funktioniert allerdings anders als solch ein Computer. Die Einzelreaktion des Computers ist das Resultat einer Sequenz von Entscheidungsprozessen, die Einzelreaktion des Hirns entsteht aus einem komplexen Erregungsgefüge synchron aktiver Elemente des Hirngewebes. Das komplexe Reaktionsmuster des Hirngewebes, das wir schon bei einfachen Hirnreaktionen finden, zeigt, daß das Hirn als eine Einheit reagiert. Die Reaktion des Hirngewebes baut sich eben nicht darauf auf, daß Einzelereignisse eine hierarchisch geordnete Stufung von Entscheidungsprozessen durchlaufen, wie es bei einem sequentiell logischen Aufbau der Hirnarchitektur zu fordern wäre.

Wie haben wir aber dann die Hirnfunktion zu verstehen? Einen ersten Ansatz, der uns weiterführen könnte, gewannen wir mit unserer Hypothese zu einem vereinfachten Bewegungssteuerungs-Programm für einen Arm (s. S. 63). Dies könnte in einer Verknüpfung von komplexen Neuronennetzen funktionieren. Ist damit ein Fenster aufgestoßen, das uns auch *generell* in einer Analyse der Wahrnehmungsprozesse weiterführen könnte?

In der Untersuchung der Geruchswahrnehmung führte das oben am Hören und Sehen demonstrierte ›klassische‹ Konzept eines sukzessiven Ausfilterns von Reizkomponenten nicht weiter. Erst als man komplexe Erregungsveränderungen in ganzen Nervenzellgruppen betrachtete, schien ein erstes Verständnis dafür möglich, wie wir, die Species Mensch, unsere Geruchsumwelt wahrnehmen.

Von der Anatomie her ist das Geruchssystem ähnlich aufgebaut wie andere sensorische Systeme (Abb. 15): Die Geruchsrezeptoren in der Nase projizieren in den Riechkolben. Dort werden die sensorischen Neuronen mit den auch untereinander verbundenen nachgeschalteten Neuronen (Interneuronen) verwoben. Spezielle Neurone dieses Areals, die Pinselzellen und die sogenannten Mitralzellen, projizieren in die Riechrinde, die ihrerseits über ältere Hirnregionen mit bestimmten Bereichen des frontalen Neocortex verbunden ist.

Im Gegensatz zum visuellen oder akustischen System sagt uns die topologische Schichtung der Riechsinneszellen allerdings nichts. Beim Hören und Sehen konnten wir die Grundmuster für eine Raumorientierung oder eine Analyse von Schallauten direkt aus der Verteilung der zentralen Projektionen der jeweiligen Sinneszellen ableiten. Beim Geruch versagen solche Vorstellungen. Es gibt in der Riechrinde kein neuronales Areal für Bananenduft oder für ein bestimmtes Parfüm. Die Erregung der einzelnen Neuronen in diesem Gebiet erscheint chaotisch. Wenn ich mich aber von der Mikroperspektive freimache, in der nur die Erregung von Einzelneuro-

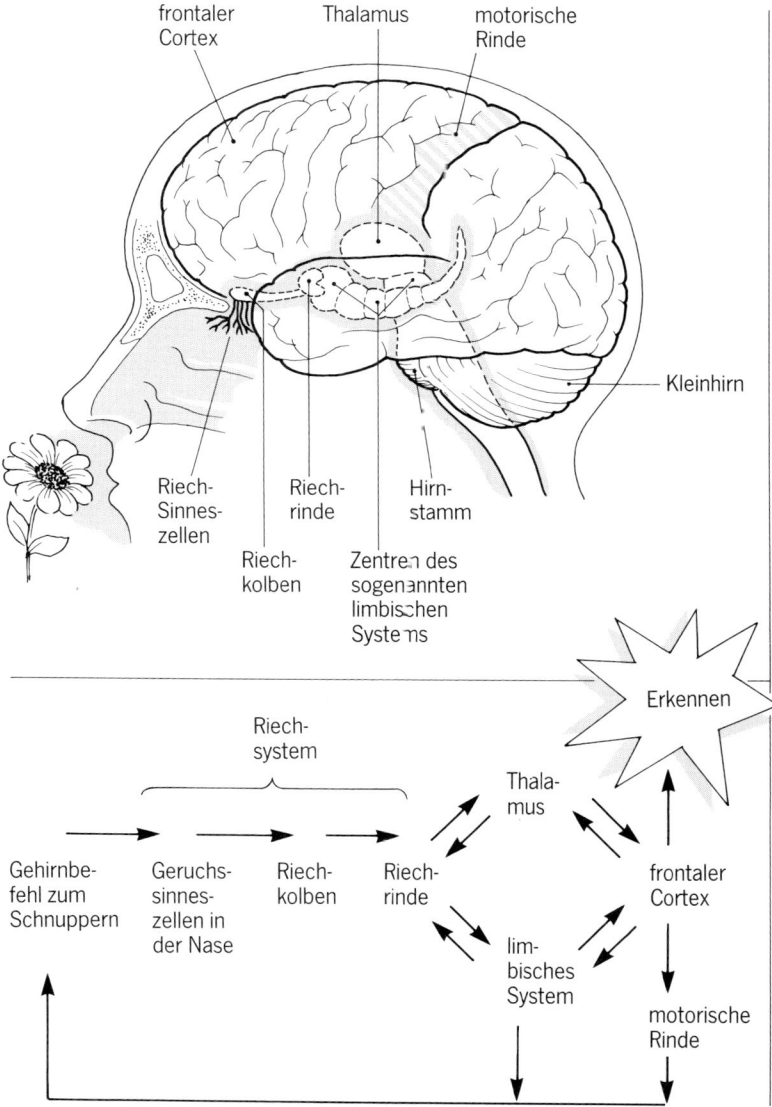

Abb. 15   Schema der <u>Wechselwirkungen</u> zwischen Riechsystem und Hirn. Beachten Sie die starken Rückkopplungen in diesem System.

nen registriert wird, erscheint es möglich, auch in diesem Hirnareal Ordnungsmuster zu erkennen, die ich auf bestimmte Reizeingangskonfigurationen rückbeziehen kann.

W. J. Freeman registrierte die Gesamtaktivität der Neuronen der Riechrinde bei der Ratte. Er fand, daß sich die Gesamterregung in diesem Areal bei unterschiedlichen Düften in komplexer Weise verschiebt. Und er fand noch etwas: Die Empfindlichkeit eines Tieres für einen Duft *nahm mit dessen Aufmerksamkeit zu.* In Simulationen konnte er einen Mechanismus erschließen, der ihm dieses Verhalten verständlich werden ließ. Das Hirn selbst füttert – Freemans Ergebnissen zufolge – kontinuierlich Erregung in das System Riechrinde ein. Die Neuronen dieses Areals sind in Rückkopplungsschleifen eingelagert. Eine sie aktivierende Erregung wird diese Neuronen demnach mehrfach durchlaufen. Die Neuronen zeigen also über einen Bereich von Sekunden immer wiederkehrende Erregungszyklen. Diesen Erregungszyklen wird aber nun fortlaufend neue Erregung überlagert, die die Sinneszellen an das Geruchssystem übermitteln. Damit setzt sich diese Erregung einem Grundaktivitätsprofil des Geruchssystems gleichsam auf. Diese Erregungsüberlagerung kann nun eine Erregungsschwingung neu wichten. So kann sie ein Neuron, dessen Schwellenwert knapp über dem Erregungsniveau liegt, das das System ohne den zusätzlichen Erregungseingang durch die Sinneszellen besitzt, aktivieren. Damit wird in dem Gesamtsystem ein neuer Schwingzyklus »angeworfen«, der im Effekt wieder das Gesamtsystem variieren kann. Dies bedeutet zudem auch, daß vergleichsweise schwache Eingangssignale, die alleine nicht ausreichen würden, in der Überlagerung mit der Grunderregung des Systems eine Aktivierungskaskade auslösen können.

Zwei Dinge sind festzuhalten:

1) Schon auf der ersten Verrechnungsebene wird die Signalverarbeitung durch die Grundaktivität des Reizverarbeitungsprogrammes des Nervengewebes selbst »einreguliert«. Das heißt, das Geruchsystem strukturiert seine Aufnahmebereitschaft gegenüber Außenreizen selbst vor.

2) Die Struktur des Signales im sensorischen Nervengewebe bildet sich nicht etwa in diskreten Einheiten des Nervengewebes, sondern vielmehr im Gesamtaktivierungsspektrum des zugehörigen nachgeordneten Nervengewebes ab. Was heißt das? Die Erregung, die durch den Duftreiz initiiert wird, variiert das gesamte Erregungsgefüge in diesem Hirngebiet. Man kann sich die Erregungsverteilung in diesem Areal wie die Oberfläche eines Teiches vorstellen: Eine Erregung führt nicht nur zum Aufblitzen eines Elementes unter dieser Teichoberfläche, sondern löst eine Oberflächenwelle aus, die das gesamte Erregungsniveau dieses Teiches verändert.

Es scheint nun, daß nicht nur der jeweilige Zustand der Aktivierung im Hirnbereich (also in unserem vorigen Bild die Ausbildung eines bestimmten Wellenmusters in dem Teich), sondern zugleich der Ordnungsgrad des Systems (also der Wert des Abweichens von einem Chaos völlig ungeordneter Aktivität) ein Maß für die Geruchswahrnehmung darstellen könnte. Dieser Ordnungsgrad entspräche im Teichbild demnach nicht mehr einem bestimmten Wellenmuster. Vielmehr wäre er eine Art Maßzahl für die Art der Musterung in diesem Teich; gemessen würde demnach eine Art Intensität der Wellenmusterung. Zurückübertragen auf das Hirn bedeutet dies, daß die Abbildung entsprechender Reizeingaben äußerst komplex ist. Dies wäre mit einem strikt hierarchischen Konzept der Reizselektion im Hirn – wie im Konzept des »Großmutterneurons« formuliert – unvereinbar.

Im Geruchssystem wird darüber, ob und wie eine Erregung an höhere neuronale Zentren weitergeleitet wird, nicht mehr auf der Ebene eines Einzelneurons, sondern vielmehr erst auf der Ebene des Neuronenverbandes entschieden. Auf dieser Ebene scheint sich denn auch so etwas wie eine Topologie der Wahrnehmungsfelder – analog bestimmter Wellenschichtungen in unserem Teich-Bild – aufzubauen. Diese Topologie ist nun allerdings nicht in einem einfachen räumlichen Muster zu finden, vielmehr läßt sich diese Topologie erst dann darstellen, wenn das zeitliche Muster der Erregungszyklen aufgelöst ist. Es scheint, daß die räumliche Verteilung der durch den Geruch ausgelösten Ordnungsmuster, periodische Schwingungen in der Aktivität der gekoppelten Neuronen, eine Aussage über die Qualität des jeweiligen Wahrnehmungszustandes erlaubt. Entsprechend wären denn auch Mechanismen denkbar, die im Hirn selbst eine adäquate Informationsweitergabe garantieren. Es gibt bestimmte Bahnen, in denen sich die Erregung aus der Riechrinde in die entsprechenden cortikalen Areale »einfüttert«. Verschiebungen im Erregungsprofil dieser Bahnen werden auch entsprechende Reaktionen im Neocortex zur Folge haben, die dann wiederum Konsequenzen für den etwaigen Ansatz von Verhaltenssteuerungsprogrammen haben könnten. In unserem Bild könnten wir uns bestimmte Wellenmuster vorstellen, die einen Pegelstandsmesser in eine bestimmte Schwingung (Oszillation) versetzen. Tritt diese Schwingung im Pegelstandsmesser auf, gibt dieser ein Signal weiter. Nun mißt dieser Pegelstandsmesser aber nur den Takt von einem Wellen-Auf-und-Ab, ohne das gesamte Wellenmuster im Teich abzubilden; er erkennt also nur bestimmte Teilkomponenten des komplexen Signalzustandes, kann aber gerade dadurch bestimmte Reizklassen bilden, etwa alle Wellenmuster mit der Oszillationsfrequenz v.

Was ist festzuhalten? In einer Analyse der Signalverarbeitung im Riechhirn können wir uns nicht an fest definierte Einzelneuronen »klammern«, deren Aktivität es erlauben würde, einen Reiz als »etwas« zu identifizieren. Vielmehr betrachten wir immer die Reaktionen eines komplexen Neuronenverbandes. Um Aussagen über mögliche Verrechnungszustände dieses Gewebes zu registrieren, müssen wir versuchen, Muster in ihrem Gesamt»schwing«verhalten darzustellen.

Nun ist die Geruchswahrnehmung nicht auf ein Spektrum reduzierbar, wie es etwa für optische oder akustische Signale möglich ist. Vielmehr hat jeder Stoff eine ihm eigene, aus seiner chemischen Konstitution keineswegs direkt ablesbare »Duftnote«. Wie würde ein derartiges System auf solch einen Duft reagieren? Der Duftstoff wird von einem Ensemble von Riechsinneszellen registriert. Deren Erregung überlagert die Grundaktivität der Hirnrinde und verursacht so eine Veränderung im Gesamtschwingverhalten der Neuronen der Hirnrinde. Dieses Verhalten konnte im Experiment – und auch in Computersimulationen – demonstriert werden. Die Wahrnehmung dieses Stoffes aktiviert die nachgeschalteten Neuronen damit über einen längeren Zeitraum. Dies hat noch eine weitere Konsequenz. Die Verknüpfungen einzelner Nervenzellen untereinander – die Synapsen – sind nicht statisch. Vielmehr wird die Qualität einer Verknüpfung durch mehrfache Aktivierung verbessert. Die länger andauernde Schwingung einzelner Neuronenpopulationen im Riechhirn verändert damit auch die Verknüpfungseigenschaften der beteiligten Neuronen. Damit ist die Verkopplung innerhalb dieses Neuronennetzes zumindest um Nuancen verschoben. Die Hardware des Neuronennetzes wird durch seine Eigenaktivität verändert. Damit organisiert sich das System selbst in Reaktion auf seine Funktion fortlaufend um. Dies hat zur Folge, daß das System nach einer Erregung x auf a anders reagiert als vor der Erregung mit x. Das System gewinnt damit eine Geschichte. Es reagiert auf später kommende Reize jeweils anders, da sich die Verknüpfungen der dann aktivierten Neuronen zumindest in Teilen leicht verschoben haben. Das Riechsystem wird also durch Erfahrungen kontinuierlich verändert. Entsprechend verschiebt sich denn auch die Erregungstextur der nachgeordneten Nervengewebebereiche.

Die Darstellung des Geruchs zeigt uns ein Bild, das sich wesentlich von der bisherigen Darstellung der Reizwahrnehmung unterscheidet. Nicht das Einzelneuron, sondern der Systemverband »entscheidet« darüber, ob und wie ein Eingangssignal weiterverarbeitet wird. Das Eingangssignal wird schon auf der ersten Verrechnungsebene durch vom Hirn rücklaufende Erregungsschleifen variiert. Damit wird eine Grundaktivität eingestellt, über die die »Zentrale« die Schwellenfunktion zur Weiterleitung etwaiger Signale, aber auch die Feinheit der Auflösung dieses Reizdetektionssystems bestimmt. Zudem zeigt sich, daß sich auch die Ansprecheigen-

[Handschriftliche Notiz am oberen Rand: schwer lesbar]

schaften dieses Systems selbst kontinuierlich verändern. Wir fänden hier somit ein komplexes, nur aus seiner Einbindung in den Verhaltenskontext und in die Aktivierung übergeordneter Hirnbereiche verständliches Reiz-detektionssystem. Führt uns dieses Bild näher an ein Verständnis komple-xerer Hirnfunktionen heran?

In gewisser Hinsicht ist unsere Unfähigkeit, den Geruch »vorzu-strukturieren« und von daher gezielt nach Einzelfunktionen dieses Systems suchen zu können, ein Glücksfall. Wir mußten versuchen, dieses System aus sich selbst zu begreifen und die Geruchswahrnehmung aus den Eigen-schaften des Nervengewebes selbst zu verstehen. Hier waren wir denn auch gezwungen, die Einzelreaktionen der Neuronen direkt auf die Reaktion der Systemgesamtheit zu beziehen. Es wäre nicht ganz falsch, zu vermuten, daß dieser Zugang uns auch helfen könnte, die Reaktionen des akustischen und optischen Systems besser zu verstehen.

Im Hinblick auf die klare Abgrenzung der Aktivität einzelner Neuronen in diesen beiden Systemen muß die vorliegende Darstellung des Geruchssystems allerdings verwirren. Es scheint, als ob sich das Gehirn im Geruchssystem zunächst ein Chaos generiert, um daraus dann »seine« Welt zu ordnen.

Literaturhinweise:

Braitenberg, V. (1976): Gehirngespinste. Neuroanatomie für kybernetisch Interessierte. Berlin; *eine Einführung für jeden, der sich für den Denkansatz der Neuroanatomie interessiert.*

Breidbach, O. (1988): Die Verpuppung des Gehirns – Modell Käfer-hirn. Köln; *allgemeinverständliche Einführung in einen speziellen Bereich der Entwicklungs-Neurobiologie.*

Campenhausen, C. v. (1981): Die Sinne des Menschen (2 Bde). Stuttgart; *eine umfassende, klar geschriebene Darstellung.*

Creutzfeldt, O. D. (1983): Cortex cerebri. Leistung, strukturelle und funktionelle Organisation der Hirnrinde. Berlin; *ein sehr ins Detail gehendes Standardwerk.*

Ewert, J.-P. (1976): Neuro-Ethologie. Berlin; *ein kurz gefaßtes, schon spezieller gehaltenes Lehrbuch.*

Nieuwenhuys, R., Voogd, J., Huijzen, C. van (1980): Das Zentral-nervensystem des Menschen. Berlin; *ein detailliertes, sehr gut illustriertes medizinisches Lehrbuch.*

Reichert, H. (1990): Neurobiologie. Stuttgart; *ein umfassenderes Lehrbuch.*

Skada, C. A., Freeman, W. J. (1987): How brains make chaos in order to make sense of the world: Behavioral and Brain Sciences 10: 161–195; *eingehendere Darstellung des Ansatzes von Freeman, setzt umfassendere Kenntnisse in den Neurowissenschaften voraus.*

Kommando-Zentralen im Hirn?

»Warum wir das tun, mein Herr?« ...
»Ganz einfach, weil unser Kaiser es will.«

Leo N. Tolstoj

Wo stehen wir nun, nach der Darstellung der Neurobiologie der Wahrnehmung, in unserer Analyse der Hirnfunktion? Wir haben verstanden, nach welchen Prinzipien sich das Hirn die von den Sinnesorganen erhaltene Information zurechtlegt. Exakter gesprochen: Wir sahen, inwieweit ein Reiz transformiert wird, nachdem er von den Sinnesorganen aufgenommen wurde.

Wie läßt sich nun der Bogen von einer solchen Analyse des Wahrnehmungsverhaltens zur Aktivierung eigener Verhaltensmodi schlagen? Am Beispiel der Fliege konnten wir ein einfaches Modell für das Verständnis von Verhaltenssteuerungen austesten. Die parallel zu diesen Versuchen entwickelte Idee, auch im Wirbeltier könne es ein ähnlich funktionierendes Detektionssystem geben, führte uns zur Idee eines »Großmutter-Neurons«. Hiermit verbanden wir die Vorstellung, daß es im Hirn einzelne Neuronen oder feste Neuronengruppen geben könnte, die – analog einem logischen Schalt-Element – eine Art Entscheidungsinstanz im Hirngewebe bilden könnten, die dann festlegt, wie auf eine Außenreizkonfiguration zu reagieren wäre. Bringt uns eine derartige Vorstellung im Verständnis unserer Hirnfunktionen weiter?

Gäbe es so etwas wie ein »Großmutter-Neuron« im Detektionsapparat Hirn, wäre die Aufgabe, Sensorik und Verhaltenssteuerung zusammenzubringen, vielleicht weniger kompliziert, als es nach der Analyse der komplexen Signalverarbeitung im Geruchssystem erscheint. Dieses »Großmutter-Neuron«, das »höchstentwickelte« Detektionsneuron der Reizfilterkaskade, wäre an eine definierte Hierarchie von Befehlsneuronen gekoppelt, die Bewegungsteilsequenzen abrufen könnten. Die Aktivierung des »Großmutter-Neurons« führte zum ›Abruf‹ bestimmter Verhaltensäußerungen. Gleichzeitig aktivierte Neuronen, die andere Informationen codierten, etwa »es ist Heilig-Abend« und ›die Kerzen des Tannenbaums sind entzündet«, führten zu einer Eingrenzung von Subklassen in den entsprechenden Verhaltensmustern. Insofern wäre es möglich, eine entsprechende, durch das erste Detektionsneuron vorgegebene »Reaktions-Landschaft« noch einzugrenzen und entsprechend unser Verhalten sehr präzise an den Vorgaben unserer Sensorik auszurichten. Suchen wir diesen Gedanken zunächst noch etwas auszuspinnen.

Die spezielle Wichtung einzelner dieser Detektionsneuronen führt zu Verhaltenspräferenzen. Entsprechend könnten wir dann erklären, wie wir in einem Gespräch »überhören« können, daß vor dem Haus stärkerer Straßenverkehr herrscht. Über eine Assoziation solcherart gewichteter Neuronen wäre unsere Erfahrungswelt gleichsam logisch portioniert. Die Strukturen unseres Handlungsvollzuges entsprächen einer Folge von Und/Oder-Operationen, in denen gewichtete Erregungsmuster abgeglichen und entsprechend vorgeprägte Bahnen der neuronalen Verarbeitung an bestimmte motorische Einheiten gekoppelt würden. Kein Wunder also, daß wir nach solchen »Denk«operationen eine logisch strukturierte Welt vorfänden, die dann auch eine ideale Spielwiese für eine »logifizierende« Theorie des Verhaltens und des Weltenraumes selbst darböte.

Unsere Analyse der optischen Orientierung der Stubenfliege würde in ein entsprechendes Erklärungsschema passen. Für ein eingehenderes Verständnis müßten wir allerdings noch bedenken, daß auch der Effekt anderer Reizparameter (wie olfaktorischer Sinneseindrücke) die inneren Zustände der für unser Verhalten relevanten Hirnbereiche variieren könnten. Entsprechend wäre noch aufzuzeigen, ob etwa in der Neuroanatomie des Fliegenhirnes Kanäle für solche, mehrere Sinnesmodalitäten verbindende Einflüsse aufzufinden sind. Gegebenenfalls wäre dann die zunächst einmal sehr einfach gezeichnete Idee der Kopplung von visueller Reizdetektion mit der Steuerung der Motorik zu variieren.

Läsionsexperimente, in denen kleinere Bereiche des Insektenhirnes gezielt zerstört wurden, oder kleinräumige Reizungen, durch die kleine Areale solch eines Hirnes elektrisch stimuliert wurden, zeigten, daß es mit solchen Verfahren möglich ist, bei einem Insekt einzelne Verhaltensprogramme abzurufen. Es gibt also Neuronengruppen in diesem Hirn, die ein bestimmtes Verhalten auslösen.

≡ Gibt es Kommando-Neuronen?

The ability to identify cells as unique individuals makes it possible to pinpoint the cells involved in a specific behavior and to determine the exact quantitative contribution of each of these cells to the behavior.

Eric R. Kandel

Das Commander-Neuron-Konzept war ursprünglich an Krebsen erarbeitet worden (Abb. 16). Diese Tiere besitzen einzelne, identifizierte Zellen, nach deren Reizung ganz bestimmte Bewegungsprogramme, wie

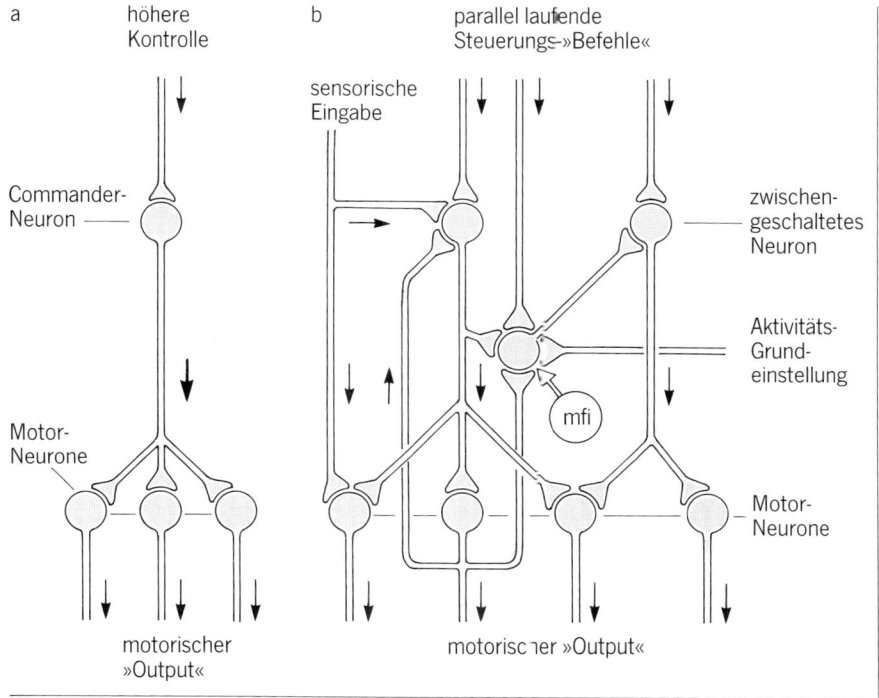

Abb. 16   Konzept der motorischen Kontrolle bei Wirbellosen.
a) Das ursprüngliche »Commander-Neuronen-Konzept«, b) Ein komplexerer Typ: Kommandoeinheit mit Erregungsschleifen, wie er nach modernen Beobachtungen naheliegt (*mfi* bezeichnet Erregungseingaben durch ein komplexes sogenanntes multifunktionales Interneuron).

etwa ein Laufmuster, ausgeführt werden. Die Arbeitsgruppe um Eric Kandel konnte in einem noch einfacher organisierten Tier, der Meeresnacktschnecke *Aplysia,* eine ganze Reihe von Verhaltenssteuerungsmechanismen auf der zellulären Ebene entschlüsseln.

Diese Tiere besitzen große, einzeln ansprechbare Nervenzellen. Es war möglich, deren Verknüpfungen zu rekonstruieren. Demnach bietet das Nervengewebe dieser Schnecke eine gute Basis für den Versuch, Verhaltensäußerungen auf die Reaktionen einzelner beteiligter Nervenzellen zurückzuführen. Selbst Gedächtnisfunktionen schienen hier auf der Ebene von Zell-Zell-Interaktionen darstellbar zu sein.

In den 50er Jahren hatte Erich von Holst mit seinen Stammhirn-Reizexperimenten an Hühnervögeln verschiedene Triebzentren im Hirn charakterisiert und in sehr ausgefeilten Verhaltensexperimenten deren wechselseitige Beeinflussung dargelegt. Das Resultat dieser Untersuchungen war die Darstellung einer Hierarchie von Verhaltenssteuerungszentren, die sich fast nahtlos in die durch Verhaltensbeobachtungen der Schulen um Konrad Lorenz und Niklas Tinbergen gewonnenen Aussagen einpaßte.

Dies schien direkt mit den schon vorgestellten Experimenten an der Stubenfliege vergleichbar zu sein. Das Einheitspostulat einer gleichartigen Organisation von Wirbeltieren und Wirbellosen wurde dann durch die nach dem von Holstschen Konzept entworfenen Versuche Franz Hubers an Grillen und Heuschrecken eindringlich bestärkt. Seinen Untersuchungen zufolge besitzen beide Tiergruppen diskrete, voneinander abgegrenzte »Triebzentren«. Deren Ausschaltung oder Reizung bewirkte die Freisetzung verschiedener auf »niederem« Niveau des Nervengewebes vorprogrammierter Bewegungsmuster. So führt Zerstörung eines bestimmten Hirnareals der Grille zu einem Dauergesang.

Bei der Gottesanbeterin, die einer verwandten Insektengruppe angehört, führt der im Paarungsgeschäft nur zu häufige Verlust des Kopfes – die Weibchen einiger Arten knabbern im Paarungsvorspiel ihre Partner an dieser Stelle an – zur sexuellen Enthemmung des (nun wahrhaft kopflosen) Männchens, das danach, aller etwaiger »Verstandes«-Bremsen beraubt, das gesamte Kopulationsprogramm ausführt.

Die seinerzeit vieldiskutierten Selbstreizexperimente von Säugetieren, denen eine Reizelektrode ins Hirn eingepflanzt worden war, scheinen solche Vorstellungen noch weiter zu untermauern. Den Tieren wurde auf Dauer eine Elektrode in ihr Hirn eingesetzt. Sie wurden in einem speziell konstruierten Käfig, der Skinner-Box, gehalten. In diesem kleinen Käfig waren zwei Tasten angebracht. Nach Druck auf Taste 1 wurden in einem in die Box hängenden Schlauch Nahrung abgegeben. Mit der Taste 2 konnten die Tiere die in ihr Hirn eingepflanzte Elektrode aktivieren und damit den entsprechenden Hirnbereich stimulieren. War die Elektrode in einen bestimmten Bereich des Mittelhirns, dem sogenannten Lustzentrum, eingeführt, so verabreichten sich die Versuchstiere – zumeist Ratten und Mäuse – nahezu dauernd Selbststimulationen. In Extremfällen vernachlässigten die Tiere sogar die Nahrungsaufnahme zugunsten einer möglichst kontinuierlichen Reizung ihres Lustzentrums.

Haben wir damit nicht auch eine Parallele zu den Ergebnissen der Analyse von Hirnläsionen beim Menschen gewonnen? Wäre es also doch möglich, entgegen den Aussagen, die wir im Anschluß an die Analyse des Geruchsystems gewonnen hatten, ein hierarchisches Gefüge von neuronalen Entscheidungsinstanzen zu rekonstruieren und von daher unser Verhalten zu entschlüsseln? Folgen wir dieser Spur zunächst noch etwas weiter.

Motivation

... aus Angst, so sagte ich, fing an
zu denken, fing, hob an, begann, ...

Christian Morgenstern

Können wir auch beim Menschen entsprechende Lustzentren lokalisieren? Wir wissen, daß wir uns durch Drogen bestimmte Lustempfindungen »beibringen« können. Auch wir Menschen können nach diesem Effekt so süchtig werden, so daß wir alles andere, selbst eine zureichende Nahrungszufuhr, vernachlässigen. Die Chemie – das zeigt das Bild etwa eines Opiumsüchtigen – vermag unser Verhalten sehr weitgehend zu beeinflussen, und damit Änderungen in einem Bereich zu verursachen, den wir im alltäglichen Sprachgebrauch durchaus den Charaktereigenschaften zuzusprechen geneigt sind.

Die umfangreichen Untersuchungen zur Lokalisation eines Belohnungs- und Lustzentrums im Säugerhirn zeigen allerdings auch, daß entsprechende Eigenschaften nicht einem bestimmten kleinräumig abgesteckten Areal zuzuordnen sind. Das Lust»zentrum«, das eine Elektrode trifft, die ins Mittelhirn eines Säugetiers eingepflanzt wurde, ist eine Faserbahn, die eine weitgestreute Anzahl von Neuronen versorgt, die über weite Bereiche des vorderen Neocortex verstreut sind. Diese Neuronen besitzen die Nervenbotenstoffe Dopamin und Noradrenalin. Bei einer Reizung der sie versorgenden Bahn, werden diese Nervenbotenstoffe ausgeschüttet. Dadurch wird in großen Bereichen des Neocortex die neuronale Grundaktivität neu eingestellt.

Dopamin oder Noradrenalin beeinflussen bei der Ratte das Selbstreizverhalten in der Skinner-Box, wirken aber auch auf Lernfähigkeit und Gedächtnisbildung. Ausgehend von dem Modell, daß durch die Ausschüttung dieser Substanzen die Grundaktivität im gesamten Bereich des vorderen Neocortex variiert wird, sind solche Effekte nicht näher verwunderlich. Diese Substanzen sind Teil der komplexen Maschinerie, die funktionieren muß, wenn ich etwa lerne.

Monod

Hier zeigt sich denn auch das eigentliche Problem dieser Forschung: Wir entschlüsseln einen komplexen Mechanismus, der solchen Verhaltensabfolgen zugrunde liegt; wir stellen dabei fest, daß diese Mechanismen – zumindest innerhalb der Säugerfamilie – im wesentlichen invariant sind. Problematisch wird allerdings der Sprung von den molekularen Dimensionen hinauf zu den komplexen und komplizierten kognitiven Leistungen wie etwa »Aufmerksamkeit« oder »Gedächtnis«. Die Ausfälle, die biochemische Eingriffe in das Transmittersystem mit sich bringen, zeigen allein, daß Dopamin und Noradrenalin den Mechanismus beeinflussen, der dann etwa die Bildung eines »Gedächtnisinhaltes« erlaubt. Ich kann aber nicht hingehen und die komplexen Leistungen des Hirngewebes auf diese molekulare Dimension rückstufen. Die wesentlichen Momente dieser vielschichtigen Verhaltensweisen werden dann nicht mehr erfaßt.

Wie problematisch es ist, allein die Mechanik solcher Funktionen sauber darzustellen, zeigt die eingehendere Untersuchung des »Lustzentrums«: Zellen, die Dopamin und Noradrenalin als Nervenbotenstoff besitzen und die mit dem Lustzentrum verknüpft sind, sind über weite Areale des vorderen Cortex verteilt. Dies widerspricht nur scheinbar den vorgenannten Ergebnissen der Selbstreizversuche, bei denen die entsprechenden Elektroden nur dann effektiv waren, wenn sie in einem sehr engen Bereich im Mittel- und auch im Vorderhirn positioniert waren. Die Elektrode trifft hierbei jeweils eines der Faserbündel, deren Ausläufer weite Areale des vorderen Hirnbereiches durchziehen. Die Elektrode reizt also kein eng definiertes Zentrum, vielmehr hat diese Reizung nur da, wo sie in eine einen großen Hirnbereich innervierende Bahn eingreift, den entsprechenden drastischen Effekt. Folglich ist ein naives Lokalisationsmodell, wie es der Begriff »Lustzentrum« suggeriert, nicht angemessen.

Wir sollten hier kurz in unserer Überlegung einhalten. Ein Hirnschlag kann beispielsweise ein kleines Areal des Hirngewebes ausschalten. Die Verhaltensänderungen, die wir danach registrieren, lassen sich demnach nicht unbedingt so deuten, daß wir mit dieser Läsion ein Zentrum gefunden hätten, in dem die ausgefallenen Funktionen normalerweise und ausschließlich »ausgeführt« würden. Es wäre nämlich ebenfalls möglich, daß diese Läsion einen »Hauptkabelstrang« in den Hirnbahnen durchtrennt hat. Damit würden die vielen Funktionseinheiten, die von diesem Strang versorgt wurden, von der normalen Hirnfunktion abgekappt, und die betreffende Verhaltensänderung ginge also auf diese Unterbrechung zurück.

Nun hatten wir in unserer Analyse der akustischen und visuellen Reizverarbeitung gesehen, daß auch im Hirn einzelne Areale durch Nervenfaser-Bahnen verknüpft sind. Selbst bei einer engen Verknüpfung von

Läsion und Effekt ist es also keineswegs zwingend, daß die Funktionen, die nach dieser Läsion ausfallen, ausschließlich am Ort der Läsion erzeugt wurden.

In ähnliche Probleme gerät man bei einer eingehenderen Analyse der Ergebnisse O'Keefes, der in einer Substruktur des Gehirns, dem sogenannten Hippocampus, ein entsprechendes Zentrum für Verhaltenssteuerungsprozesse dingfest zu machen suchte. Der Hippocampus ist ein stammesgeschichtlich besonders alter Teil der Hirnrinde von Säugetieren. Er bildet sich als eine Einfaltung am mittleren Rand des Neocortex. Von ihm gehen Nervenfasern aus, die weite Bereiche des Neocortex überdecken. Fällt dieses Zentrums aus, fehlt dieser Erregungseingang, entsprechend erniedrigt sich die Grundaktivierungsrate dieser Hirnbereiche. Ein Ausfall dieses Areals bedingt demnach ein Absinken der Gesamthirnaktivierung. Das heißt, Teilaktivierungen dieses Hirnareals müssen bei so geschädigten Individuen vergleichsweise stärker sein, um die fehlende Grundaktivierung auszugleichen. Eine vergleichbare Situation haben wir schon für die Wichtung von Erregungseingängen in das Riechhirn dargestellt. Um zu erklären, daß ein Ausfall des Hippocampus Defizite in der Motivation des Patienten zur Folge hat, reicht ein entsprechendes Modell aus. Wenn erst sehr viel massivere Erregung als im Normalfall bei einem entsprechenden Patienten eine Reaktion auslösen kann, erscheint dieser in seiner Verhaltenssteuerung träger; sehr vereinfacht könnten wir ihn in seinen Verhalten deshalb als gering »motiviert« beschreiben. Solch ein Motivationsdefizit wäre demnach nicht als Ausfall eines spezifischen Motivations»zentrums« erklärt, sondern vielmehr als Folge einer generellen Absenkung der innerneuronalen Grundaktivierung. Eine eingehendere Darstellung zeigt entsprechend, daß der Hippocampus keineswegs spezifisch in die etwaigen Verrechnungsprozesse eingreift, sondern daß er vielmehr den Grundmotivationszustand in den verschiedenen Verhaltenssituationen mitbestimmt. So erklären sich denn auch Lerndefizite von Tieren mit Schädigungen am Hippocampus.

Wo sind wir nun angelangt? Anscheinend wird unsere Interpretation schwammig, wenn wir die Befunde, die für eine strikte Lokalisierung von Hirnfunktionen sprechen und die demnach das Konzept der Commander-Einheiten zu bestärken scheinen, vor unserem Kenntnisstand von der komplexen Verflechtung der Hirngewebsareale interpretieren. Wir wollen hier nun, ausgehend von einem tieferen Verständnis der Struktur des Hirns, noch einmal ansetzen und fragen, ob wir nun endlich eine Theorie gewonnen haben, über die wir unser Verhalten in den Begriffen eines Hirnphysiologen beschreiben können. Dieser Weg ist ein wenig mühsam. Mir scheint allerdings, daß wir ihn – durchaus auch verbunden mit dem ein oder anderen Ausflug in Seitenzweige der Neurowissenschaften – zu gehen haben. Wir müssen austesten, wie weit uns ein entsprechender Ansatz tragen kann. Nur so ist es möglich zu erkennen, ob die Aussagen dieser Wissenschaft uns in einem Verständnis unserer selbst und das heißt – in der verkürzenden Redeweise, auf die wir uns zunächst einmal eingelassen haben – in einem Verständnis unserer Verhaltensorganisation weiterhelfen.

Zunächst können wir hier allerdings schon einmal ein negatives Resultat festhalten: Das Lokalisierungskonzept hat sich in unseren bisherigen Analysen nicht bestätigt.

Entscheidung durch neuronales Plebiszit?

... muß sich imstande fühlen ... jedes Individuum, das für sich ein vollendetes und einzeln bestehendes Ganzes ist, zu einem Teile eines größeren Ganzen umzuschaffen, aus dem dieses Individuum gewissermaßen erst Leben und Wesen erhält.

Jean-Jacques Rousseau

Gibt es nun aber eine Möglichkeit, die Reaktionen ganzer Hirnareale zu verfolgen? Könnten wir direkt messen, ob und inwieweit bestimmte Hirnkomplexe in Aufgaben der Reizerkennung oder der Verhaltenssteuerung eingebunden werden? Moderne bildgebende Verfahren erlauben es, in das Hirn eines wachen, nicht operierten Menschen quasi hineinzusehen. Das Prinzip all dieser Verfahren besteht darin, die Intensität von Stoffwechselprozessen, etwa die Intensität des Sauerstoffverbrauchs oder des Verbrauchs von Glukose, zu messen (s. S. 46). Die Verfahren sind so ausgeklügelt, daß Stoffwechselveränderungen in Gewebeteilchen von wenigen Quadratmillimetern gemessen und Veränderungen im Sekundenbereich registriert werden können. All die bisher mit diesen Verfahren erlangten Daten zeigen, daß schon bei einfachen Konzentrationsaufgaben oder auch bei willentlichen Bewegungen weite Areale des Neocortex aktiviert werden. Dies gilt etwa für Aufgaben, in denen bestimmte Bilder oder Töne erkannt werden mußten und solch ein Erkennen durch eine Handbewegung anzuzeigen war. Neben den entsprechenden, direkt mit diesen Aufgaben verbundenen Hirnregionen sind weite Areale, vor allem im vorderen Bereich des Neocortex, aktiviert.

Hierbei messen diese Verfahren – verglichen mit den Registrierungsverfahren der klassischen Neurophysiologie, der Reizaufnahme über eine Elektrode – noch mit einer mehr als groben zeitlichen wie räumlichen

Auflösung. Die Größe des gesamten Nervensystems einer Stubenfliege liegt unterhalb des Auflösungsbereichs dieser Verfahren.

Trotz aller technischen Grenzen zeigen diese Daten, wie stark die einzelnen Hirnareale miteinander verkoppelt sind. Insofern sprechen sie gegen die Annahme, daß im Hirn regelrechte Kommandozentren aufzuspüren sind. Es lassen sich keine Neuronen finden und charakterisieren, die »Entscheidungen« treffen.

Das Konzept der Kommando-Einheiten schien sich zunächst vor allem in einer Analyse der Filtereigenschaften einzelner Neurone im optischen und akustischen System zu bestätigen. Dort wurden Neuronen charakterisiert, die komplexe Information codierten und es so vermochten, verschiedene Reizmuster voneinander zu »unterscheiden«. Diese Elemente treffen demnach eine »Entscheidung« darüber, ob eine Erregungskonstellation, die von ihnen aufgenommen wird, weiterverarbeitet werden »soll« oder nicht. Entsprechend formieren sie die Vorbedingungen dafür, ob auf den durch diese Erregungskonstellation charakterisierten Reiz eine Verhaltensreaktion einsetzt.

Allerdings, all die so charakterisierten Neuronen finden wir noch direkt an die sensorischen Bahnen gekoppelt. Sie sind Teile eines komplexen Reiz-Filtermechanismus. All diese Einheiten funktionieren hierbei weder als »abstrahierende« noch als generalisierende Elemente (im Sinne unserer Alltagssprache). Auch die auf »Spracheinheiten«, wie Satz- oder Wortanfänge, ansprechenden Elemente im auditiven Neocortex, die wir kurz erwähnt hatten, reagieren nur auf die Zeitstruktur von Silbenfolgen.

Wie und inwieweit führt uns diese Art der Analyse weiter? Wenn wir die bisherige Darstellung überblicken, zeigt sich, daß wir hierbei die Problematik, wo etwas »erkannt«, d. h. eine Reizstruktur in einem neuronalen Gefüge eindeutig abgebildet wird, in immer höhere Zentren verschieben, in denen sich allerdings auch zunehmend die Eindeutigkeit der Beziehung zwischen bestimmten Reizeingangskonstellationen und den Antwortcharakteristika der angeblich zugeordneten Neuronen verwischt. Schon auf der Ebene des auditiven Neocortex zeigte es sich, daß Einzelzellableitungen nur Elemente aus einem komplexen Konzert aufnehmen, die nur sehr bedingt auf die abgespielte neurophysiologische Grundmelodie rückschließen lassen. Weiter zeigte die zusammenfassende Interpretation der Befunde aus Pathologie und Physiologie, daß die Antwortcharakteristika des sensorischen Neocortex keineswegs genau lokalisiert sind, vielmehr verteilt sich das Erregungsspektrum in diesem Hirngewebe schon bei einfachsten Aufgaben über große Areale des Neocortex. In diesem Konzert von Aktivitätsmustern können einzelne Elemente – wie beschrieben – sehr

im wörtl. Sinne b. d. Analyse e. gehörten Komposition

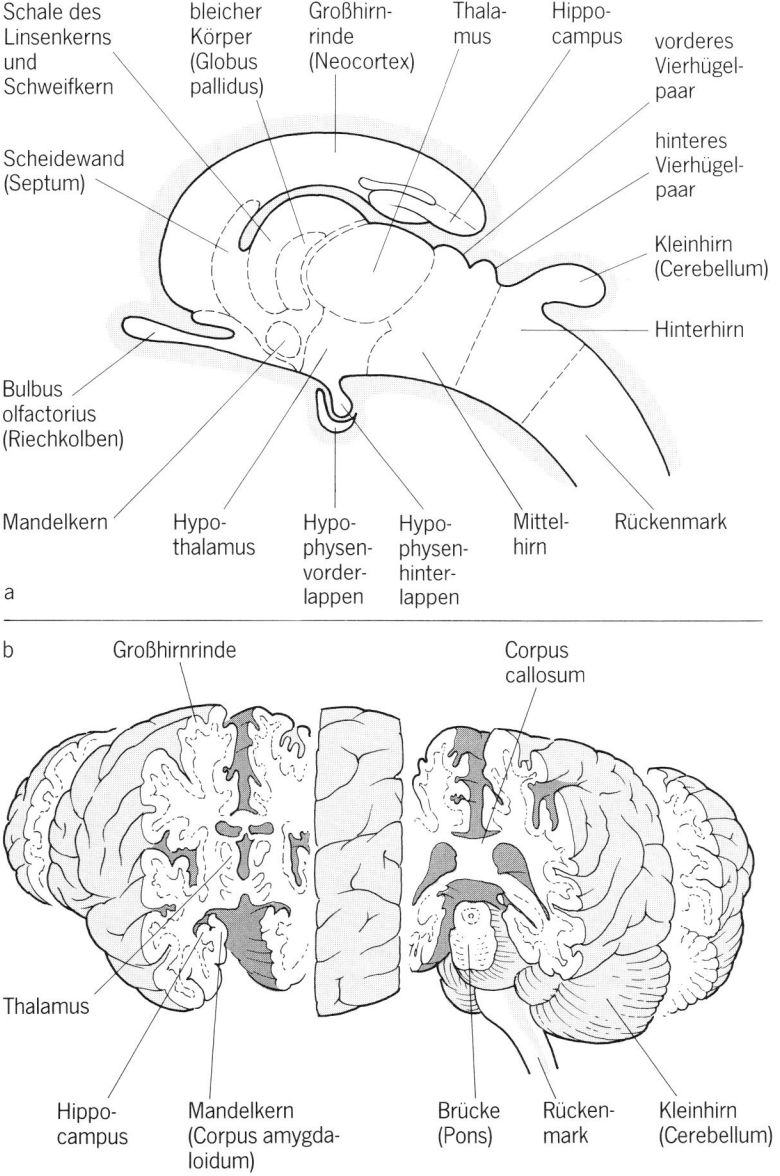

Schale des Linsenkerns und Schweifkern

bleicher Körper (Globus pallidus)

Großhirn-rinde (Neocortex)

Thala-mus

Hippo-campus

vorderes Vierhügel-paar

hinteres Vierhügel-paar

Scheidewand (Septum)

Kleinhirn (Cerebellum)

Hinterhirn

Bulbus olfactorius (Riechkolben)

Mandelkern   Hypo-thalamus   Hypo-physen-vorder-lappen   Hypo-physen-hinter-lappen   Mittel-hirn   Rückenmark

a

b   Großhirnrinde

Corpus callosum

Thalamus

Hippo-campus   Mandelkern (Corpus amygda-loidum)   Brücke (Pons)   Rücken-mark   Kleinhirn (Cerebellum)

Abb. 17   Der Grundaufbau des menschlichen Hirns.
a) Schema, b) Die Zeichnung zeigt ein menschliches Gehirn, das senkrecht zu seiner Längsrichtung fünfmal durchschnitten wurde.

präzise auf einzelne Strukturen eines Eingangssignals ansprechen. So hatten wir gefunden, daß es Neuronen gibt, die nur auf Satzanfänge reagieren oder die nur bei Frequenzcharakteristika von Lauten reagieren, die für Popmusik charakteristisch sind. Nur strukturieren solche Einheiten das Signal lediglich weiter vor, ohne »selbst« damit irgend etwas zu »interpretieren«; sie selektionieren allein bestimmte Reizkonstellationen aus, die sie in eine Eigenerregung umsetzen und an bestimmte Bereiche des Hirngewebes weiterleiten.

Noch komplexer wird die Situation im Geruchssystem, in dem sich allerdings – wie besprochen – keineswegs eine feste, topologisch eindeutig zu definierende Filterstruktur für olfaktorische Erregungseingänge gebildet hat. An diesem System werden uns, da wir gezwungen sind, es aus sich zu erklären, einige grundsätzliche Charakteristika von reizverarbeitenden cortikalen Systemen deutlich: Wir vermögen es nicht, hier Einzelzellaktivitäten schlüssig auf die Reizeingangsstrukturen zu beziehen.

Noch von einer gänzlich anderen Seite wird die Frage nach der Lokalisierung eines Kommando-Zentrums problematisch. Wenn wir die Hirnanatomie einfacher Säuger mit der hochorganisierter Papageien vergleichen, so müssen wir feststellen, daß beide Tiergruppen völlig andere Entwicklungswege im Ausbau ihrer Hirnarchitektur beschritten haben. Beide Gruppen zeigen komplexe Verhaltensmuster. Beide Gruppen haben bestimmte Areale ihres Gehirns hochgradig differenziert. Es sind aber keineswegs gleichartige Hirnbereiche entsprechend »ausgebaut« worden. Vielmehr hat sich das Hirn in jeweils völlig anderen Bereichen weiterentwickelt.

Nachgeordnete, das heißt entwicklungsgeschichtlich ältere Hirnbereiche sind bei den verschiedenen Wirbeltiergruppen weniger differenziert und selbst zwischen extrem verschiedenen Wirbeltierarten noch vergleichbar. Nur die übergeordneten Verrechnungszentren des Hirngewebes sind unterschiedlich organisiert. Ist damit dann auch Verhaltenssteuerung bei diesen Arten jeweils unterschiedlich aufgebaut? Wäre dies der Fall, müßten sich in den Architekturen der jeweiligen Hirnareale, die diese Funktion übernommen haben, Besonderheiten zeigen. Der Vergleich der Ankopplung der niederen Zentren an die jeweils übergeordneten Strukturen im Hirngewebe könnte demnach eine Idee davon vermitteln, was das Besondere am Neocortex der Säuger ist.

Die Bewegungsprogramme und die vorgelagerten neuronalen Steuerungseinheiten sind bei den verschiedenen Wirbeltiergruppen (trotz ihrer zum Teil drastisch unterschiedlichen Lebensweise) prinzipiell nicht verschieden. Sehr vereinfacht bedeutete dies, daß das Wirbeltiernervensystem einen Grundaufbau erkennen läßt, der in den verschiedenen Tiergruppen durch die Weiterentwicklung bestimmter Bereiche des Gehirnes nur variiert wurde. Gegebenenfalls werden diese in ihrer Grundstruktur invarianten alten Neuroarchitekturen dann allerdings in einen neuen Funktionskontext eingebunden.

Die verschiedenen Weiterentwicklungen der zentralen Steuerungszentren im Hirn sind unabhängig voneinander entstandene Lösungen des Problems, ein übergeordnetes Verhaltenssteuerungsprogramm zu organisieren. Gibt es hier nun Gemeinsamkeiten, oder sind die entsprechenden, aus verschiedenen Hirnregionen der jeweiligen Stammarten weiterentwikkelten zentralen Steuerungszentren so radikal verschieden, daß etwaige Parallelen nicht mehr aufzufinden sind? Zunächst müssen wir davon ausgehen, daß die gesamte Hirnarchitektur des Neocortex bei Säugern, auf die auch in der Analyse der kognitiven Funktionen des Menschen unser Hauptaugenmerk gerichtet ist, das Resultat einer speziellen Entwicklung darstellt, mit diesem Problem, der Vermittlung zwischen Wahrnehmung und Bewegungssteuerung fertig zu werden. Führt uns dieser Gedanke weiter?

Zwei Probleme sind damit angesprochen: Wenn schon innerhalb der Wirbeltiere analoge Verhaltensleistungen, wie etwa die Lernprozesse bei Vögeln oder Säugetieren, durch unterschiedliche Hirnbereiche und in verschieden organisierten Neuroarchitekturen geleistet werden, so bedeutet dies, daß wir mit vergleichenden Analysen sehr vorsichtig sein müssen. Direkt vergleichen können wir zunächst nur sehr grundsätzliche, auf zellulärem Niveau anzusiedelnde Mechanismen. Wenn wir Leistungen vergleichen, die uns erst in einer Analyse komplexerer neuronaler Verknüpfungen verständlich werden, können wir einen Vergleich nicht mehr so direkt ansetzen. Wir müssen hier jede »Lösung«, d. h. den Aufbau seines entsprechenden Nervengewebsbereiches, die ein Organismus in seiner Evolution »gefunden« hat, zunächst als eine Einzelentwicklung begreifen und können erst sekundär in eine vergleichende Analyse eintreten. Ist damit dann der Sinn solch einer vergleichenden Betrachtung, die demnach ja immer wieder nur spezielle Resultate der Stammesentwicklung aufzeigen kann, in Frage zu stellen? – Mir scheint im Gegenteil hier eine Stärke des vergleichenden Ansatzes zu liegen. Wenn wir erfassen können, welche Leistungen in unterschiedlichen Neuroarchitekturen möglich sind, finden wir eine erste Antwort darauf, wie eng Struktur und Funktionsbeziehungen im Nervengewebe angelegt sind. Damit können wir schon eine erste Antwort darauf gewinnen, wieweit uns eine Analyse des Hirns Aussagen über unsere Verhaltensorganisation erlaubt. Wenn wir in den parallel entwickelten Nervengewebsbereichen analoge Organisationsmuster finden, so haben wir Hinweise darauf, wie eine neuronale Verrechnungsarchitektur prinzipiell aufzubauen ist. Wenn es uns dann noch gelingt, die speziellen Funktionen zu kennzeichnen, die durch diese Nervengewebsbereiche gesteuert werden, sind wir in der Analyse des Prinzips neuronaler Verrechnungsprozesse einen wesentlichen Schritt weitergekommen. So könnte es sein, daß wir eine erste Antwort dafür, wie die prinzipielle Organisation des menschlichen Hirnes zu verstehen ist, dann finden, wenn wir die Verknüpfung des Neocortex mit den älteren Hirnregionen eingehender darstellen und hierbei die Unterschiede zu entsprechenden Hirnarchitekturen anderer stammesgeschichtlicher Entwicklungslinien der Wirbeltiere aufzeigen.

In unserer abwägenden Analyse der Funktionsstruktur der Hirnrinde sind wir damit bei einer anderen Betrachtungsweise angelangt, als es die an Reizselektionsmechanismen interessierte Untersuchung der sensorischen Informationsverarbeitung zunächst nahelegte. Erst in den Verbindungen der Neuronen miteinander, nicht in ihrer Einzelaktivität, scheint die funktionelle Architektur des Cortex verständlich zu werden. Alles deutet darauf hin, daß wir die Hirnfunktionen erst dann verstehen können, wenn wir die komplexe Verzahnung der Zellen im Nervengewebe beachten.

Dominanz des Cortex?

Kann ein Gehirn das Gehirn verstehen?   David H. Hubel

Von dem Freibeuter Klaus Störtebeker wird erzählt, daß er mit seinen Richtern aushandelte, daß alle die Komplizen, an denen er nach seiner Enthauptung noch vorbeizuschreiten vermochte, vom Beil des Henkers zu verschonen seien. Diese »Bitte« wurde ihm lachend gewährt. Doch nur dem beherzten Einschreiten eines Ratsherren, so die Sage, der dem dahinschreitenden Rumpf ein Bein stellte, sei es zu verdanken, daß nicht alle anderen Seeräuber entkamen ...

Es gibt klassische, in ihrem Aufbau allerdings eher brutale Versuche, die aufzeigen, daß das Großhirn mit zunehmender Differenzierung einer Art immer stärker in die Verhaltensorganisation eines Tieres eingreift. In diesen Versuchen wurde getestet, was ein Tier, dem der Kopf abgetrennt worden war, noch an Bewegungsleistungen vollziehen konnte. Den Rumpf eines Dornhais kann man nach einer entsprechenden Operation wieder ins Wasser werfen. Dieses »Rückenmarkspräparat« (von dem zentralen Nervensystem ist bei diesem Versuchsobjekt nur noch das Rük-

kenmark »vorhanden«) ist dann noch in der Lage, koordinierte Schwimm-
bewegungen zu vollziehen. Ein Huhn, das beim Köpfen nicht richtig festge-
halten wird, kann noch auf einen Baum fliegen und sich an einem Ast
festkrallen; eine Katze zeigt schon eine sogenannte »Decerebrationsstarre«,
in der die Muskulatur angespannt bleibt und eine Koordination etwaiger
Rumpfbewegungen kaum mehr möglich ist.

Welche Bedeutung hat also speziell das Großhirn in diesen Bewe-
gungssteuerungsprozessen? In den 80er und 90er Jahren des vorigen
Jahrhunderts suchte der Straßburger Neurologe Friederich Goltz die Funk-
tion des Neocortex für die Steuerung des Verhaltens eingehender zu charakterisieren. Sein Versuchstier war der Hund. Er entfernte große Teile der
Hirnrinde oder auch das gesamte Großhirn seiner Versuchstiere, ließ die
Tiere soweit möglich rekonvaleszieren und studierte dann ihr Verhalten.
Seinen Ergebnissen zufolge, die allerdings schon damals umstritten waren,
wäre die Funktion des Cortex keineswegs so bedeutsam: die prinzipiellen
Bewegungsprogramme, ja ein Grundmuster der hündischen Verhaltensfunktionen überhaupt, war bei seinen weitgehend enthirnten Exemplaren
noch zu registrieren. Sind demnach die wichtigen Lebensfunktionen eines
Säugetiers allein schon durch die nicht-cortikalen Teile des Hirns zu erfüllen?

Schauen wir zunächst noch einmal zurück auf die Evolution der
verschiedenen Hirnareale (vgl. Abb. 17). Wir wissen mittlerweile, daß
selbst Entwicklungen wie die spezieller Sinnesorgane in den stammesgeschichtlich älteren Hirnregionen keine umfassenden Umstrukturierungen
bedingen. Ein Beispiel hierfür bietet das Hörsystem. Dieses Sinnessystem
wurde beim Schritt der Organismen vom Wasser aufs Land funktionell neu
etabliert, entwickelte sich aber aus einem schon vorhandenen Sinnesorgan-
komplex (dem sogenannten Seitenlinienorgan).

Für das Hören baute sich demnach kein völlig neu zu strukturie-
rendes Nervengewebe auf, vielmehr wurden vorhandene Nervengewebsre-
gionen an die »neuen« sensorischen Eingangsregionen angekoppelt: Neuer
Wein füllte sich hier in alte – schon einmal anders genutzte – Schläuche.

Nun hatten wir schon gesehen, daß die Spezifität eines Umweltrei-
zes nicht aus den speziellen Erregungsbildern einzelner sensorischer Neuronen resultiert; entscheidend ist, in welche Bereiche des Nervengewebes
eine entsprechende Erregung geleitet wird. Eine Erregung im akustischen
Neocortex erfahren wir als Geräusch, eine ganz gleichartige Erregung im
visuellen Cortex wird »gesehen«. In diesen Bereichen sind die Eingangsregionen zu finden, die die zu verarbeitenden Erregungsschübe ausfiltern
und dann in die komplex vernetzte Neuroarchitektur der Neocortexareale

überführen. Nun zeigt sich, daß bei einem funktionellen Wandel der Peripherie die zentralen Hirngewebsbereiche keineswegs radikal verändert werden. Die primären Projektionsareale für die Neuronen bleiben erhalten; dies geschieht unabhängig davon, daß hier völlig andere Sinnesqualitäten aufgenommen und verarbeitet werden. Genauer formuliert bedeutet dies: wir finden zentral nicht *das* Projektionszentrum für das »Hören«. Vielmehr finden wir zentral einen Gewebebereich, der von Nervenzellen innerviert wird, die von einem ganz bestimmten Bereich der Körperoberfläche her das zentralnervöse Gewebe erreichen. Primär bildet sich im Hirn zunächst nur die entsprechende Raumschichtung der zugehörigen, den Rezeptoren nachgeordneten Nervenzellen ab und nicht etwa eine spezielle sensorische Qualität.

Auf der Ebene der Motorik sieht es ähnlich aus: Schleuderzungensalamander, äußerst kleine Wirbeltiere von zum Teil nur Daumennagelgröße, haben ihre Lungenatmung (sekundär) wieder aufgegeben. Die Tiere atmen durch die Haut. Ihre Lunge aber haben sie zu einem Fangmechanismus umgebaut. Das Tier spuckt buchstäblich seine Lunge hervor, um Insekten zu fangen. Dieses »Herausspucken« geht blitzschnell vor sich. Wie wird eine derart schnelle Bewegung neuronal gesteuert? Das Resultat einer näheren Analyse ist verblüffend. Im Prinzip reagieren die entsprechenden zugeordneten Neuronen so wie die Nervenzellen, die größere Salamander für die Kontrolle ihrer Atembewegung nutzen. Diese Atembewegung ist ein sehr langsames, kaum merkliches Senken des Maulbodens, also ein der Beutefangbewegung der Schleuderzungensalamander kaum vergleichbares Bewegungsprogramm. Dennoch zeigt ein Vergleich des neuronalen Programms der beiden Gruppen, daß die Aktivitätsmuster der Neuronen, die die Bewegung der Schleuderzunge oder das Senken des Maulbodens steuern, weitgehend unverändert bleibt. Allerdings koppelt sich diese Steuerungsmaschinerie an eine komplexe, völlig neu strukturierte mechanische Apparatur. Die neuronale Architektur der die verschiedenen Bewegungsapparate steuernden Neuronen wird bei den verschiedenen Salamanderarten aber nicht wesentlich verändert.

Die Bewegungssteuerungsprogramme der Wirbeltiere insgesamt sind vergleichsweise konservativ. Die Grundsteuerungsprozesse sind segmental organisiert, d. h. sie werden durch die entsprechenden Abschnitte des Rückenmarks gesteuert. Ursprünglich werden die einzelnen Körpersegmente von einer im wesentlichen gleichförmigen Struktur von neuronalen Reflexbögen innerviert. Schon auf der Ebene des Rückenmarks werden diese segmental organisierten Bewegungssteuerungsprogramme abgeglichen. Dadurch ist es möglich, daß der Rumpf eines Hais – auch nachdem sein Kopf abgetrennt wurde – wieder davonschwimmt. Mit zunehmender

Komplexität des Bewegungsapparates wird dieses Bewegungssteuerungsprogramm immer stärker durch höhere Hirnzentren überformt. Diese Hirnzentren können Bewegungsteilsequenzen auslösen oder blockieren. Dennoch wurde die alte Grundarchitektur der segmentalen Organisation der Bewegungssteuerungsprogramme nicht »abgerissen«; es wurde in der Entwicklung der höher organisierten Tierarten an diesem Grundmuster gleichsam nur fortwährend »angebaut«. Die Schaltstellen von sensorischen auf motorische Einheiten verschieben sich dabei immer weiter in höhere Hirnregionen wie den Neocortex.

Der Neocortex ist eine vergleichsweise junge »Erfindung«. Er ist ein Spezifikum der Säuger, allerdings hat er sich in dieser Gruppe anscheinend zweimal unabhängig entwickelt. Am Ende der einen Entwicklungsreihe steht der Neocortex der affenartigen Säugetiere und speziell des Menschen, am Ende der anderen Entwicklungsreihe finden wir den Cortex der Zahnwale – etwa bei Delphin und Tümmler. In den vergleichenden neuroanatomischen Untersuchungen haben wir hier bisher eher auf mögliche Gemeinsamkeiten dieser beiden Entwicklungslinien geachtet. Daß diese Hirnstrukturen aber parallel nebeneinander entstanden sind, bedeutet auch, daß wir in ihnen Anhaltspunkte suchen können, die uns eventuell helfen, grundsätzliche Prinzipien der cortikalen Architektur zu entschlüsseln.

Besonders interessant wäre in diesem Zusammenhang die Frage, wie bei den Zahnwalen der Neocortex mit den Kernregionen der alten Hirnbereiche verknüpft ist. Überraschend ist schon bei einer ganz oberflächlichen Analyse, daß ein Tümmlerhirn eine Größe und eine Struktur besitzt, die durchaus mit dem menschlichen Neocortex vergleichbar scheint. Bisher wurde dies damit erklärt, daß diese Tiere für ein spezielles Orientierungssystem, das sie benutzen – eine Art Sonar-System – enorm viel »Speicherplatz« benötigen. Wäre dies nicht der Fall, müßte man fragen, ob dem Tümmler damit nicht doch ein enorm großes assoziatives Potential in seiner Cortexarchitektur verfügbar ist. Dieses Problem ist besonders vor dem Hintergrund der Spekulationen um die möglichen kognitiven Fähigkeiten des Delphins interessant.

Was können wir aber nun für ein eingehenderes Verständnis der neocortikalen Architektur des menschlichen Hirnes festhalten? Der Neocortex des Menschen überlagert die Kernregionen der stammesgeschichtlich alten Hirnbereiche. Einzelne Cortexbereiche sind über sehr spezifische Faserverbindungen mit definierten Teilbereichen dieser Kernregionen verknüpft. Diese Fasern bilden einen Großteil der Aus- und Eingänge des Cortex. Somit umfaßt der Neocortex die noch sehr eng an die Sinnessysteme gekoppelten Kernregionen. Könnte dies Konsequenzen haben? Den

Vorstellungen von Otto Creutzfeldt oder Francis Crick zufolge bilden sich lokale Schwingkreise über den Erregungsausgängen dieser Kerne, die nun ihrerseits über intracortikale Verbindungen miteinander verknüpft sind. Auf diese Weise wird das innerhalb des Cortex etablierte Erregungsgefüge durch die über diese alten Kernregionen laufenden Erregungsschleifen fortwährend neu gewichtet. Bedeutsam ist hierbei, daß diese Erregungs- schleifen einem anderen Zeittakt folgen als die innercortikalen Verrech- nungsprozesse. Entsprechend kommt es – nach diesen Vorstellungen – denn auch zu komplexen Erregungsüberlagerungen.

Abgesehen von diesen – noch theoretischen – Überlegungen zur möglichen funktionalen Organisation der Verbindungen von stammesge- schichtlich alten Hirnregionen und der Hirnrinde wird uns aus dieser Perspektive auch die funktionelle Organisation des Neocortex besser ver- ständlich. Jede Neocortexregion ist mit einem bestimmten Bereich der alten Hirnregionen verknüpft. Diese Verschaltung ist sehr präzise und bindet den Neocortex damit immer an bestimmte Eingangsregionen, die ihrerseits mit den jeweiligen älteren Hirnarealen verschaltet sind. Entspre- chend bekommen die Neocortexareale jeweils unterschiedliche Eingaben von den ihnen vorgeordneten Hirnbereichen, die selbst sehr exakt bestimm- ten peripheren Systemeinheiten zugeordnet sind. Die funktionelle Speziali- sierung von Teilbereichen des Neocortex ist insofern nicht das Resultat einer innercortical programmierten, festen funktionsbezogenen Vorprä- gung dieses Nervengewebes. Diese funktionelle Schichtung kommt einfach dadurch zustande, daß bestimmte – über diese älteren Kernregionen lau- fende – Verbindungen durch die entsprechende Anbindung dieser Regionen an die Peripherie eine speziell »geprägte« Erregung in den Cortex »einlei- ten«. Schließlich ist die Erregung dieser Kernsubareale an ganz bestimmte sensorische Reizeingangskanäle angekoppelt. (Wir sprechen hier vereinfa- chend etwa von visuellen oder akustischen Bahnen.)

Damit ist natürlich nur eine sehr grobe Grundorganisation der entsprechenden Cortexareale beschrieben. In dieser Grundorganisation müssen sich die einzelnen hier vorliegenden Elemente noch präzise abglei- chen, um eine adäquate Funktion der entsprechenden Cortexareale zu ermöglichen. Dieser Feinabgleich erfolgt erst nach der Embryonalentwick- lung. Entsprechend – darauf kommen wir noch zurück – ist das Hirn denn auch in der frühen Entwicklungsphase äußerst plastisch.

Ein zweites ist für ein adäquates Verständnis der Funktionsarchi- tektur des Neocortex von Bedeutung. Die motorischen Areale des Neo- cortex, d. h. die Areale, die die höchste neuronale Repräsentationsebene für Bewegungssteuerungsprozesse darstellen, sind nicht direkt mit den motori- schen Zentren verschaltet (die bestimmte Bewegungsfolgen dann ansteuern). Die motorischen Cortexareale projizieren vielmehr auf bestimmte Kernstrukturen in untergeordneten Hirnbereichen, die ihrerseits wieder mit Kernen im Mittelhirn verknüpft sind. Diese wiederum stehen in direkter Verbindung mit dem Kleinhirn. Das Kleinhirn ist ein zweites, vom Großhirn unabhängiges Bewegungskontrollzentrum, das den Feinabgleich in den Bewegungsmustern der Muskulatur steuert und somit Bewegungsprogramme koordiniert.

So trainieren wir, wenn wir das Klavierspielen üben, nicht neocortikale »Tastenfelder«, sondern wir etablieren bestimmte neuronale Verknüpfungen im Kleinhirn, die es uns erlauben, die beim Spiel notwendigen schnellen Bewegungsfiguren gezielt und präzise zu erzeugen. Im Detail soll uns hier die Diskussion über die Mechanismen dieses Bewegungsabgleiches nicht interessieren.

Wichtig ist allerdings, daß auch der Kleinhirn-Cortex nicht direkt mit Bewegungssteuerungseinheiten verknüpft ist, sondern auf ein ganzes Ensemble von Mittelhirnkernen projiziert. Die Ordnungsmuster dieser Projektionen sind leider noch nicht entschlüsselt. Es ist daher noch offen, ob und inwieweit die cortikale Architektur des Kleinhirns ein transformiertes Abbild der Topologie und der Phasenbeziehungen im Erregungsmuster der verschiedenen Muskeln darstellt. Auf der Ebene der Mittelhirnkerne laufen nun Ausgänge von Kleinhirn und Neocortex zusammen. Die derzeitigen Vorstellungen gehen dahin, daß der Neocortex Bewegungsmuster »einstellt« und den Feinabgleich, also die Ausführung der Vielzahl von Kommandos an die einzelnen Muskelfasern, gleichsam an das Kleinhirn delegiert.

Der Cortex des Kleinhirns ist – im Gegensatz zum Neocortex – nicht lateralisiert. Auch in einer Untersuchung der zellulären Organisation dieses Hirngewebes läßt sich keine rechte oder linke Hemisphäre bestimmen.

Insgesamt zeigt sich, daß etwaige neuronale Kommando-Strukturen großräumig verteilt sind. Die Idee, im menschlichen Hirngewebe irgendein Kommando-Zentrum zu lokalisieren, ist mit den vorliegenden Daten nicht zur Deckung zu bringen. Areale wie der Hippocampus oder das Belohnungszentrum, die in diesem Zusammenhang diskutiert wurden, zeigen bei einer eingehenderen Analyse eine unspezifische Funktion, die eher mit dem Einstellen einer cortikalen Grundaktivität zu tun hat. Es ist möglich, diese breit gefächerten Motivationssysteme chemisch zu klassifizieren und sie pharmakologisch zu beeinflussen. Drogenkonsumenten und Raucher zeigen, wie einfach diese Teilsysteme des Nervengewebes zu manipulieren sind. Diese »Selbstversuche« belegen ferner, daß die anatomisch großräumig verteilten Motivationssysteme sehr komplexe Wirkungen auf die Verarbeitungsprozesse im Hirn ausüben – man denke an Halluzinationen im Rauschzustand.

Die Analyse der Stoffwechselgeschehnisse im Hirn macht deutlich, daß der Neocortex – auch bei einfachen Verhaltensaufgaben wie dem Aufmerken auf bestimmte Töne – immer großräumig aktiviert ist. Und wie erklärt es sich dann, daß für bestimmte motorische Programme anscheinend wieder eher kleinräumig definierte Areale im Hirn aktiviert werden müssen? Registriere ich die Hirnaktivität bei einer einfachen Armbewegung, zeigt der Cortex starke Aktivität nur in den für diesen Arm »zuständigen« Arealen des motorischen Cortex. Hierauf ist noch zurückzukommen.

≡ Zur Physiologie der Entscheidung

You think you want, in fact you must.

Günther Palm

Wir wissen aber noch mehr. Wenn wir uns die Ergebnisse der Neurophysiologen – bezogen auf unser Problem, ob wir Kommando-Zentren im Hirn lokalisieren können – eingehender durchmustern, fällt auf, daß wir anscheinend so etwas wie ein physiologisches Korrelat für einen Entscheidungsprozeß registrieren können:

Willentlichen Körperbewegungen gehen langsame Potentialveränderungen der Hirnrinde voraus; diese Spannungsveränderungen lassen sich schon durch Elektroden registrieren, die außen auf den Kopf aufgelegt werden. Eine entsprechende Darstellung, in der die Antwortcharakteristika mehrerer solcher Elektroden zugleich registriert werden, ein sogenanntes EEG (*E*lektro-*E*ncephalogramm), erlaubt schon erste Rückschlüsse auf funktionelle Besonderheiten des Neocortex. Etwa 0,5−2 Sekunden vor dem Einsetzen einer Willkürbewegung kann man in einem EEG eine langsame negative Schwankung im Hirnpotential feststellen. Diese Schwankung läßt sich in einem weiten Hirnbereich registrieren, ihr Maximum hat sie im oberen Bereich der Hirnrinde. Etwa 30−200 Millisekunden vor dem Bewegungsbeginn geht dieses »Bereitschaftspotential« in ein steileres, kurzes negatives oder positiv-negatives Potential über, das noch andauert, wenn die Bewegungsreaktion beginnt. Interessanterweise setzt dieses Bereitschaftspotential also schon vor der eigentlichen Bewegung ein. Untersuchungen, in denen die Verschiebung in der Stoffwechselaktivität des Hirns dargestellt wurde, bestätigen die über das EEG gewonnenen Daten. Insgesamt wären diese Befunde mit einer Vorstellung in

Einklang, der zufolge in dem »Scheitel-Bereich« des Cortex ganze Neuronenensembles aktiviert werden. Zugleich zeigt sich, daß diese Neuronenaktivität etwas damit zu tun hat, daß wir eine Bewegung »starten«. Haben wir also endlich ein neuronales Korrelat für eine Kommando-Einheit im Hirngewebe gefunden?

Wie erklärt sich aber die ausgesprochen lange Verzögerung zwischen dem Einsetzen des Bereitschaftspotentials und dem Beginn einer Bewegung? Allein über die Verzögerung, die durch die Passage verschiedener Synapsen innerhalb der neuronalen Bahnen und die für die Reizweiterleitung notwendigen biochemischen Reaktionen des Muskelgewebes bedingt sind, ist diese Verzögerung nicht zu erklären. Danach wären Werte in der Größenordnung von 100 Millisekunden zu erwarten. Was heißt das? Anscheinend durchläuft diese »Initialerregung« im Neocortex erst einige Erregungsschleifen, ehe es zu einer Umsetzung in ein motorisches Programm kommt. Die entsprechende Ausbreitung eines dann gegebenen »Kommandos« läßt sich in der Analyse der elektrischen Aktivität der Hirnrinde, im EEG, in dem 30−200 Millisekunden vorher ansetzenden sogenannten prämotorischen Potential verfolgen.

Mit der Idee eines Kommando-Neurons oder auch eines eng umgrenzten Kommando-Zentrums ist die gefundene Verzögerung in der Erregungsweiterleitung nicht zu erklären. Auch wenn wir davon ausgehen, daß sich zunächst Erregungen einzelner Neuronengruppen überlagern und die Gesamterregung dieser Neuronengruppen erst dann weitergeleitet werden kann, wenn sich in diesem Aktivitätsgefüge komplexere Erregungszyklen aufgebaut haben, ist diese lange Zeitdauer verblüffend. Anscheinend laufen − auch schon beim bloßen Auslösen einer Verhaltensantwort − kompliziertere Interaktionen innerhalb des Cortex und vielleicht sogar Erregungsaustauschprozesse zwischen Neocortex und den tieferen Kernregionen ab.

Lassen sich diese Interaktionen messen? Wir hatten gesehen, daß die Auflösung der bildgebenden Verfahren, die Stoffwechselaktivitäten des Hirngewebes registrieren, sowohl räumlich wie auch zeitlich bisher noch zu grob für solche Aussagen sind. Einzelzellableitungen greifen zu kleine Bereiche aus dem Gesamtkontext heraus. Allerdings sind auch Mehrfachableitungen, in denen mehrere Elektroden die Aktivität einer Vielfalt von Einzelzellen registrieren, problematisch.

Es ist nun möglich, die Verbindungen zwischen einzelnen Cortex-Arealen näher zu kartieren und zumindestens Abschätzungen über die Verbindungsintensität einzelner Substrukturen des Cortex zu erarbeiten; doch sagt dies natürlich noch nichts über die direkten Verrechnungsprozesse. Auch die Messungen mit ionensensitiven Farbstoffen führen hier derzeit noch nicht weiter. Diese Farbstoffe fluoreszieren; die Intensität ihrer Fluoreszenz ist direkt proportional zu der Intensität einer jeweiligen Verteilung von speziellen Ionen, etwa Ca^{++}. Wir hatten dargestellt, daß Erregungsweiterleitungsprozesse in einem Neuron auf Ionenumschichtungen basieren. Entsprechend wären solche bildgebenden Verfahren ein Weg, hier mehr über intracortikale Vernetzungen zu erfahren. Die Intensitätsänderung der Fluoreszenz kann über eine größere Cortexfläche registriert und als Potentialschwankung von kleineren nebeneinander liegenden Gewebebereichen dargestellt werden. Dies bedeutet, daß mit einer auf ein Mikroskop aufgesetzten Kamera die Potentialschwankungen in kleinräumigen Einheiten – im Idealfall bei einzelnen Zellen – synchron registriert werden könnten. Bisher führte allerdings auch diese Technik bei dem in Rede stehenden Problem nicht weiter; dies liegt wiederum an den räumlichen wie zeitlichen Auflösungsgrenzen dieses Verfahrens. Hinzu kommt noch ein weiteres technisches Problem. Die Fluoreszenzfarbstoffe schädigen die Zellen, so daß die Stoffwechselprozesse im Nervengewebe schon nach wenigen Sekunden nicht mehr kontrolliert ablaufen. Derzeit wird allerdings an einer Erweiterung dieser Technik gearbeitet, die nun die Autofluoreszenz von Stoffwechselprodukten registriert, die bei einer Zellaktivität umgeschichtet werden. Erste mit dieser Technik vollzogene Messungen im Bereich der visuellen Zentren des Cortex erbrachten Daten, die es notwendig machen, bisherige Interpretationen der funktionellen Organisation dieses Hirnareals zu variieren.

In den sogenannten assoziativen Zentren, den Neocortexarealen, die nicht direkt an einen speziellen sensorischen Reizeingang gebunden sind, stehen wir allerdings auch mit dieser Technik vorerst noch vor einem grundsätzlichen Problem: Es ist sinnlos, in einer derart komplexen Struktur wie dem assoziativen Cortex ziellos abzuleiten, das heißt Zellaktivitäten zu registrieren; auch Mehrfachableitungen vergrößern in solchen Experimenten, die ohne einen streng definierten Theorieansatz angesetzt werden, allein die Datenflut, ohne hier doch direkte Neuansätze zu einer Interpretation zu bieten. Hier fehlt uns noch sehr viel an anatomischen Kenntnissen, die nötig sind, um etwaige Ableiteinrichtungen gezielter positionieren zu können. Erst wenn die Ausgangsbedingungen, unter denen ein Experiment angesetzt werden kann, hier klarer einsichtig sind, wenn wir unsere Fragen präziser formulieren können, dürfen wir auch klare Antworten erwarten.

Auch die Technik von Moshe Abeles, die direkte Korrelationsmessungen im Aktivitätsspektrum nahe beieinander liegender Neuronen ermöglicht, erlaubt definitive Aussagen nur bei Reaktionen der Neuronen auf einen klar definierten Erregungseingang. Damit ist diese Technik bisher nur in sensorischen Regionen des Cortex sinnvoll einzusetzen. Abeles beschreibt in der seiner Darstellung der Aktivitäts-Korrelationen einzelner Neuronen allerdings einen Effekt, der auch über die entsprechenden sensorischen Areale hinaus Bedeutung haben dürfte: Benachbarte Neuronen, die in ihrem Erregungsmuster nur gering variieren, tendieren zur Synchronisierung ihrer Aktivität. Insofern läge hier ein Mechanismus vor, der zum einen eine Selbstordnung in den Aktivierungs- oder Feuerungsraten der Neuronen etabliert; zum anderen bedingt diese Synchronisierung auch eine Selbstverstärkung des Grundsignals, die sich nun weiter in seine Umgebung ausbreiten kann und damit das Spektrum der ursprünglichen Eingangserregung weiter zu verstärken vermag. Ableitungen speziell im visuellen Neocortex haben gezeigt, daß solch einer Aktivitätssynchronisierung möglicherweise eine umfassendere Bedeutung zukommt, dies zumal, als eine entsprechend synchronisierte Aktivität auch zu Umschichtungen in der Hardware eines entsprechend aktivierten neuronalen Netzgefüges führen kann. – Wir hatten solch einen Effekt schon im Zusammenhang mit unserer Analyse des Geruchssystems beschrieben (s. S. 69).

Welches sind nun aber die Größenordnungen, in denen eine solche selbstverstärkende Aktivität wirksam werden kann? Bei Epilepsieanfällen finden wir den – krankhaften – Fall, daß sich entsprechende Aktivitätsherde über ihre Verbindungen in andere Hirnregionen hinein immer mehr aufschaukeln, bis schließlich die Überaktivierung zur Verkrampfung und anschließend zum kurzzeitigen Zusammenbruch der Hirnaktivität führt. Die Ausbreitung dieser »Aktivitätsaufschaukelung« zeigt, daß bestimmte Kopplungspräferenzen in der Verknüpfungsarchitektur des Hirnes existieren. Wir wissen zudem, daß es bestimmte Regionen im Neocortex gibt, die in einzelnen Funktionszusammenhängen besonders stark aktiviert werden. Diese Regionen verkoppeln sich dann über das Vernetzungsgefüge ihrer Ein- und Ausgangsfasern mit dem umgebenden Cortex. Gibt es demnach also doch eine Arbeitsteilung etwa im Frontalhirnbereich oder etwa zwischen rechter und linker Hirnhemisphäre? Wenn wir hier einen Zugang fänden, so könnten wir eine weitergehende Antwort auf die Frage wagen, wo und wie das Gehirn das Verhalten organisiert.

Wenn wir nun einmal rückschauend unseren bisherigen Weg überblicken, sind wir zunächst allerdings wohl ernüchtert. Die doch sehr weitgreifende Exkursion in verschiedene Bereiche der Neurowissenschaften hat uns zwar eine Fülle von Einzeldaten gebracht, doch wissen wir immer noch nicht, wie wir uns vorzustellen haben, ob und wie es unser Neocortex zu einer »Entscheidung« bringt. Einsichtig ist uns bisher nur der methodische Ansatz der Neurowissenschaften. Wir haben versucht, mit möglichst geringen Interpretationsvorgaben zu arbeiten. Wir haben dann getestet, wie weit uns entsprechende Ansätze tragen, haben dargestellt, wo die Brüche in einem entsprechenden Vorgehen liegen und haben versucht, aus diesen kritischen Analysen weiterführende Aussagen zu gewinnen. Die gewonnenen Resultate sind, gemessen an den Fragen, mit denen wir an die Analyse der funktionellen Architektur des Hirnes herangingen, eher bescheiden. Wäre es also jetzt an der Zeit, den gordischen Knoten der in Details versinkenden Argumentationen der Neurowissenschaften zu durchschlagen und die anstehende Problematik aus einer übergreifenden Sicht anzugehen?

Literaturhinweise:

Braitenberg, V. (1984): Vehicles. Experiments in Synthetic Psychology. Cambridge; *eine sehr anregende Spekulation über die Frage, wie man ein Nervensystem zu konstruieren hätte.*

Eccles, J. C., Ito, M., Szentágothai, J. (1967): The Cerebellum as a neural Machine. Berlin; *ein klassisches, sehr ins Detail gehendes Buch über die funktionelle Organisation des Kleinhirns.*

Holst, E. von (1970): Zur Verhaltensphysiologie bei Tieren und Menschen (2 Bde.). München; *die Aufsatzsammlung enthält die wichtigsten Aufsätze von Erich von Holst.*

Kandel, E. (1976): Cellular Basis of Behavior. An Introduction to behavioural Neurobiology. San Francisco; *in diesem Lehrbuch werden die an der Nacktschnecke Aplysia vollzogenen Experimente ausführlich besprochen.*

Kuffler, S. W., Nicholls, J. G., Martin, A. R. (1984): From Neuron to Brain. Sunderland; *ein didaktisch sehr gut aufbereitetes Lehrbuch der Neurobiologie.*

Kupfermann, I., Weiss, K. R. (1978): The Command Neuron Concept. Behav. Brain Sci. 1: 3–39; *eine für ein breiteres wissenschaftliches Publikum geschriebene zusammenfassende Diskussion des Konzepts des Kommando-Neurons.*

Leshner, A. I. (1978): An introduction to behavioural endocrinology. New York; *ein Lehrbuch, das die Wechselwirkungen von Hormonen und Verhalten bei Säugetieren behandelt.*

O'Keefe, J., Nadel, L. (1978): The Hippocampus as a Cognitive Map. Oxford; *ein sehr ins Detail gehendes Standardwerk über die funktionelle Organisation des Hippocampus.*

Sarnat, H. B., Netsky, M. G. (1981): Evolution of the nervous system. Oxford; *die Arbeit bietet eine umfassende Darstellung der Evolution des Wirbeltierhirnes.*

Skinner, R. F. (1978): Was ist Behaviorismus? Reinbek; *eine für Laien geschriebene, umfassende Darstellung des Behaviorismus.*

Split brain – gespaltenes Bewußtsein?

Cogito ergo sumus?

Detlef B. Linke

Lokalisierung von Sprachfunktionen

Die ganze Wahrheit über noch so fremdartige sprachliche Verhaltensweisen ist uns in unserem gebräuchlichen westlichen Begriffsschema ebenso zugänglich wie andere Teile der Zoologie.

Willard van Orman Quine

Unser Neocortex besteht aus zwei Hirnlappen, der linken und der rechten Hemisphäre. Verletzungen bestimmter Teilbereiche in diesen Hirnhälften haben definierbare Verhaltensausfälle zur Folge. Hierbei ist die funktionelle Organisation in den Hemisphären asymmetrisch. Bestimmte Verhaltensweisen scheinen an jeweils eine dieser Hemisphären gebunden zu sein. Wir sprechen von einer Lateralisierung.

Ermöglicht uns die eingehendere Untersuchung solcher Lateralisierungsphänomene den endgültigen Zugang zur Lösung der uns interessierenden Problematik? Wir hatten ein Wesentliches dieser Lateralisierungsphänomene schon näher betrachtet (s. S. 38). Die wichtigen Funktionen der Spracherkennung und der Sprachproduktion scheinen an den linken Neocortex gebunden zu sein: Dort finden sich das Brocasche und das Wernickesche Areal, das motorische und das sensorische Sprachzentrum.

Das Wernickesche Zentrum ist – klinischen Untersuchungen zufolge – auf das Verstehen des gesprochenen Wortes und das Erkennen der Satzstruktur spezialisiert, während das Broca-Areal die Formulierung von Sätzen steuert. Wir hatten schon gesehen, daß kleinere Verletzungen in diesen Bereichen zu Ausfällen in diesen Fertigkeiten führen. Neuere Untersuchungen zeigen, daß in das Sprachverstehen aber noch ganz andere, weiträumig gestreute Areale des Neocortex eingebunden sind. George A. Ojemann entdeckte diese Verteilung der Kleinstareale, die für das Sprachverständnis und für die Sprachproduktion Bedeutung haben, bei Untersuchungen an Patienten, denen für eine neurochirurgische Operation die Schädeldecke geöffnet worden war. Er stimulierte die Großhirnrinde dieser Patienten und registrierte, ob bei entsprechenden kurzfristigen Eingriffen deren sprachliche Fähigkeiten litten. Die meisten dieser Regionen von höchstens 2,5 Quadratzentimeter entdeckte er im Stirnlappen und in der Übergangsregion zwischen Schläfen- und Scheitellappen des Neo-

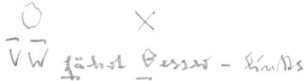

cortex. Hierbei zeigten sich unterschiedliche Muster bei den Arealen, die für ein Benennen von Gegenständen in der Muttersprache, und solchen, die für ein Benennen dieser Gegenstände in einer Fremsprache notwendig sind. Letztere sind im Vergleich zu den »Muttersprachenarealen« viel weiträumiger verteilt.

Je nach dem Ort der entsprechenden Reizungen wurden unterschiedliche Teilfunktionen der Lautbildung oder der Bildung bestimmter Wortgruppen (Substantive, regelmäßige oder unregelmäßige Verben) geschädigt. Reizungen, die das Sprechen behinderten, hatten keinen Einfluß auf die Zeichensprache, mit der sich ein Patient verständlich machte. Es zeigte sich, daß die Verteilung dieser »Zentren« von Patient zu Patient äußerst unterschiedlich war. Es scheint demnach, daß sich die Sprachfähigkeit neuronal in eine Vielzahl von Teilfunktionen zersplittert, die im Hirn parallel aktiviert werden. Erst wenn alle diese Regionen aktiviert sind, kann ein Mensch Sprache erkennen und sprechen.

Wir wissen mittlerweile, daß die Sprachfunktion keineswegs ausnahmslos an die linke Hemisphäre gebunden ist: Bei etwa 5% der Menschen sind die Sprachfunktionen in der rechten Hemisphäre lokalisiert. Ein ähnlich hoher Anteil von Individuen dürfte beide Hirnhälften für Spracherkennen und Sprachproduktion »einspannen«.

Punktuelle Reizungen oder entsprechend kleinräumige Ausschaltversuche im Neocortex (man kann Hirngewebeeinheiten kurzfristig kühlen und so deren Funktion reversibel »abstellen«) führen nie dazu, daß komplexe Sprachfunktionen ausfallen. In solchen Versuchen entdecken wir immer nur Areale, die in diesem Verhaltenskontext Einzelfunktionen übernehmen. Diese Regionen liegen zudem auch nicht an definierbaren Stellen. – Wie ausgeführt, liegen sie weit verstreut und finden sich nahezu bei jedem Individuum in unterschiedlichen Bereichen des Cortex.

Nun gibt es aber Areale, in denen Nervenzellen nur bei dem Beginn eines Lautes reagieren. Andere Areale sind über die gesamte Zeitdauer, in der dieser Laut zu hören ist, aktiv. Wir können hier eine Vielfalt unterschiedlich einsetzender Nervenzellen registrieren; doch bleiben wir damit immer noch weit von einer Erklärung weg, wie unser Hirn es schafft, ein gesprochenes »Substantiv« zu erkennen. Erst wenn wir rekonstruiert haben, wie diese Vielfalt von Teilkomponenten zusammenwirkt, könnte es uns verständlich werden, wie »unser« Gehirn Sprache »versteht«. Damit scheint sich auch hier ein Bild abzuzeichnen, das eher dem entspricht, wie wir es in der Untersuchung des Geruchssystems gewonnen haben. Es gibt hier, zwischen dem auditiven und dem olfaktorischen System anscheinend allerdings doch einen Unterschied: Im Sprachdetektionssystem lassen sich Areale kennzeichnen, die – wenn auch bei jedem Individuum ein wenig anders – für Teilfunktionen der Sprachanalyse zuständig scheinen. Ausfälle der entsprechenden Bereiche führen zu definierten Defiziten im Verhaltensprogramm. Läßt sich also, wenn wir die interindividuelle Variabilität in unseren Überlegungen zunächst zurückstellen, dann doch zumindest ein prinzipielles Lokalisierungsprogramm für die Sprachfunktionen feststellen? Festzumachen sind demnach zwar immer nur Teilfunktionen, die erst im Konzert ihrer Wechselwirkung einen Verhaltenseffekt bedingen; dennoch – es scheint doch so, daß wir zumindest prinzipiell feststellen können, daß bestimmte Nervengewebebereiche Sprache erkennen oder produzieren.

Das gespaltene Hirn

Du übersiehst dich nicht mehr?
Der Anfang ist vergessen,
die Mitte wie nie besessen,
und das Ende kommt schwer

Gottfried Benn

Es gibt ein Krankheitsbild für eine Situation, in der im Hirn Hemmechanismen ausfallen, die eine Aktivierung von Hirnregionen unterdrücken und so dafür sorgen, daß das Hirn nicht fortwährend von Aktivierungswolken überschwemmt wird. Dann breitet sich die Erregung von solch einem Herd über dessen Verbindungsbahnen in die anliegenden Hirnbereiche aus; diese koppeln sich – über Umwege – mit dem primären Erregungsfocus rück, schaukeln dort die Eingangserregung auf und verstärken so in fortlaufender Rückkopplung die Erregung im Ausgangsherd; sie greifen auf angrenzende Areale über, bis schließlich weite Hirnbereiche von einer Erregungswelle erfaßt werden. Bei fehlender Hemmung eskaliert diese Erregung mehr und mehr, bis die Hirnerregung endlich »vor Erschöpfung« zusammenbricht. Diese Krankheit ist die Epilepsie. In schweren Fällen von Epilepsie hat man nun versucht, dieses Aufschaukeln von Erregung zu unterbinden, indem man den Erregungsfocus aus solch einer Rückkopplungsschleife im wahrsten Sinne herausnahm: Man suchte die Hauptbahn, die einen Erregungsfocus in solch einen Schwingkreis einband, zu durchtrennen. Bei sehr schweren Fällen entschloß man sich in den 50er und 60er Jahren, zum Teil auch noch später, zu einer Radikaloperation und durchtrennte die Hauptverbindung zwischen rechter und linker Hirnhemisphäre, den Balken (Corpus callosum). Zumindest schnelle Verbindungen zwischen beiden Cortexhälften sind damit nicht mehr möglich, d. h. die beiden Hirnhälften sind quasi isoliert.

In einer Serie genialer Experimente nutzte Roger Sperry dieses Patienten»material« zu einer näheren Untersuchung der funktionellen Spezialisierung des rechten und des linken Hirnlappens. Die Besonderheit seiner Experimente bestand darin, die beiden Cortexhälften jeweils mit exakt definierten, aber unterschiedlichen Informationen zu versorgen. Die ersten Versuchsansätze arbeiteten mit visuellen und taktilen Reizen. Hierbei ist der Versuchsaufbau nicht ganz so einfach. Zwar schaltet die Sensorik einer Hand jeweils in Gänze in den contralateralen Neocortex, so daß vereinfacht die Gleichung: linke Hand entspricht rechtem Cortex und umgekehrt getroffen werden kann (dabei sollen uns die Zwischeninstanzen, über die eine sensorische Information den Neocortex erreicht, in diesem Zusammenhang nicht interessieren).

Beim visuellen System ist die Ausgangslage komplizierter. Wie wir gesehen haben, ist die Überkreuzung der beiden Sehnerven beim Menschen unvollständig. Jeweils die rechten bzw. die linken Gesichtshälften beider Augen werden »zusammengefaßt« und in der kontralateralen primären Sehrinde abgebildet. Also gilt: Das rechte Sehfeld wird in der linken Sehrinde abgebildet, und umgekehrt. Nun fixieren wir ein Objekt nie starr, unsere Augen sind vielmehr in fortdauernder Bewegung. Unsere Augen tasten ein uns interessierendes Objekt regelrecht ab. Die Augen vollziehen dabei sogenannte Sakkadenbewegungen, das sind Bewegungen, in denen das Auge wie der Kathodenstrahl des Fernsehers, der die Bildröhrenoberfläche abtastet, sein visuelles Umfeld scannt.

Die Sehsinneszellen bleichen in einem starr fixierenden Auge – wie ein übersteuerter Bildschirm – regelrecht aus. Erst die fortdauernde Verschiebung des visuellen Reizmusters auf der Netzhaut garantiert uns eine kontinuierliche, fein differenzierte Wahrnehmung. Sie können sich hiervon sehr rasch selbst überzeugen. Versuchen Sie, ein Objekt ganz starr zu fixieren. Sie werden merken, daß es zunächst in seinen Randbereichen verschwimmt und dann, wenn Sie dieses Starren lange genug aushalten, völlig verschwindet.

Für Experimente, die einen Reiz in einem bestimmten, wohldefinierten Sektor des Sehfeldes positionieren möchten, sind diese kontinuierlichen Augenbewegungen ungünstig. Diese Augenbewegungen sind in Experimenten auszuschalten, in denen die Verarbeitung von Bildinformation im rechten und linken Gesichtsfeld separat ausgetestet werden soll.

Dieses Problem wurde im Zusammenhang mit den »Split-brain«-Untersuchungen auf zwei Wegen angegangen: Zuerst wurde der Patient gebeten, einen Punkt auf einer Leinwand zu fixieren. Hatte er dies getan, wurde ihm ganz kurz, bevor eine Sakkadenbewegung einsetzte, ein visueller Reiz präsentiert. Eine Verschiebung des Bildes auf der Netzhaut war damit unterbunden. Entsprechend war sichergestellt, daß sich die sensorischen Daten nur in einer Sehraumhälfte »befanden«.

In einer zweiten Versuchsphase wurde mit speziell konstruierten Brillen, den sogenannten Z-Linsen, gearbeitet, die nur jeweils eine Gesichtsfeldhälfte »passieren« ließen. Damit war auch ein längeres Präsentieren von visuellen Reizen möglich.

Der Trick in all den Experimenten bestand nun darin, den beiden »Hirnhälften« einander widersprechende Informationen zu offerieren und die entsprechenden darauf gerichteten Reaktionen der Versuchspersonen zu registrieren (Abb. 18). So präsentierte Sperry seinen Versuchspersonen Chimärengesichter, die aus zwei Gesichtshälften zusammengesetzt waren, so daß der linke visuelle Cortex etwa das Bild eines Mannes, der rechte visuelle Cortex das Gesicht einer Frau registrierte. Auf die (gesprochene) Frage, was die Versuchsperson gesehen habe, antwortete sie »das Gesicht eines Mannes«. Ließ man sie mit der linken Hand das Bild aus in einer Reihe ähnlicher – nunmehr aber »vollständiger« – Porträtstudien auswählen, zeigte sie spontan auf das Bild der Frau. Eine eingehendere Analyse des Verhaltens zeigte eine gewisse Unsicherheit und Nervosität der Versuchsperson, doch blieb das entsprechende Verhalten reproduzierbar, wenn ein Reiz nur kurz dargeboten wurde.

Wie ist dies zu interpretieren? Wir wissen, daß die Hauptsprachzentren in der linken Hirnhemisphäre lokalisiert werden können. Die Durchtrennung des Corpus callosum hat die rechte Hirnhemisphäre anscheinend von den Sprachzentren entkoppelt. Ein sprachlicher Zugriff ist demnach nur auf die in der linken Hemisphäre eingelesenen visuellen Informationen möglich. Dieser Befund allein wäre allerdings auch nicht weiter verwunderlich, stellt die Operation doch eine massive Läsion dar, auf die hin komplexere Verhaltensausfälle zu erwarten sind. Beunruhigender ist da der zweite Teil des Experimentes, der zeigt, daß die Informationsverarbeitung der rechten Hirnhemisphäre gar nicht geschädigt ist. Vielmehr scheint nur die sprachliche Artikulation »ihres Innenlebens« unterbunden zu sein.

Die Steuerung der linken Hand ist an die rechte Hirnhälfte gekoppelt. Folglich kann diese sich durch Bewegungen dieser Hand – unabhängig von einer »Absprache« mit der linken Hemisphäre – äußern, sie artikuliert sich sogar entgegen den entsprechenden Äußerungen des linken Neocortex. Besteht das Hirn somit aus zwei voneinander unabhängigen Einheiten (Abb. 19)?

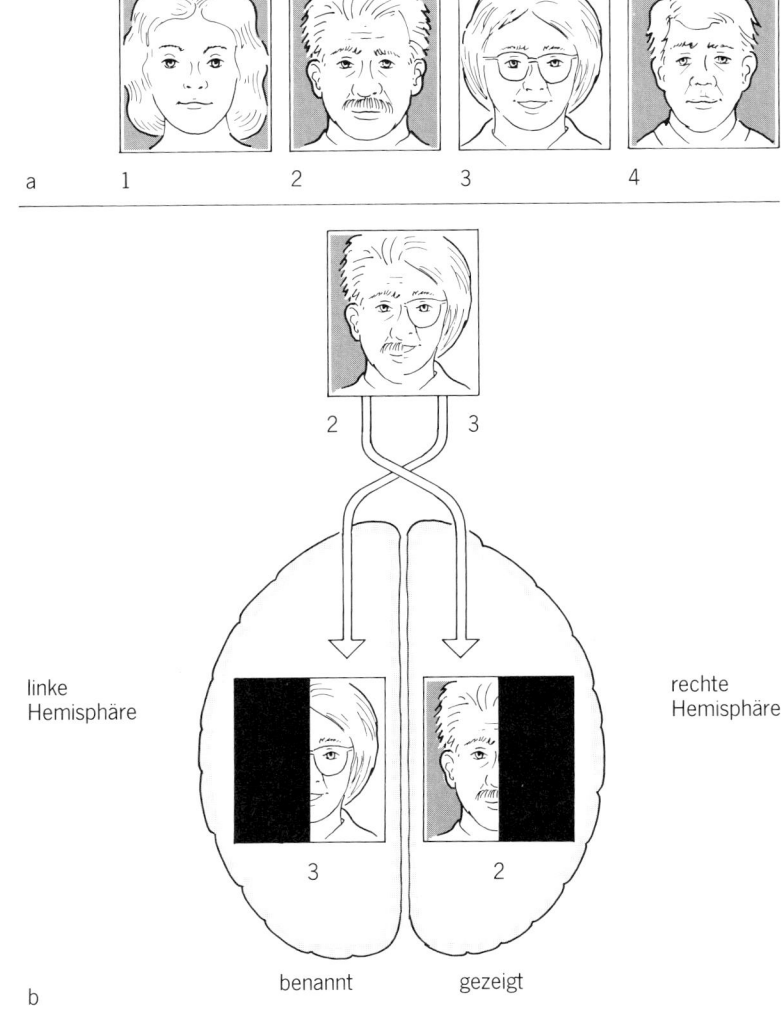

Abb. 18   Wahrnehmung von »Chimären«-Gesichtern bei Split-Brain-Patienten
a) Diese vier Gesichter werden den Versuchspersonen b) jeweils kombiniert vor
Augen gehalten.

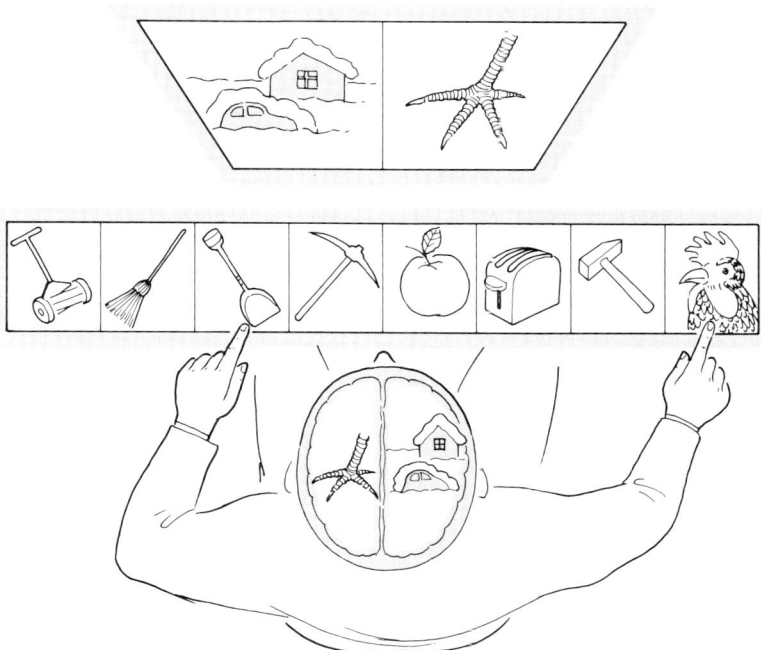

Abb. 19   Methode, in der zwei kognitive Aufgaben gleichzeitig an die linke und die rechte
Hirnhälfte gestellt wurden. In diesem Falle sollte die Versuchsperson mit den
jeweiligen ihr präsentierten Reizen etwas assoziieren und diese Assoziation mit der
Hand »zeigen«. Die Darstellung belegt die »doppelte« Antwort der
Versuchspersonen: Rechte und linke Hemisphäre reagieren für »sich« schlüssig.

Ein weiteres Experiment könnte diese These untermauern. Die
Versuchsperson, ebenfalls ein Patient mit Durchtrennung des Corpus callosum, wurde an einen Tisch geführt, der so abgedeckt war, daß er die dort
auf dem Tisch verteilten einfachen Alltagsgegenstände nicht sehen konnte.
Es wurde ihm erlaubt, diese Figuren zu betasten. Hierbei wurde darauf
geachtet, daß die Versuchsperson jeweils nur eine Hand für das Abtasten
solch eines Gegenstandes benutzte. Daraufhin wurde sie gefragt, was sie
erkannt habe. Wiederum konnte sie nur die mit rechts ertasteten Gegenstände benennen. Allerdings vermochte sie mit ihrer linken Hand die
vorher von dieser abgetasteten Gegenstände auszusondern.

Noch kurioser wird diese Situation, wenn allein der an sich
»sprachunfähigen« rechten Hirnhälfte ein Text dargeboten wird, etwa die
einfache Frage: »Wer bist du?«. Die »stumme« rechte Hemisphäre kann

diese Frage nun beantworten, indem sie mit der linken Hand Plastikbuchstaben derart anordnet, daß der Name der Versuchsperson erkennbar wird.

Fragt der Testleiter die Versuchsperson nun, warum und wieso sie gerade diese Handlung vollzieht, kann nun nur das »linke Hirn« antworten (dort liegen die Zentren der Sprachproduktion), das den Grund des Tuns der linken Hand nicht kennt. Aber es produziert dennoch eine Antwort. Die entsprechende Antwort – und dies überrascht – ist konstruiert, das linke Hirn »formuliert« Scheinantworten, es fabuliert. Die Versuchsperson erscheint hierbei insgesamt allerdings verunsichert und hilflos.

Hat sich durch die Operation, diesen Schnitt durch das Hirn, die Persönlichkeit der entsprechenden Person gespalten? Es scheint, als seien linke und rechte Hemisphäre entkoppelt, beide scheinen autonom zu reagieren. Die rechte Hirnhälfte scheint sogar freier, dem Diktat der sprachdominanten, direkt mit dem Außenbereich kommunizierenden linken Hemisphäre entwunden. Erstmals erscheint sie »selbst«, wenn auch in äußerst holpriger Form, für sich artikulationsfähig.

Sehr schnell sprachen denn auch einzelne Neurophysiologen von einer Versklavung der rechten Hemisphäre durch das linke, sprachdominante Hirn. Dabei assoziierte man Artikulations- und Sprachfähigkeit zugleich mit Denken. Dahinter steht – mehr oder minder unreflektiert – eine Philosophie, die Begriff und Wort, Sprach-Grammatik und Logik so ziemlich in eins setzt. Inwieweit dies möglich ist, sei hier dahingestellt – nur, entsprechende auf den klinischen Befunden aufbauende, weiterreichende Interpretationen setzen diese Philosophie unreflektiert voraus. – Wir werden hierauf noch zurückkommen. – Zugleich suchte man nun im rechten Hirn die vermeintlich alogische Seite des Denkens – also künstlerischen, musikalischen Ausdruck, visuelle Orientierung, Ästhetik und Gefühlsleben – dingfest zu machen. (Auch dies ist eine furchtbar schlechte Philosophie; wer auch nur ein Bild von Paul Cézanne kennt, weiß, wie »logisch« sich auch das Künstlerische »organisiert«.)

Auf diese Weise war in dem Mikrokosmos Hirn gleichsam die Dialektik von europäischer Zivilisation und der Stimmungswelt des Naiven projiziert. Die neuroanatomische Sektion des Hirns gebar – in sentimental europäischer Betrachtungsweise – die zwei Welten der frühen Dramaturgie: die »Barbarei« des alogisch-künstlerischen Ausrucks und das kalte, als szientistisch deklassierte analytische Denken, das nun endlich in einer Struktur festzumachen und an den Pranger zu stellen war. Mir scheint, diese – meist nur sublim formulierte – Perspektive einer vorschnellen Interpretation der Experimente Sperrys hat sehr zu der großen Popularität des Problems »Rechts-Links« beigetragen.

Linkshänder/Rechtshänder

... legt den sternen hemmschuhe an
holt aus den schränken die siegellackmantille für die vögel
hebt mit den flaschenzügen die dramatis personae aus der tiefe

Hans Arp

Aussagen, die von der Grundstruktur des Cortex absehen und nur sehr globalisierend Einzelphänomene auf bestimmte, eher grob kalkulierte Strukturbedingungen des Hirnes beziehen, bleiben notwendigerweise vordergründig. Solch eine Globalbetrachtung findet sich etwa in Aussagen, die die Händigkeit (Links-, Rechtshänder) mit der Sprachdominanz in Verbindung bringen. Hier hat allein die Beobachtung, daß die große Mehrheit der menschlichen Individuen Rechtshänder sind und das Sprachzentrum bei einer nahezu gleichgroßen Gruppe in der linken Hemisphäre lokalisiert ist, zu Zuordnungen geführt, die eine Kausalität vermuten ließen. Neuere neuropsychologische Daten zeigen, daß diese Zuordnung allerdings nur sehr schwach ist. Festzuhalten ist alleine, daß Linkshänder ihren sprachdominanten Cortex häufiger – aber eben nicht immer – rechts besitzen.

Schon ein wenig Neuroanatomie zeigt im übrigen, auf welch schwachen Füßen solche Korrelationen stehen. Wir haben schon gesehen, daß in die Bewegungssteuerung nicht nur der Neocortex, sondern vielmehr auch das Kleinhirn eingebunden ist. Unsere gesamte Feinmotorik wird durch das Kleinhirn abgestimmt. An an Kleinhirntumoren erkrankten Patienten kann man sehen, welche Schäden im Bewegungsmuster solcher Menschen auftreten. Das Kleinhirn steuert die Feinmotorik der Extremitäten und damit auch Arm und Hand. Folglich werden wesentliche motorische Funktionen, die unsere »Händigkeit« auszeichnen, durch das Kleinhirn gesteuert. Die neocortikalen Programme greifen in die Verrechnungsprozesse im Kleinhirn nicht direkt ein, die Ausgänge beider Hirnbereiche konvergieren erst in den motorischen Kernregionen. Die hier ablaufenden Prozesse sind allerdings noch unverstanden. Allein: Das Kleinhirn ist eben nicht lateralisiert. Im Kleinhirn lassen sich keine Hemisphären dingfest machen. Für eine Analyse von Bewegungsfunktionen und speziellen Bewegungsmustern ist aber speziell dieses Organ interessant. Was das für eine sich neuroanatomisch orientierende Diskussion der Händigkeit bedeutet, ist offensichtlich.

≡ Zum Problem der Lateralisierung

Nur unter Beweis zu stellen, was man denkt, das gerade macht ernsthafte Schwierigkeiten. Ich treibe also meine Studien weiter.

Paul Cézanne

Was begründet nun aber meine Wertung, wir fänden hier eine vorschnelle, wissenschaftlich nicht gerechtfertigte Interpretation des vorliegenden Datenmaterials? Zunächst ist festzuhalten, daß solche Interpretationen schon nicht mehr von Lokalisierungen von Hirnfunktionen reden, sondern vielmehr eine Identifizierung der physiologischen Funktion mit Bewußtseinsfunktionen vollzogen haben.

Der Kontext, in dem die gewonnenen Daten stehen, ist ein anderer. Es geht hierbei um die Frage der Ausgrenzung und Lokalisierung bestimmter für Teilverhaltensfolgen notwendiger Hirnareale.

Daß die Analyse hierbei nur Bausteine in einem interagierenden Ganzen benennen kann, ist schon aus unserer Darstellung der anatomischen und physiologischen Befunde zum auditiven Cortex deutlich. Hierin zeigte sich, daß eine genaue Lokalisierung von Verhaltensfunktionen nicht möglich ist. Wir wissen, daß bestimmte Hirnareale notwendig sind, damit bestimmte Verhaltensprogramme ablaufen können. Die einzelne Funktion alleine ist aber eben nicht hinreichend. Zusammen spielen sie ein oder vielleicht auch mehrere Instrumente in einem komplexen Konzert, das eben erst im Tutti das leitende Thema erkennen läßt.

Die rechte Hemisphäre besitzt vermeintlich nicht nur keine Sprachzentren, sondern weist den vorstehenden Ausführungen zufolge auch Defizite in der logisch strukturellen Analyse vorgegebener Sachzusammenhänge auf. Schon diese Beschreibung ist problematisch, zeigte doch die Untersuchung der Verarbeitung akustischer Signale im Cortex, daß bei entsprechenden Aufgaben weite Regionen im frontalen Neocortex auch der rechten Hirnhemisphäre aktiviert sind. Ferner – und dies ist entscheidender – ist diese Lokalisierung bestimmter Teilverarbeitungsfunktionen im Hirngewebe Resultat eines Entwicklungsprozesses, d. h. der Individualgeschichte eines Menschen – wir kommen darauf noch zurück: Die so fest erscheinenden Verbindungen, die ein bestimmtes Hirnareal in einen funktionellen Kontext einpassen, sind keine genetisch unveränderbar vorgegebenen Größen.

Dies macht schon ein einfacher Blick auf die Therapie von Erwachsenen mit komplexen Läsionen im Brocaschen Areal deutlich. Ihnen kann – zumindest in beschränktem Maße – das Sprechen wieder antrainiert werden. Diese rechts ungeschädigten Patienten können nämlich meist noch singen, und zwar auch Texte. Diese Fähigkeit muß weiter ausgebildet werden, und die Patienten müssen lernen, den Text nicht mehr zu singen, sondern zu sprechen.

Das Japanische kennt zwei Schriftformen: das Kanamoji, eine Silbenschrift, bei der Worte Laut für Laut wiedergegeben werden, und das Kanji, eine begriffliche Schrift. Im Kanji repräsentiert jedes Zeichen eine Bedeutung. Versuche an gesunden Japanern zeigten nun, daß für den Umgang mit Kanji die rechte Hirnhälfte große Bedeutung besitzt. Der Umgang mit dieser Schrift aktiviert also verschiedene Hirnregionen und umfaßt hierbei beide Hirnhemisphären. Schon in dieser oberflächlichen Betrachtung, die etwa davon absieht, ob und inweit die hohe graphische Komplexität des Kanji zu der vergleichsweise starken Aktivierung auch des rechten Neocortex führt, wird damit deutlich, daß sich eine vereinfachende Zuordnung von Hirnarealen zu kognitiven Funktionen wie dem Umgang mit Sprache verbietet. Die Funktionen, die hierzu notwendig sind, umfassen weite Hirnareale. Das Hirn ist zudem so plastisch, daß es auch Ausfälle von größeren Hirnregionen zumindest teilweise kompensieren kann. Daneben bleibt natürlich die triviale Feststellung bestehen, daß auch im Hirn die ablaufenden Mechanismen eine Basis haben müssen. Insofern lassen sich im Hirngewebe denn auch Areale kennzeichnen, die zumindest über einen gewissen Zeitraum funktionell charakterisiert sind. Festzuhalten ist allerdings, daß diese Areale nicht unveränderbar programmiert sind, und daß diese Areale erst dadurch, daß sie miteinander verzahnt sind, komplexe Verhaltensfunktionen wie das Erkennen von Sprache ausführen können.

Wie ist nun aber mit dem Problem umzugehen, daß eine Versuchsperson, deren rechter und linker Neocortex mit widersprüchlicher Information versorgt wurde, kein einheitliches Verhaltensmuster mehr zeigt? Das Hirn selbst scheint durch seine Spaltung nicht zerstückelt, sondern in zwei in sich reaktionsfähige Einheiten getrennt.

Die entsprechenden Patienten sind allerdings im Alltagsleben nicht zu erkennen. Es bedarf der beschriebenen extremen Reizpräsentationsbedingungen, um entsprechende Beobachtungen machen zu können. Zudem müssen Kommunikationsversuche der Hirnareale, die nicht über die durchtrennten Kommissuren, das Corpus callosum, laufen, unterbunden werden. Dafür ist es wichtig, daß verhindert wird, daß die Versuchsperson im Versuch die Blockade des Informationsflusses zwischen den beiden Hirnhemisphären unterläuft, daß sie sich also etwa einen Satz, den sie nur im linken Sehfeld auszumachen vermag, nicht selbst vorbuchstabiert. Wichtig ist auch die vergleichsweise kurze Dauer der Reizpräsentationen.

In längeren Versuchsreihen könnten sich im Hirn der Versuchspersonen »Alternativwege« aufbauen, die die Hauptkommunikationsbarriere zwischen den Hemisphären umgehen, indem sie die Erregung über »Nebenwege«, etwa bestimmte für die Kommunikation zwischen beiden Hemisphären primär nicht vorgesehene Trakte im Mittelhirnbereich, von der einen in die andere Großhirnhälfte »einfüttern«. Längere Zeit nach der Operation, unter Umständen aber schon nach einigen Monaten, sind solche Alternativbahnen stark entwickelt. Allerdings dauert ein Erregungsaustausch zwischen den Hemisphären über diese Bahnen erheblich länger. In Experimenten, die mit extrem kurzen Zeiten für die Reizdarbietung arbeiten, lassen sich demnach diese Effekte einer zumindest partiellen funktionellen Regeneration noch ausschalten. Insgesamt zeigt sich das Hirn hier aber auch auf der neuroanatomischen Ebene nicht fixiert, sondern vielmehr, wenn auch in Grenzen, plastisch.

≡ Entwicklung der funktionellen Organisation des Cortex : *durch Eingänge, also erst nach Geburt!*

Ist aber das Leben ein periodischer Process, so beherrscht ein durchgreifendes Gesetz alle seine Theilvorgänge und deren inneren Zusammenhang. In einem solchen Process greift ein Vorgang in den anderen ein, ein jeder erscheint im gegebenen Zeitpunkt als die bestimmte Folge vorangegangener und zugleich als die nothwendige Bedingung nachfolgender Vorgänge.

Wilhelm His

Das Hirngewebe differenziert sich, wie alle anderen Organe, im Zuge der Individualentwicklung. Bei der hohen Komplexität dieses Gewebes ist es nun nicht verwunderlich, daß die Differenzierung des Gehirns bis in die späte Kindheit hinein anhält. Es bestehen sogar gute Gründe dafür, Lernprozesse, die ja bis in das Greisenalter hinein fortdauern, in sehr engem Bezug zu entsprechenden Hirnreifungsvorgängen zu sehen. Dies bedeutet nun, daß sich die Feinarchitektur des Hirngewebes in einem dauernden Umbauprozeß befindet. In einer bestimmten Umweltsituation in der das Hirn fortlaufend ähnliche Außenreize erreichen, bleibt es in einem weitestgehend unveränderten Zustandsraum eingebunden. Variiert dieser, verändert sich auch die Reizeingabe in das Hirn, so daß sich neue Aktivitätsverteilungen ergeben, die unter Umständen (wie wir sehen werden) auch die Hardware des Nervensystems verändern kann. So führt etwa umfassender Reizentzug zu Abbauprozessen innerhalb der den entsprechenden Reizverarbeitungsprozessen zuzuordnenden Nervenzellen. Tritt solch ein Ereignis früh in der Entwicklung ein, werden bestimmte Hirn-strukturen erst gar nicht angelegt, damit bleibt das Hirn irreversibel geschädigt. Ein solchermaßen geschädigter Mensch zeigt weitreichende Verhaltensausfälle. Die Fälle von Hospitalismus sind auf genau diesen Wirkzusammenhang zurückzuführen. Bei in extrem reizarmer Umwelt – farblose Innenräume, wenig Möglichkeiten zu taktilem Erkunden – aufge-wachsenen Säuglingen degenerieren ganze Gruppen von Neuronen in den sensorischen Cortexarealen. Die degenerierten Zellen stehen dann, wenn die diese Kinder umgebende minimale Reiz-Landschaft später aufgestockt wird, nicht mehr zur Verfügung. Das Kind kann bestimmte Sinnesinforma-tionen dann gar nicht mehr aufnehmen, entsprechend drastisch sind die späteren Verhaltensausfälle. Am bekanntesten ist hier vielleicht der Fall von Kaspar Hauser, doch hatte schon Kaiser Friedrich II. im Mittelalter solch einen Isolationsversuch angesetzt: Auf der Suche nach der Ursprache ließ er ein Kind in einem abgedunkelten Raum aufziehen, das nur von einer Amme betreten werden durfte, die keine Silbe sprechen konnte. Hierher gehören denn auch die sogenannten Wolfskinder, die wesentliche, prägende Jahre ihrer Frühkindphase in Sozialverband eines Wolfsrudels verbracht hatten. Auch intensivste Sprachtherapie vermag das dadurch bedingte frühkindliche Lerndefizit nicht mehr zu kompensieren. Diese Kinder blei-ben sprachunfähig. Es scheint auch, daß sie Schwierigkeiten haben, kom-plexere Denkaufgaben, vor allem solche Aufgaben, die ein höheres Abstraktionsniveau verlangen, auszuführen.

Nach unserer Geburt entstehen keine neuen Nervenzellen mehr, diese sind vielmehr schon im Fötus etwa im dritten Monat alle vorhanden. Allerdings sind deren Verbindungen untereinander, die ja die Funktions-spezifität des Nervengewebes ausmachen, noch nicht ausgebildet. Vielmehr werden die definitiven Verknüpfungen zwischen den Neuronen erst nach der Geburt angelegt, wenn uns komplexe Außenreize erreichen. Für die cortikalen Neuronen gilt hierbei, daß sie zunächst eine Überfülle von Verbindungsstellen zwischen einzelnen Neuronen aufbauen. Oft benutzte Verbindungsstellen werden stabilisiert und gegebenenfalls ausgebaut (teil-weise werden sie dabei auch sichtbar größer), nicht benutzte Verbindungen degenerieren, und unter Umständen stirbt das »ungenutzte« Neuron ab.

Die neuronale Hardware durchläuft so etwas wie ein Prüfverfah-ren, das nur verhaltensrelevante neuronale Vernetzungen bestehen läßt. Bei einem Unterangebot von Reizen – und damit einer Unterversorgung des Gehirns mit Erregung – bleiben für die entsprechenden Hirnregionen zuwenige Verbindungen übrig. Es fallen demnach derart viele Zellen aus, daß eine adäquate Funktion des entsprechenden Hirnareals auch nachträg-lich nicht mehr zu etablieren ist.

Arten d. Kategorien z.B. ethischen Verhaltens (Schädigung–, wertlose Kinder ---

Hieraus folgt, daß sich die cortikale Architektur zunächst nach ihrem genetischen Entwicklungsprogramm anlegt. Damit ist eine Matrix vorgegeben, in der nun Funktionen ablaufen können. Diese Funktionen selektieren auf dieser Grundanlage die Teile heraus, die sie benötigen. Die »genutzten« Teilbereiche der neuronalen Architektur werden konserviert und ihrer weiteren Nutzung entsprechend variiert. Das heißt also: nur die Grundstruktur des Hirns ist angeboren, und diese Grundstruktur wird im Laufe der Individualentwicklung des Menschen auf bestimmte Funktionen hin ausgerichtet.

Das Hirngewebe besitzt demnach eine vergleichsweise große funktionelle Plastizität. Strikte Lokalisierungsvorstellungen – im Sinne der Kommando-Neuronen-Vorstellung – schließen sich damit aus. Dies wird besonders deutlich, wenn wir uns die Regenerationsfähigkeit des frühkindlichen Hirngewebes vor Augen halten. Dies ist nun kein Widerspruch zu der Darstellung der Kaspar-Hauser-Versuche. Bei einer funktionellen Regeneration des Nervengewebes wird der Erregungseingang in das noch gesunde Nervengewebe umgeschichtet. Dies bedeutet, daß ein funktionsfähiges Nervengewebsareal noch zusätzlichen Erregungseingang erhält und nun seine Bahnen neu organisiert. Diese Plastizität wird mit zunehmendem Alter geringer, so daß große Verletzungen schon bei einem 9- bis 10jährigen Kind kaum noch kompensiert werden können, sie verschwindet aber nicht völlig. Noch im späten Alter können die Folgen von kleineren Hirnschlägen, mehr oder minder großräumigen Läsionen von cortikalem Gewebe weitgehend kompensiert werden. Die Möglichkeiten des Hirngewebes, alternative Bahnen auszubilden und damit einzelne Funktionen in verschiedenen »anormalen« Hirnregionen wieder neu aufzubauen, hatten wir schon im Zusammenhang der Split-brain-Versuche erwähnt.

In der frühen Individualentwicklung sind solche Kompensationsleistungen noch umfassender. Selbst der Ausfall der kompletten Hemisphäre – nach Operation oder einer starken Hirnblutung – kann bei einem 6–8jährigen Kind durch entsprechende Umlagerungen in dem verbliebenen Hirngewebe nahezu voll aufgefangen werden. – Louis Pasteur war ein solcherart geschädigtes Kind. Doch hat die Hirnblutung, die große Teile seiner rechten Hirnhemisphäre schädigte, keineswegs verhindert, daß er zu einem der großen Naturforscher des 19. Jahrhunderts werden konnte. – Offensichtlich ist die Hirnfunktion also nicht an jeweils spezielle, sich für einzelne Aufgaben ausbildende Regionen angewiesen, vielmehr konstituiert sich in einem Wechselspiel von anatomischem Angebot und den Erregungs-»Nachfragen« ein komplexes Verarbeitungsnetzwerk. Dieses zeigt dann sekundär, als Resultat solcher Wechselwirkungen, die Ausbildung von Arealen, die für bestimmte Funktionen zuständig sind. Diese funktionelle Spezialisierung ist in einem alten – das bedeutet in einem in seiner Arbeitsteilung schon hochdifferenziert ausgebildetem – Nervensystem nur schwer wieder in andere Teilareale umzulagern.

Die »Lokalisierung von Funktionen« ist im Neocortex demnach das Resultat der funktionellen Diversifizierung einer vorgegebenen neuronalen Grundorganisation, die sich in der Individualentwicklung etabliert hat.

≡ Die »Mikrodynamik« der neuronalen Organisation

... der zufolge ein Körper den anderen von dem Platz ausschließt, den er selbst einnimmt.

Jean Lerond D'Alembert

Die funktionelle Spezifität neuronaler Strukturen – das deutete sich schon an – ist das Ergebnis eines fortwährenden Balanceaktes zwischen Strukturvorgaben und Erregungsfluß. Daß wir diese Dynamik nur schwer erschließen können, ist schon rein technisch bedingt. Der Anatom bearbeitet fixiertes Material. Die Hirne, die er untersucht, entstammen toten Individuen, die konserviert wurden. Dementsprechend erhalten wir in ihnen nur eine Momentaufnahme vom Zustand des toten Hirns. Der Physiologe ist in keiner sehr viel besseren Position. Erst seit kurzem sind uns Methoden verfügbar, die es erlauben, die Funktion eines Gewebes über einen längeren Zeitraum zu beobachten. Bei allen Techniken, mit denen Einzelzellaktivitäten registriert werden, muß das Versuchstier jedoch verletzt werden. Die Zelle, deren Aktivität registriert wurde, ist danach geschädigt. Will ich ihre Gestalt rekonstruieren, muß ich das Gewebe fixieren und erhalte somit wiederum nur eine Momentaufnahme vom Zustand des Gewebes. Im lebenden Hirngewebe bleibt ein Zustand nur dadurch erhalten, daß einzelne Gewebebereiche von ihrer Umgebung stabilisiert werden. Hierbei ist jedes Teilareal mit jedem verbunden. Der in diesen Aktivitätszuständen ausbalancierte Zustand der Hardwarekonfiguration des Nervengewebes wird durch Verschiebungen in den Eingangsaktivierungen des Hirngewebes fortlaufend leicht verändert. Kippt ein einzelnes dieser Subareale »weg«, ist das Erregungsgleichgewicht zwischen diesen Arealen zumindest lokal verschoben. Die festen Bahnverbindungen schichten sich dann – innerhalb der anatomisch vorgegebenen Grenzen – wieder um.

Im Prinzip stabilisiert sich die Mikroarchitektur unseres Hirnes auf diese Weise ständig neu. Diese interne Dynamik hält das Hirn denn auch lebendig. In der Verarbeitung von Erregungseingängen, der Codie-rung neuer Lerninhalte, verändern wir fortwährend die Hardwarekonfigu-ration unseres Hirnes; entsprechend kommt es bei langfristig asymmetri-schen Erregungseingängen in ein Subareal auch zu strukturellen Umlage-rungen, etwa zu Änderungen in der Synapsenstruktur des jeweils zugeord-neten Hirnareals.

Man konnte zeigen, daß in einem bestimmten Bereich des Säuger-cortex die Körperoberfläche abgebildet ist. Diese Abbildung ist derart, daß man relative Bezüge einzelner Elemente der Körperoberfläche im Hirn wiederfinden kann. Die Areale, die einzelne Bereiche der Körperoberfläche im Cortex abdecken, sind demnach also im Prinzip festgeschrieben, ihre letztendliche Größe ist aber abhängig von der Intensität ihrer Nutzung. So sind etwa im Cortex des Rhesusaffen Areale zu finden, die entsprechend der Verteilung der Sinneszellen auf der Fingeroberfläche nebeneinanderliegen. Wird ein Teilbereich der Fingerkuppe eines Rhesusaffen kontinuierlich gereizt, vergrößert sich das cortikale Repräsentationsareal dieses Teilberei-ches der Körperoberfläche. Werden nun die sensorischen Eingänge eines solchen Bereiches – etwa der Fingerkuppe des Mittelfingers – zerstört (Durchtrennen des entsprechenden Nervs), so besetzen die Projektionen von Neurone der umliegenden Areale dieses nunmehr zunächst »funk-tionslose Areal« im Neocortex. Regeneriert das entsprechende sensorische Subsystem in absehbarer Zeit und bauen sich wieder funktionsfähige Projektionen aus der Peripherie auf, so werden von diesen – bei massiver Aktivierung der entsprechenden Projektionen – die verlorenen Hirnteil-areale zumindest in gewissen Grenzen wieder zurück»erobert«. Sehr verein-facht kann man davon sprechen, daß die Größe dieser Repräsentations-Areale »erfahrungsabhängig« ist. Dies heißt nun auf zellulärem Niveau, daß sich die Verbindungen zwischen den Neurone in den jeweiligen Bereichen »erfahrungsabhängig« umlagern. Diese Mikrodynamik ent-spricht insoweit zumindest oberflächlich den aufgezeigten kleinräumigen Reorganisationsphänomenen im regenerierenden Cortex.

Ebenso wie die Veränderungen in der zentralen Repräsentation der Sensorik von Affen demonstriert auch die Variabilität in den zentralen Projektionen der Tasthaare von Mäusen die Plastizität neuronaler Struktu-ren. Jedes Tasthaar der Maus hat ein Projektionsgebiet im sensorischen Cortex. (Auch hier lassen wir für unsere Überlegungen die komplexe Kaskade, die einzelne Reizeingänge durchlaufen müssen, ehe sie von den Neurone aufgenommen werden, die dann im Neocortex enden, unberück-sichtigt. Die Phänomene, die wir im weiteren betrachten, sind demnach indirekt vermittelte Effekte etwaiger operativer Eingriffe in die Peripherie. Die Neuronenkaskade in den entsprechenden sensorischen Bahnen bildet den jeweiligen Eingriff aber dennoch in einer derartigen Weise nach zentral ab, daß wir im Neocortex eindeutige und zum Teil sehr starke Veränderungen finden, die durch einen Eingriff in der Peripherie des Nervensystems verursacht wurden.)

Die Repräsentationsbereiche der Tasthaare einer Maus im Cortex entsprechen in ihrer relativen Distanz zueinander der Verteilung der Schnurrhaare an der Schnauze. Sie liegen im Neocortex wie ein Stapel Fässer nebeneinander aufgereiht. Wird nun eines der Schnurrhaare entfernt, so degeneriert das zugeordnete »Faß« im Cortex (Abb. 20). Dieses Cortexareal wird aber nun keineswegs einfach eingeschmolzen, vielmehr verlagern sich die Projektionen der umliegenden ›Fässer‹ und füllen den entstandenen Leerraum aus.

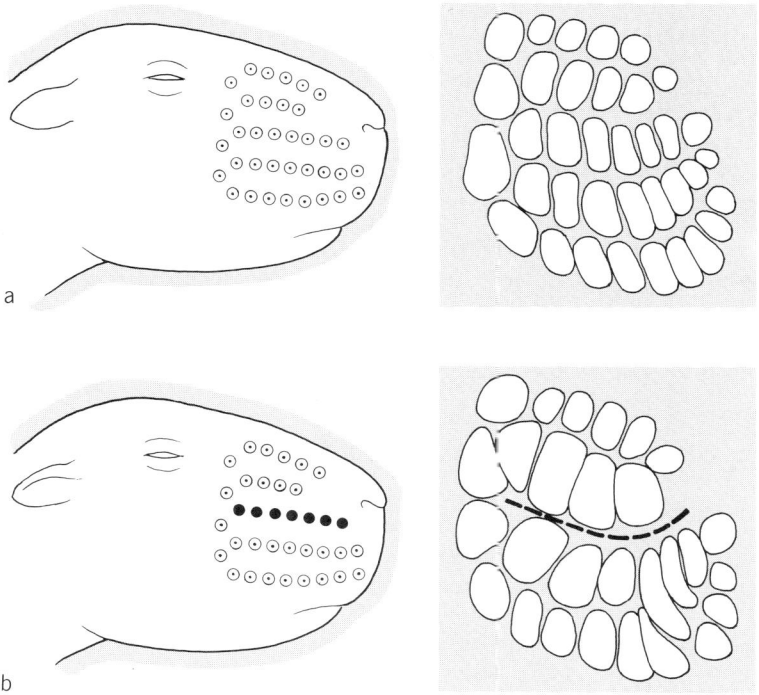

Abb. 20   Experimenteller Eingriff in die Entwicklung der Fäßchenfelder bei der Maus
a) links normale Verteilung der Schnurrhaare, rechts die entsprechenden Faßareale. b) Werden einzelne Schnurrhaare nach der Geburt zerstört (schwarze Punkte),unterbleibt die Ausbildung der entsprechenden Faßareale. Dafür sind die Nachbar»fäßchen« vergrößert.

Diese Experimente zeigen, daß das Hirn – auch das des erwachsenen Organismus – keineswegs ein festverdrahtetes System darstellt. Vielmehr ist die feste Architektur ein stabilisierter Zustand, der hochgradig aktivitätsabhängig ist. Die einzelnen Projektionen der Hirnneuronen scheinen fortlaufend um Bindungsstellen zu konkurrieren. Somit werden, sofern in einem Subareal das Gleichgewicht der Aktivität gestört ist, entfunktionalisierte Bindungen zwischen einzelnen Nervenzellen sehr rasch durch neue – einem anderen funktionellen Kontext angehörende – Bindungen ersetzt. Damit kann eine Kaskade von lokalen Umwidmungen ansetzen. Schließlich verschiebt die Okkupation eines Hirnareales durch ein benachbartes Funktionsfeld auch in diesem Areal die Erregungszyklen. Folglich wird auch in angrenzenden Arealen das Aktivitätsgleichgewicht verschoben u.s.f. Entsprechend hat sich nach einer gewissen Zeit die corticale Architektur in einem Teilbereich weitgehend umstrukturiert. Eine funktionale Regeneration hat danach in einer gegenüber dem Ausgangszustand komplex umgebauten cortikalen Architektur anzusetzen.

Diese Versuche demonstrieren sehr eindringlich die in der Komplexität der »gesunden« neuronalen Architektur verborgene Dynamik. Zugleich zeigen sie die Vernetzung einzelner cortikaler Areale, die sich nach ihrem jeweiligen Funktionsabgleich nicht entkoppeln, sondern – im Gegenteil – in einer fortwährenden Konkurrenz nebeneinander bestehen.

Kurzum, das Hirn ist in seiner Funktionsarchitektur plastisch. Gebunden nur an einen Grundbauplan, der schon durch die definierten sensorischen Eingangsbahnen und die entsprechenden Ausgangsbahnen definiert ist, konstituiert sich die funktionelle Struktur des Cortex aus einer enormen Fülle solcher sich selbst stabilisierenden Subareale.

≡ Hirnhälften und Erlebniseinheit

The important thing here is not to ponder the theoretical simplicity and facility (more apparent than real) of a theory but rather to evaluate to what extent it conforms with well known, demonstrable facts.

Santiago Ramón y Cajal

Was bleibt nun insgesamt von der Analyse der Hemisphärenproblematik? Die Vorstellung von einer Lokalisierung von Hirnfunktionen ist – dem Vorgesagten zufolge – zu relativieren. Die funktionelle Spezialisierung von Arealen des Cortex ist kein fixer Zustand, sondern ein fortdauernder Prozeß der Binnenregulation dieses Gewebebestandes. Dieses Gewebe schwebt hierbei nicht frei in der Luft, sondern ist mit der Peripherie verdrahtet, es hat Eingangs- und Ausgangscharakteristika und damit strukturell und funktionell normierende Vorgaben. Damit engt sich seine Variabilität mehr und mehr ein. Das Nervengewebe wird in seiner Entwicklung zunehmend differenziert und in enger definierte Teilfunktionskreise eingebunden. Diese Teilfunktionen streuen allerdings über weite Bereiche des Neocortex und sind in ihrer Topologie und Differenzierung auch weitgehend von der speziellen Entwicklungsgeschichte eines Individuums abhängig. Entsprechend lesen sich die Berichte über Untersuchungen von Funktionseinheiten im linken wie im rechten Cortex in einem anderen Kontext. Eine Polarisierung der Diskussion um die Funktionsarchitektur des Hirns in der Links-/Rechts-Problematik hat außer der Grobmorphologie des Gehirns keinen schlüssigen Ansatzpunkt.

Allerdings – und auch dies ist festzuhalten – hat die in der individuellen Entwicklung etablierte funktionelle Spezialisierung von Subarealen des Cortex auch direkte und sehr bedeutende Auswirkungen: Bei Epileptikern wird vor einem eventuellen operativen Eingriff routinemäßig ein sogenannter Wada-Test durchgeführt. Dieser Test erlaubt es, Epilepsiezentren zu lokalisieren. Im Prinzip wird dem Patienten in diesem Test ein Anästhetikum in eine der beiden Arterien gespritzt, die jeweils eine der beiden Hirnhälften mit Blut versorgen. Dieser Eingriff narkotisiert für mehrere Minuten gezielt jeweils eine Hirnhälfte des Patienten. Die Patienten werden während dieser Phase verschiedenen Tests unterzogen. Veränderungen in ihrem Verhalten werden – etwa per Video – registriert. Das Überraschende an diesen Versuchen sind die oft radikalen Veränderungen in der Persönlichkeitsstruktur der Patienten. Beide Hirnhälften »haben« etwa gänzlich verschiedene Berufsvorstellungen; ihre emotionale Artikulationsfähigkeit ist radikal unterschieden. Man könnte meinen, jeweils zwei verschiedene Menschen unter ein und derselben Maske liegen zu sehen. Hierbei bleiben die »Handlungen« einer Hirnhälfte durchaus kohärent.

Zeigt sich in diesen Versuchen damit doch mehr über die Organisation unseres Verhaltens, als wir zu sehen bekommen, wenn wir bloß in einer Analyse der Mikrostruktur des Hirns verharren? – Aber wären diese Versuchsergebnisse wirklich direkt und eindeutig mit der Aussage einer Hemisphärenspezialisierung zu interpretieren? Sagt uns der Befund, daß das rechte und das linke Großhirn Verschiedenes »tun«, mehr, als daß es im differenzierten Zustand eines Organismus im Hirn spezielle Funktionseinheiten gibt?

Dürfen wir die Aussage, daß bestimmte Codierungseinheiten im auditiven Cortex des linken Hirnlappens festzustellen sind, derart ausweiten, daß wir auf Grund dieses Befundes die »Ratio«, das logische Denken,

Ist Sprache überall beteiligt, wo Bewußtsein besteht? Ja, weil Bew. verarbeitet werden will!

120   Split brain – gespaltenes Bewußtsein?

an diese Hirnstruktur binden? Historisch erwachsen ist die Polarisierung der Diskussion aus einer Gleichsetzung von ›Lokalisierung von Sprachfunktionen‹ mit ›Lokalisierung von kognitiven Funktionen‹. Dieses Problem ist noch zu diskutieren. Zunächst aber müssen wir sehen, wie weit uns die Daten der Experimentalwissenschaften überhaupt tragen.

Schon die Aussage einer strikten Lokalisierung von Verhaltensfunktionen im Neocortex ist ja nicht aufrechtzuhalten. Die Darstellung der neuronalen Plastizität zeigte, daß hier in eine andere Richtung zu denken ist. Blicken wir dazu aber auch noch einmal auf unsere Darstellung der Sprachverarbeitung im Hirn zurück: Die Experimente von Georg A. Ojemann zeigten, daß Gewebsareale nahezu im gesamten Assoziationscortex – das heißt sowohl rechts wie links – in die Sprachfunktionen eingreifen. Schließlich zeigt auch die hohe interindividuelle Variabilität in der Lokalisierung von Teilfunktionen, wie oberflächlich ein striktes Lokalisationsmodell gegenüber der Realität der cortikalen Verrechnungsprozesse bleibt.

Damit sind bestimmte, an diesem Vorstellungskontext ansetzende Spekulationen zu verlassen. Diese sind nun keinesfalls von nur akademischem Interesse. Das Bild der versklavten rechten Hirnhemisphäre hatte ich oben schon benutzt. Aus diesen Vorstellungen wurden pädagogische Konzepte abgeleitet, die – sofern sie nur in solchen Vorstellungen ihre Begründung finden – schnellstens aufzugeben sind. So formuliert Betty Edwards eine Kunstpädagogik, die darauf aufbaut, speziell das rechte (der Theorie nach emotionale) Hirn zu trainieren. Dies soll dann u. U. durch linkshändiges Zeichnen und Malen geschehen. Hierbei ist von der praktischen Seite her durchaus ein interessantes Moment zu finden. Diese Art der Kunsterziehung greift – in ihrer praktischen Komponente – auf untrainierte und demnach viel bewußter anzusteuernde Bewegungsfolgen zurück, die nicht – wie bei der Schreibhand – in festen Mustern eingefahren sind. Damit wird diese Art der Kunsterziehung aber genau dadurch interessant, daß sie »bewußter« gesteuerte Bewegungen einsetzt. Dies steht nun genau im Gegensatz zu dem in dieser Erziehungslehre formulierten theoretischen Überbau.

Noch fragwürdiger ist die ethische Diskussion im Zusammenhang mit Hirn-Transplantationen. Bei Operationen, in denen größere Hirnteile entfernt werden mußten, wird – schon um die Chemie in diesem Bereich zu stabilisieren – teilweise fremdes Hirngewebe an dem nun ausheilenden Hirnrest angelegt. Dieses transplantierte Hirngewebe degeneriert nach einer gewissen Zeit. Es gibt allerdings auch Versuche mit direkten Hirngewebs-Transplantationen und Überlegungen zum Bau von »Hirnprothesen«.

Was passiert nun, wenn einem Patienten – etwa einem Kleinkind – der linke Cortex abgetragen wird? Hat es damit seine kognitiven Funktionen und damit seine personale Integrität verloren? Ist dieser derart verstümmelte Mensch dann überhaupt noch eine Person, und – diese Überlegung ist hier vorrangig – ist es noch die Person X, für die ihr Vater jahrelang Krankenkassenbeiträge gezahlt hat und für die nun eine Krankenkasse zahlen müßte? In den Vereinigten Staaten werden Gesetzesvorlagen diskutiert, die diese Probleme lösen sollen, und damit politische Realitäten schaffen, die dann eine weitere Diskussion (unabhängig von der Qualität einer solchen politischen Entscheidung) eingehend bestimmen werden.

Nun hatten wir beschrieben, wie einzelne Personen auf den Wada-Test, der jeweils eine Hirnhälfte ausschaltet, reagieren. Der Ausfall einer bestimmten Hirnregion – denn nichts anderes hat diese Betäubung kurzfristig zur Folge – hat eine Verschiebung im Persönlichkeitsbild des Patienten zur Folge. Ist dies aber wirklich so etwas Besonderes? Wir alle kennen eine Art des Selbstversuches, die ganz ähnliche Resultate hervorbringt: exzessiver Alkoholkonsum. Auch hier verändern wir die Funktion des Hirnes, in dem wir Teilareale dieses Gewebes zumindest zeitweise außer Funktion setzen. Die Effekte im Verhalten eines solchen Selbstversuchers sind ähnlich drastisch wie die in dem Wada-Test beschriebenen Verhaltensanomalien. Das gesellschaftlich sanktionierte »Mut-Antrinken« benennt direkt eine entsprechende biochemische Korrektur von Charaktereigenschaften. Die Ergebnisse des Wada-Testes müssen wir also in einem ganz anderen Rahmen – und nicht im Zusammenhang mit der Lateralitätsdiskussion – noch einmal aufgreifen.

Insgesamt wird wohl deutlich, daß verkürzende Aussagen uns in einem Verständnis der Hirnfunktionen nicht weiterbringen. Wir haben gesehen, daß eine oberflächlich phänomenologische Analyse, die auf die Mechanismen der Hirnfunktion nicht eingeht, an den Problemstellungen der Hirnforschung vorbeiläuft. Demnach ist sie uns auch in einer Untersuchung der Grundlagen kognitiver Prozesse wenig dienlich.

Um hier weiterzukommen, müssen wir die anatomische Grundstruktur des Hirnes ernst nehmen und hieraus ein Funktionsmodell für dieses Gewebe entwickeln. Wollen wir dies, müssen wir im Kleinen ansetzen. Nur in Kenntnis der Vernetzungsstruktur und der Prinzipien, die die Funktionsmorphologie des Neocortex aufbauen, können wir die Elemente finden, mit denen wir erneut eine Erklärung der Reaktionen dieses Gewebes versuchen können. Nur wenn wir uns auf eine detaillierte Analyse der Funktionseinheiten des Hirnes einlassen, können wir die Mechanismen erschließen, die die Grundfunktionen eines kognitiven Apparates, wie es das Hirn zu sein scheint, in Bewegung bringen. Wir wissen in etwa, wo nach entsprechenden Elementen zu suchen ist. Wir müssen in unserer Untersuchung etwas entfernt von den Reizfilterelementen des sensorischen Cortex ansetzen. Hierbei haben wir die Vernetzung der cortikalen Elemente eingehender darzustellen. Dazu müssen wir uns die Konstruktion des Neocortex näher anschauen. Haben wir – diesem Ansatz folgend – unsere Vorstellungen von der funktionellen Organisation des Neocortex präzisiert, können wir uns erneut fragen, ob uns dies in unserem Verständnis kognitiver Verhaltensprozesse weiterbringt.

Literaturhinweise:

Bryden, M. P. (1982): Laterality. Functional asymmetry in the intact brain. New York–London; *eine Zusammenstellung des neuropsychologischen Datenmaterials.*

Geschwind, N., Galaburda, A. M. (Hrsg.) (1984): Cerebral Dominance. The Biological Foundations Harvard. *Eine Sammlung interessanter, teilweise allerdings sehr detailliert angelegter Aufsätze.*

Popper, K. R., Eccles, J. C. (1987): Das Ich und sein Gehirn. München–Zürich; *dieses schon ›klassische‹ Buch enthält in seinem neurobiologischen Teil eine umfassende, allgemeinverständliche Darstellung der Experimente Sperrys.*

Shepherd, G. M. (1988): Neurobiology. New York; *ein sehr detailliertes, umfassend angelegtes Lehrbuch.*

Spiel, G. (1988): Hemisphärendominanz – Lateralität. Eine neuropsychologische Untersuchung zur Entwicklung der Lateralität von Hirnfunktionen. Stuttgart; *eine spezieller angelegte Studie.*

Springer, S. P., Deutsch, G. (1987): Linkes Rechtes Gehirn, Funktionelle Asymmetrien. Heidelberg; *eine populärwissenschaftliche Studie zu der Hemisphärenproblematik, die vor allem den neuropsychologischen Untersuchungen breiten Raum widmet.*

Wernicke, C. (1874): Der aphasische Symptomencomplex. Breslau. *Das klassische Werk.*

Lokalisierung oder Generalisierung? Neuronale Strategien der Informationsverrechnung

... who conceived of the communication situation as one in which a signal chosen from a specified class is to be transmitted through a channel, but the output of the channel is not determined by the input. Instead, the channel is described statistically by giving a probability distribution over the set of all possible outputs for each permissible input.

Robert Ash

☰ Die Grundstruktur des Cortex

Ich kann mir auch denken, daß die Erklärung der Materie erst auf die Erklärung des Gehirns zu warten hat, um mit ihr zusammen das geschlossene Bild der Welt zu ergeben, das die Philosophen suchen.

Valentino Braitenberg

Die phänomenologische Betrachtung, die Verhaltensfunktionen an vergleichsweise grobe strukturelle Besonderheiten des Gehirns binden wollte, erwies sich als brüchig. Vielmehr scheint erst die Vernetzung einer Vielfalt von kleindimensionierten Einheiten die Reaktionsfähigkeit des Cortex zu ermöglichen. Demnach hätten wir zunächst die Mikrostruktur dieses Gewebes zu untersuchen, um ausgehend von diesen Daten eine Vorstellung zu gewinnen, wie die Hirnrinde funktionell organisiert ist.

Die neuronale Architektur des Cortex ist weitgehend homogen; es gibt zwar regionale Differenzierungen, speziell in der relativen Ausdehnung der einzelnen Zellschichten, die den Cortex bilden, doch bleibt die Grundstruktur der Zellschichten im gesamten Cortex gleichartig. Ähnliches gilt im übrigen auch, wenn wir den Neocortex verschiedener Säugetierarten vergleichen. Die Mikroarchitektur der Zellelemente des Cortex läßt bei den verschiedenen Arten keine wesentlichen Unterschiede erkennen.

Schneiden wir aus dem Neocortex eine Scheibe Gewebe heraus, so stellen wir fest, daß er aus einer dichtgepackten Lage von Zellen besteht, die nur im Rindenbereich miteinander vernetzt sind. Nach unten, zu den alten Hirnzentren hin, ist diese Rindenregion von einer Schicht unterlagert, durch die allein Fasern ziehen, die dieses Rindenareal mit den alten Kernregionen oder auch mit anliegenden oder weiter entfernten Cortexbereichen verbinden. Die Rindenregion selbst zeigt im mikroskopischen Bild einen Schichtaufbau (Abb. 21). Überall im Neocortex findet man jeweils sechs Schichten, die in einzelnen Regionen unterschiedliche Mächtigkeit besitzen, aber keine prinzipiellen Strukturdifferenzen erkennen lassen. Die obere, äußerste Schicht ist hierbei die Schicht I. Der Schichtaufbau der Rindenregion kommt zum einen dadurch zustande, daß Zellkörper der Nervenzellen in voneinander abgesetzten Lagen angeordnet sind und auch ihre Verzweigungen eine Schichtung aufweisen. Ähnliches gilt ebenfalls für die Endverzweigungen der Fasern, die angrenzende Cortexregionen oder andere Hirnbereiche mit dem einem jeweiligen Cortexareal verbinden. Diese Projektionen enden in bestimmten Lagen. So bilden die Endprojektionen der Neuronen aus den alten Kernregionen in der Schicht IV ihre Kontakte mit den Hirnrinden-Neuronen aus.

Die Grundorganisation der Cortexrinde ist somit relativ uniform. Die Mikroarchitektur der Neuronen dieses Hirngewebes bestätigt dies. Insgesamt finden sich nur drei Hauptklassen von Neuronen, die dicht nebeneinander gepackt die neuronale Matrix bilden, aus der das Rindenareal besteht. Sehr vereinfacht kann man sich dieses Neuronengeflecht somit als eine hochkomplexe Parallelarchitektur von gleichförmigen Elementen denken, die in einer sehr präzisen, sich immer wiederholenden Weise untereinander und mit anderen Hirnregionen verschaltet sind.

Die drei Grundklassen von Neuronen, die den Cortex bilden (Abb. 22), sind: Pyramidenzellen, Sternzellen und Martinotti-Zellen. Pyramidenzellen besitzen einen massiven Dendritenbaum, dessen Seitenäste mit kleinen pilzförmigen Strukturen, den sogenannten Spines, besetzt sind. Diese Spines sind Ausstülpungen der Membran des Dendriten, an denen Eingangssynapsen ansitzen. Das Axon der Pyramidenzellen zeigt ein lockeres Verzweigungsmuster, führt aber in seinem Hauptast gerade von den Dendriten dieser Zelle weg. Sternzellen sind »spine-frei«. Ihre Dendritenäste sind nahezu sternförmig um den Zellkörper angeordnet, hierbei zeigen die einzelnen Äste in den meisten Fällen keine Richtungspräferenz. Das Axon der Sternzellen ist hochgradig verzweigt und liegt entweder sehr nahe an oder überlappt die Dendritenregion der Sternzelle. Es zeigt keine besondere Orientierung. Martinotti-Zellen besitzen ebenfalls spineartige Strukturen auf ihren Dendriten, die aber in viel geringerer Dichte auftreten als bei den Pyramidenzellen. Die Verteilung der Dendritenäste variiert. Das Axon verläßt den Zellkörper in einer zur Cortexoberfläche vertikalen Richtung, d. i. entgegengesetzt zur Richtung der axonalen Bahn der Pyramidenzellen.

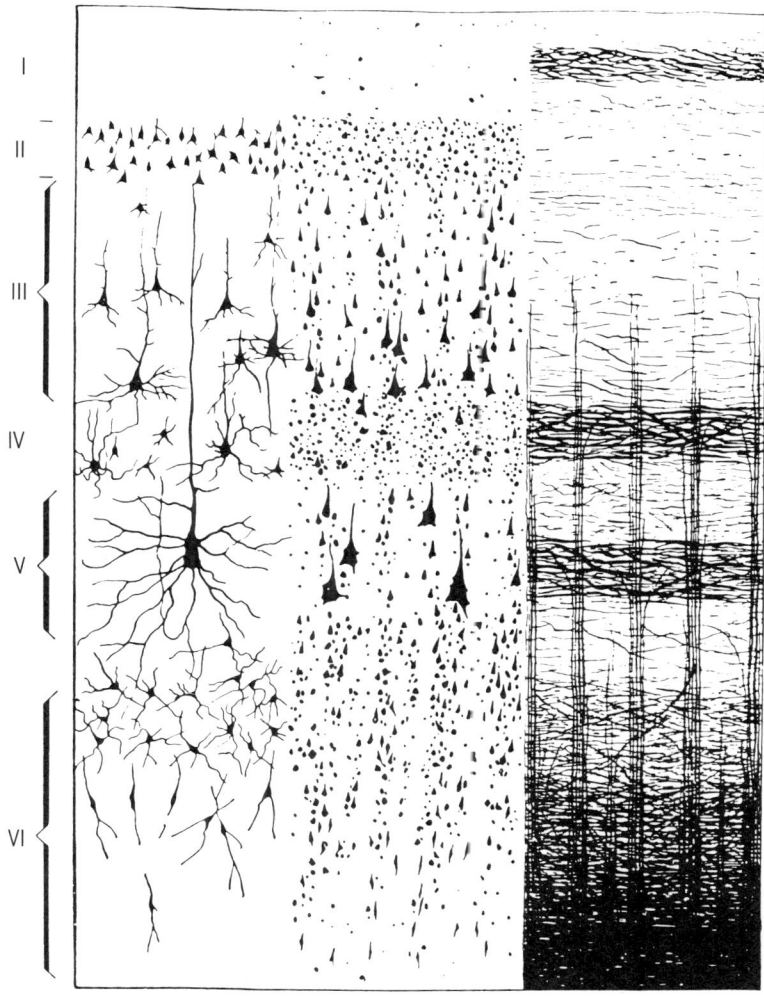

Abb. 21　Schema der Grundarchitektur des Neocortex, wie sie sich in drei verschiedenen
Färbetechniken darstellt. Links die Golgi-Methode, die wenige der vorhandenen
Neuronen färbt, diese aber in ihrer gesamten Struktur zeigt; in der Mitte die Nissl-
Technik, die nur Zellkörper anfärbt; rechts die sogenannte Myelin-Scheidenfärbung
nach Weigert, die es erlaubt, bestimmte Faserstrukturen darzustellen. Beachten
Sie die Schichtung des Cortex (I–VI).

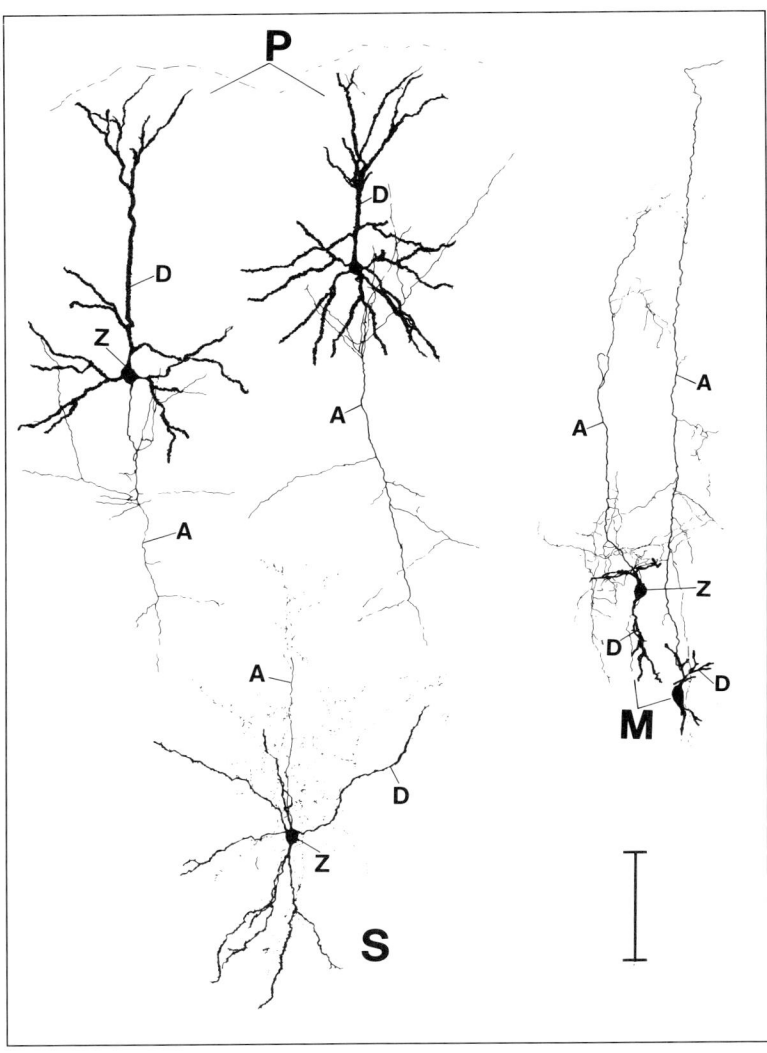

Abb. 22   Die Grundtypen der cortikalen Neuronen bei der Maus, gezeichnet nach Golgi-
Färbungen. Der Maßstab beträgt 0,1 mm; M = Martinotti-Zelle, P =
Pyramidenzelle, S = Sternzelle, A = Axon, D = Dendrit, Z = Zellkörper.

Diese Zelltypen scheinen gleichförmig über den Cortex verteilt zu sein. Es lassen sich also in der cortikalen Mikroarchitektur keine besonderen Zentren erkennen. Alle bisherigen Daten sprechen dafür, daß der Cortex keine entsprechenden anatomischen Spezialisierungen aufweist. Dies wäre in Einklang mit einer Idee, die diesen Cortex als ein hochkomplexes Netz von miteinander verbundenen gleichartigen und gleichgewichtigen Elementen begreift, in denen über bestimmte Hauptverbindungsbahnen Kopplungsgruppen charakterisiert sind, die sich selbst aber wiederum in einer sehr komplexen Weise mit ihren Nachbarregionen vernetzen. Insgesamt hätten wir damit eine Architektur, die es erlauben würde, eine Eingangserregung in verschiedene Erregungskreisläufe von intracortikalen Verbindungen einzuspeisen.

Hierbei wäre folgendes zu erwarten: Speise ich eine entsprechende Erregung in einen kleinen Bereich des Cortex ein, streut diese Erregung zunächst einmal zur Seite in die direkt anliegenden Regionen aus. Gleichzeitig werden aber auch Ausgangsfasern aktiviert, die diese Erregung in bestimmte, sehr eng verkoppelte Areale in verschiedenen Bereichen des Cortex weiterleiten. Wir kennen hierbei zwei Verbindungstypen (Abb. 23): Zum einen sind innerhalb einer Hemisphäre bestimmte Areale direkt miteinander verknüpft, so daß eine entsprechende Aktivierung an einem Cortex-Ort sehr rasch eine entsprechende Co-Aktivierung einer ganzen Textur weiter entfernter Cortexareale nach sich zieht. Zum anderen sind nahezu über den gesamten Cortex einzelne Bereiche einer Hemisphäre jeweils mit den topologisch entsprechenden Bereichen der anderen (contralateralen) Hemisphäre verbunden. Die entsprechenden Bahnen laufen durch das Corpus callosum. Kurz gesagt wird eine Erregung des Areals a, also ihr Umfeld, weiter entfernte Areale auf der gleichen Cortexseite und eine topologisch zuzuordnende Region auf der anderen Cortexseite erregen. Alle diese Regionen reagieren nun wieder gleichartig und streuen die Erregung somit über größere Cortexareale. Hierbei kann sich ein entsprechender Erregungskreis wieder rückkoppeln und damit eine Reaktivierung der Eingabeelemente einleiten, die dann zu einem erneuten Durchlauf durch den Erregungszyklus führen kann. Entsprechend können sich Schwingkreise bilden, in denen eine Erregung kurzzeitig oszilliert. Wir wissen noch aus der Analyse des Geruchssystems, daß eine solche mehrfache Aktivierung eines Gewebebereiches unter gewissen Bedingungen dazu führen kann, das sich die neuronale Hardware ändert. Entsprechend könnte sich eine genügend große Erregung – zumindest für eine kurze Zeit – in den Cortex gleichsam einbrennen. Nur müssen wir bedenken, daß eine entsprechende Erregung relativ schnell wieder abflauen kann. Schließlich ist das hier beschriebene System kein einfacher elektrischer Schwingkreis, sondern ein Gewebe mit einer ganzen Reihe unterschiedlich spezialisierter

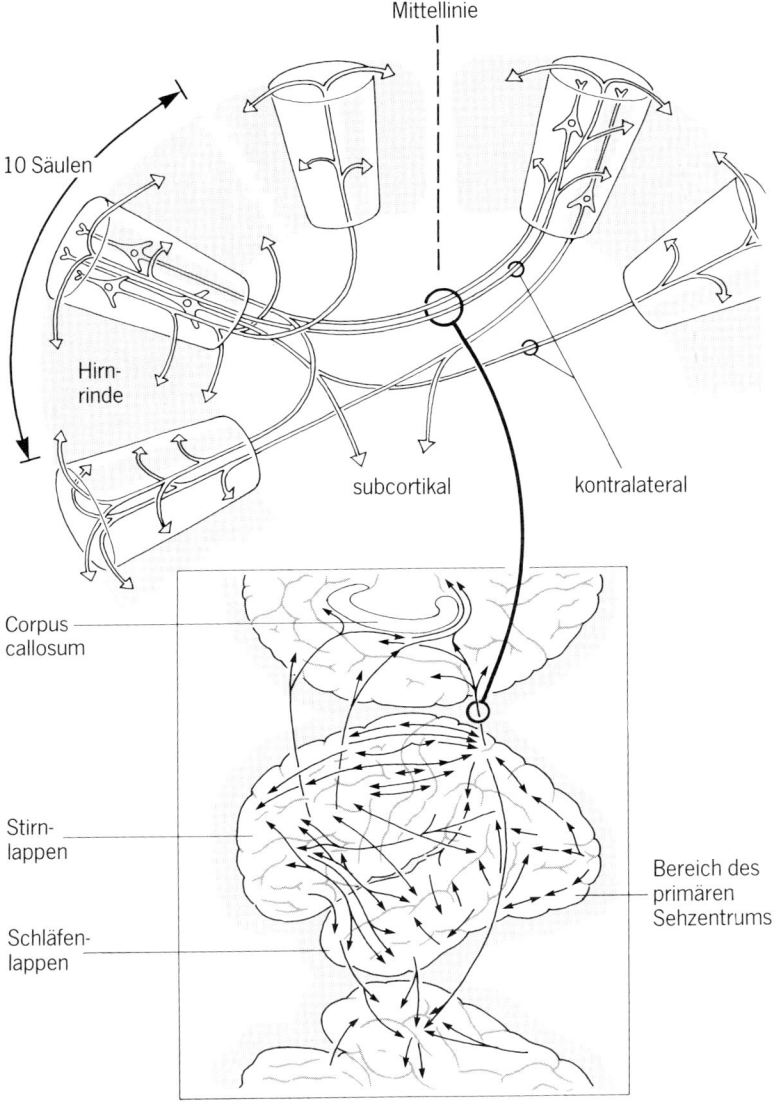

Abb. 23   Verknüpfungsarchitektur des menschlichen Neocortex mit den wichtigsten
Verbindungen der cortikalen Assoziationsfelder beim Menschen. Schematische
Zeichnung der Organisationsprinzipien. Wir finden einzelne Säulen von
Nervenelementen, die die Architektureinheit des Cortex darstellen. Sie besitzen
einen Durchmesser von etwa 0,15–0,3 mm. Einige wenige der diese Säule
aufbauenden Pyramidenzellen sind eingezeichnet, es gibt ungefähr 200 dieser
Neuronen. Diese Säulen sind in definierter Weise miteinander verschaltet.
Hierbei können die Verknüpfungen mit Bereichen der ipsilateralen Hemisphäre
und solche mit der kontralateralen Hemisphäre vorkommen. Zudem gibt es
Verbindungen mit subcortikalen Regionen.

Zellen, in dem auch Reiz-Unterdrückungsmechanismen ablaufen. Stellen wir diese Einschränkung aber noch einen Moment zurück.

Wenn wir uns dieses prinzipielle Verhalten einzelner cortikaler Elemente vorstellen, dürfen wir nun nicht davon ausgehen, daß der Cortex ruhig und still daliegt, bis irgendwo eine definierte Erregung solch ein Schwingkreissystem in Gang setzt. Vielmehr haben wir zu erwarten, daß eine Vielzahl analoger Vorgänge neben- und durcheinander abläuft. Dies bedeutet, es kommt in solch einem Erregungstransfer zu komplexen Überlagerungen, die dann wieder Teilreaktionen entkoppeln können, die nicht mehr in einem direkten Bezug zu den einzelnen Eingangserregungen stehen.

Die grundsätzlichen Momente der cortikalen Funktionsarchitektur lassen sich in drei Schlagworten festmachen: uniforme Strukturierung der zellulären Architektur, hochparallele Verschaltung der Zellelemente und komplexe Überlagerung von Erregungsschleifen innerhalb dieses Systems. Damit haben wir eine erste Idee von der zellulären Architektur des Neocortex gewonnen, und wir müssen nun versuchen, diese Vorstellungen zu präzisieren. Hierbei ist es besonders wichtig, daß wir uns die Verknüpfungsmuster der cortikalen Elemente genauer ansehen, um von hier aus ein eingehenderes Verständnis von der Funktionsarchitektur dieses Gewebes zu erarbeiten.

Nach all diesen Prämissen scheint es sinnvoll, die Verknüpfungen der Einzelelemente, die sich im Detail ja gar nicht mehr überschauen lassen, zunächst einmal statistisch anzugehen: Wenn wir von einer Gleichverteilung der cortikalen Neuronen ausgehen und zudem wissen, daß die Pyramidenzellen den Hauptfunktionstyp der cortikalen Neuronen darstellen, können wir mit einer solchen Analyse die prinzipiellen Textureigenschaften der Verknüpfungsmuster solcher Neuronen entschlüsseln. Damit hätten wir die Maßzahlen an der Hand, die es uns erlauben würden, auch quantitative Aussagen über die Verknüpfungsfunktionen cortikaler Neuronen zu gewinnen. Dies wäre der Ausgangspunkt zu einer eingehenderen Darstellung der Verrechnungsfunktionen, die in diesem System ablaufen können.

Valentino Braitenberg und Almut Schüz haben – für den Mäuse-Cortex – solch eine statistische Analyse der cortikalen Architektur vorgelegt. Ihren Daten zufolge liegen an jedem Neuron im Mittel 8000 Synapsen. Das ist eine enorm hohe Verknüpfungsdichte, sie reicht aber nicht aus, jedes Neuron der Hirnrinde mit jedem anderen zu verknüpfen; hierzu wäre eine um mehr als den Faktor 1000 größere Anzahl von Synapsen pro Neuron vonnöten. Dies bedeutet, und wir hatten dies schon anklingen lassen, daß die Verbindungen innerhalb des Cortex bestimmte Präferenzen besitzen, daß das Erregungsfeld, das durch ein Einzelneuron initiiert werden kann, also in dem skizzierten Sinne »lokalisiert« ist. Sie bemerken, daß der Begriff »Lokalisierung« hier eine ganz andere Färbung gewinnt. Er kennzeichnet ein dynamisches System, das durch bestimmte neuroanatomische Vorgaben eingeschränkt ist und insofern bestimmte, auch topologisch strukturierte Erregungsmaxima bildet. Nur – auch dies sei hier direkt wieder angemerkt – in einer realen Erregungssituation lagert sich solch eine Eingabe in das neuronale System immer einem schon vorhandenen Erregungsbestand auf. Das heißt, ein Eingangssignal trifft auf eine Grunderregung oder auf die Aktivitätsspektren, die durch frühere, noch nicht völlig abgeklungene Erregungen ausgelöst wurden. Die Abbildung, die durch diese Überlagerung gewonnen wird, mag dann letztendlich das Gesamterregungsspektrum variieren. So können sich ganz neue Erregungsmaxima bilden, die auch andere nachgeordnete Neuronenbahnen aktivieren.

Die vorliegenden Daten zeigen, daß erregende Synapsen gegenüber hemmenden Synapsen bei der Maus in einem Verhältnis von 9:1 überwiegen.

Wie sind diese Synapsen nun verteilt? Die zahlenmäßige Überlegenheit der erregenden Synapsen deutet auf ein Übergewicht erregender Neuronen. Dennoch kann, was den Effekt solch einer Synapse anbelangt, die hemmende Synapse unter Umständen auch ein Vielfaches an Erregungseingängen in einem Neuron unterdrücken. Es gibt auch ein Indiz dafür, daß die Neuroarchitektur hemmende Neuronen besonders wichtet. Hemmende Synapsen finden sich vor allem in der Nähe des Zellkörpers. Damit ist eine hemmende Synapse besonders wirksam. Ihre Hemmung kann einen ganzen Dendritenast mit einer Vielfalt von Erregungseingängen regelrecht abschalten. Dieses Beispiel zeigt, daß die Effizienz der neuronalen Vernetzung nicht allein von der Verteilung grundsätzlicher Verknüpfungsfunktionen bestimmt ist. Die Zelltypik und damit die Mikroarchitektur dieser Neuronennetze ist mit ausschlaggebend für ein angemessenes Verständnis der neuronalen Organisation.

In welcher Weise sind die Neuronen nun innerhalb des Cortex verknüpft? Einzelne Neuronen steuern keineswegs selektiv und präzise ganz bestimmte Partnerelemente an. Die anatomischen Befunde weisen in eine andere Richtung. Die diffuse Verteilung von Synapsen in der Region einzelner Neuronentypen deutet eher darauf hin, daß ein Neuron einen Großteil der umliegenden Neuronen eher zufällig kontaktiert. Die in einer Darstellung der neuronalen Entwicklung gewonnenen Daten passen zu einer solchen Deutung. Ein Überangebot von Synapsen wird angelegt; die

Neuronen kontaktieren, vereinfacht gesprochen, in ihrem näheren Umfeld im Zufallsmuster. Wir wissen, daß nur Verbindungen zwischen einzelnen Neuronen, die zum Erregungstransfer »genutzt« werden, auch stabilisiert werden. Erregung, die in ein neuronales System eingefüttert wird, erzeugt in diesem Gewebe ein Erregungsmuster. Dieses Erregungsmuster bewirkt, daß bestimmte Verknüpfungen zwischen den Neuronen weiter verstärkt oder auch weiter abgebaut werden. Unaktiviert bleibende Verknüpfungen degenerieren. Damit etabliert sich ein Geflecht von Verbindungen, die

a) vom Nervenzelltyp abhängig sind (Wir wissen, daß bestimmte Neuronentypen ihrerseits nur mit bestimmten Neuronen Kontakte ausbilden.),

b) abhängig sind von der Topographie, dem Ort, von dem her und in den hinein sie Seitenverzweigungen und damit potentielle synaptische Verbindungen ausbilden, und

c) abhängig sind vom Aktivitätszustand des Gewebes.

Wie unten noch ausgeführt wird, ist damit zu rechnen, daß lokale Kopplungen zwischen cortikalen Neuronen einen nicht unwesentlichen Beitrag zur Grundaktivierung eines neuronalen Netzes darstellen. Welche Größenordnung solch eine Kopplung besitzen könnte, auf welchem Niveau sie ansetzt und in welcher Weise sie sich zu großflächigeren neuronalen Aktivierungen aufaddieren kann, müssen wir noch diskutieren. Eine Überlegung läßt sich allerdings schon hier anführen: Was »macht« ein Neuron mit den ihm anliegenden 8000 Synapsen?

Wir hatten gesehen, daß die synaptische Verschaltung ein dynamischer Prozeß ist; über lange Zeit »brachliegende« Synapsen degenerieren. Die 8000 Synapsen an einem Neuron liegen also nicht in Wartestellung, um ein etwaiges selten auftretendes Signal definiert weiterleiten zu können. Vielmehr haben wir mit einer fortdauernden Aktivierung eines Großteils dieser Synapsen zu rechnen.

Was bedeutet dies für Vorstellungen von neuronaler Verschaltung? Es ist sehr schnell einsichtig, daß ein einfaches Modell, das sich das Hirn als eine Art komplexen Verteilerkasten vorstellt, die mit diesen Zahlen angesprochenen Dimensionen der neuronalen Verknüpfung nur äußerst unvollkommen wiedergeben kann. Cortikale Neuronen fungieren nicht als Integrationseinheiten, die dann, wenn eine Synapse X oder eine begrenzte Menge von Synapsen aktiviert sind, eine Erregung an ein gezielt ausgewähltes Partnerelement weiterleiten. Dies bedeutet, ich komme dieser neuronalen Architektur schon vom Ansatz her nicht mehr mit einem logisch sequenziell aufgebauten Modell der Erregungsleitung bei. Wir haben vielmehr eine hochgradig parallel aktivierte Verrechnungsapparatur anzunehmen. Die Komplexität der neuronalen Verknüpfung ist ein wesentliches, vielleicht sogar *das* wesentliche Merkmal der Hirnarchitektur.

Was bedeutet es aber nun, wenn ein Neuron eine derart hohe Synapsendichte besitzt? Sind damit bestimmte Einzelneuronen sehr eng miteinander verkoppelt? Wir können uns aus den statistischen Analysen, mit denen Braitenberg und Schüz den Mäuse-Cortex untersuchten, hierzu ein Bild machen. Die Autoren geben eine mittlere Länge von 20−40 mm für die intercortikalen Axone der cortikalen Pyramidenzellen an. Sternzellen zeigen für ihren axonalen Bereich ein lokales Verzweigungsmuster mit einem Radius von etwa 0,5 mm. Ausgehend von diesen Daten ist es möglich, die potentielle Kontaktdichte eines Neurons zu errechnen. Wir wissen um die mittlere Länge des Axons, haben Daten über die axonalen Verzweigungen und die Dimension der entsprechenden Teile des Neurons. Zudem kennen wir die Verteilungsdichte der einzelnen Zelltypen im Cortex. Daraus errechnet sich, daß nirgendwo im Cortex ein Neuron über mehr als ein Tausendstel der Synapsen verfügen kann, die jeweils auf nachgeordnete Neuronen wirken. Eine zweite, aus diesen und weiteren Daten gewonnene Eingrenzung der innercortikalen Vernetzung betrifft die Wahrscheinlichkeit, mit der eine Pyramidenzelle – der Neuronentyp, der den Großteil der cortikalen Neuronen stellt – eine zweite Zelle kontaktiert. Es zeigt sich, daß die Wahrscheinlichkeit eines Kontaktes zwischen zwei individuellen Pyramidenzellen im Mäusecortex unter 0.9 liegt. Das bedeutet, der Einfluß einer Pyramidenzelle auf eine andere ist äußerst schwach. Im Mittel besteht der Kontakt nur aus jeweils einer Eingabe-Synapse. Anders formuliert: Eine cortikale Pyramidenzelle kontaktiert so viele andere Pyramidenzellen wie sie Synapsen besitzt, und dies sind etwa 4000. Im Cortex des Menschen dürften diese Zahlen etwas variieren, da hier Untereinheiten von etwa 200 Pyramidenzellen dichter gepackt liegen und damit auch funktionell enger miteinander verkoppelte Untereinheiten bilden können. An der prinzipiellen Aussage, einer hochgradigen Durchmischung der Erregungsweiterleitung im Cortex, verbunden mit einer extremen Ausstreuung der synaptischen Kontakte der Pyramidenzellen, dürfte dies jedoch nichts ändern.

Wir haben hier nur eine äußerst kleine Subregion des Cortex betrachtet. Die Seitenäste, die von den Axonen einer Pyramidenzelle abzweigen und die die bisher betrachteten Synapsen tragen, überspannen einen Bereich von maximal 0,5 mm Durchmesser. Der Bereich, den die Sternzellen abdecken, ist noch um einiges kleiner. Experimente, in denen degenerierende intracortikale Fasern nach einer Mikroläsion registriert wurden, bestätigen die hier erarbeitete Grundvorstellung zur Organisation der intracortikalen Verbindungen. Es zeigt sich, daß der Cortex, auch bezogen auf die verschiedenen Verknüpfungen einzelner Areale, homogen strukturiert ist. Die innere Organisation etwa des visuellen und des motorischen Cortex sind hier im Prinzip vergleichbar.

Wie verstehen wir dann komplexere Koaktivierungsprozesse im Hirn, wie sie die schon benannten physiologischen Daten darstellen? Zwar überlagern sich die Einflußbereiche der verschiedenen Neuronen und konstituieren schon damit eine Erregungskaskade, die über größere Distanzen effektiv wäre: Allerdings zerstreut sich solch ein etwaiger Erregungsfocus, der von einem oder wenigen Neuronenzentren ausgeht, schon sehr schnell in der Vielzahl von synaptischen Kontakten; zum anderen kann sich solch eine, die Erregung einer ganzen Serie von Neuronen voraussetzende Aktivierungskaskade nur vergleichsweise langsam ausbreiten.

Über diese lokalen Aktivierungsschleifen hinaus finden sich aber auch intracortikale Verbindungen, die größere Areale miteinander vernetzen. Viele Pyramidenzellen besitzen Axone, die den Cortex verlassen und über die Bahnen der subcortikalen sogenannten weißen Substanz in einem entfernteren Areal wieder in den Cortex eindringen. Sie dringen dort in den oberen Bereich des Cortex vor, wo sie Verzweigungen bilden, die in ihrer Größenordnung der Anzahl der lokalen Seitenverzweigungen der Pyramidenzellen entsprechen. Insoweit trägt auch diese Fernprojektion das gleiche Gewicht wie die Kontakte von enger aneinander liegenden Neuronengruppen, die im Raum von wenigen Millimetern um eine einzelne Pyramidenzelle nachgewiesen wurden.

Es zeigt sich allerdings eine Schichtung dieser verschiedenen Kontakte. Während die fernvernetzenden Fasern im oberen Bereich der Hirnrinde enden, bilden die lokalen Verzweigungen ihre Kontakte etwa in Höhe oder kurz unter den Zellkörpern der Pyramidenzellen.

Die Fernverbindungen streuen nun nicht wahllos über die cortikalen Areale, vielmehr zeigen sie deutliche lokale Präferenzen, so daß über diese Faserverbindungen eine direkte Zuordnung einzelner Cortexareale etabliert ist. Zum einen gilt dies für Verbindungen innerhalb einer Hemisphäre. Allerdings sind auch die einzelnen Hemisphären – wie schon angedeutet – miteinander verknüpft. Hierbei gilt im Prinzip, daß topologisch entsprechende Areale der Cortexhälften miteinander verbunden sind. Zudem haben viele cortikale Areale darüber hinaus noch Verbindungen mit Regionen der anderen Hemisphäre, die ihnen *nicht* direkt entsprechen. Bereiche wie die visuellen Cortices oder die somatosensorischen und motorischen Cortexareale sind dagegen nur sehr schwach mit ihrem kontralateralen Partnerbereich verschaltet. Über diese Fernvernetzungen entsteht eine

gewisse Ordnung in der Verknüpfung cortikaler Neuronen, die die vermeintlich rein stochastische Organisation der lokalen Kontakte überlagert.

Hinzu kommt noch eine dritte Art von Verbindungen, die der
sogenannten extracortikalen Fasern: Wie schon erwähnt, sind alle cortikalen Areale direkt mit den Kernregionen der älteren Hirnbereiche verbunden. Hierbei gibt es sowohl Eingangs- wie Ausgangsfasern, die auch etwa in
der gleichen Anzahl vorliegen. Neben diesen eindeutig zugeordneten Verbindungen existiert aber noch ein zweites, »unspezifisches« Fasersystem,
dessen Projektionsmuster diffuser sind.

Schließlich finden wir aus dem Mittelhirnbereich aufsteigende
Fasersysteme. Eines davon hatten wir schon kennengelernt: das Fasersystem des Belohnungs- oder Lust-Zentrums. Mit diesen Faserverbindungen
führt sich nun noch eine weitere Qualität in das Verrechnungssystem
Neocortex ein. Diese Fasern haben einen speziellen Besatz von Nervenbotenstoffen. Die Nervenbotenstoffe, die diese diffus über weite Regionen
verteilten Fasern »absondern«, sind zumindest zu einem Teil sogenannte
Neuromodulatoren.

Was bedeutet das? Für Nervenbotenstoffe charakteristisch ist eine
vergleichsweise kurzfristige und lokal an eine Synapse gebundene Wirkung
dieses Stoffes. Neuromodulatoren reagieren im Prinzip ähnlich wie »normale« Nervenbotenstoffe, ihre Wirkung in einer nachgeordneten Zelle
entspricht dem eines solchen Nervenbotenstoffes. Der Neuromodulator
verändert die Membraneigenschaften der Zelle, an der er »festmacht«,
derart, daß er die Ionenbalance über dieser Membran verändert. Neuromodulatoren wirken nun aber weniger lokal, sie diffundieren in kleinräumige
Gewebebereiche und können somit eine ganze Nervenzellgruppe über-
schwemmen. Schließlich ist ihre Wirkung auch von etwas längerer Dauer.
Über die Ausschüttung von Neuromodulatoren kann das Hirn also in
großflächigeren Bereichen die Grundaktivität einzelner Neuronen verändern. Bestimmte Drogen – wie das LSD – wirken ähnlich wie diese Neuromodulatoren. Diese Stoffe verändern die Grundaktivität in weiten Hirnbereichen. Eine Erregung, die in diese Areale eingegeben wird, trifft demnach
auf eine entsprechend veränderte »Sensibilität«. Die Eingangserregung
wird bei Applikation dieser Stoffe neu gewichtet. Von unserem Verhalten
her können wir dann feststellen, daß sich etwa unsere Konzentration und
unsere Bewertung einzelner Sinnesdaten verändert hat. Die Beschreibungen von Rauschzuständen illustrierten hierbei, wie weit solche Veränderungen in unsere Erlebnis- und Urteilsfähigkeit eingreifen können.

Ein letztes Merkmal der Organisation des Cortex bleibt noch
darzustellen, ehe wir – ausgehend von diesen Befunden – genauere Vorstel-

lungen zur funktionellen Organisation des Cortex formulieren können: Wir hatten den Cortex bisher vereinfachend als eine nahezu homogene Zellschicht betrachtet. Diese Vereinfachung läßt sich rechtfertigen, da wir so die grundsätzlichen Verknüpfungsmuster der Pyramidenzellen darstellen konnten. Eine genauere Analyse zeigt allerdings – wie schon erwähnt –, daß sich die Hirnrinde in sechs Schichten aufteilt. Diese Lagen kennzeichnen sich durch eine geschichtete Verteilung der Zellkörper der verschiedenen Neuronentypen, durch einen stereotypen Aufbau der Seitenverzweigungen dieser Neuronen sowie durch die sehr präzise vertikale Schichtung der Endregionen von Eingangsfasern in den cortikalen Arealen. Die benannten Vernetzungen der cortikalen Neuronen zeigen also neben ihrer horizontalen auch eine vertikale Differenzierung. Die möglichen Kontakte, die eine Nervenzelle eingehen kann, hängen demnach nicht nur vom Radius ihres Dendriten, sondern auch von der speziellen Ausformung ihrer baumartigen Struktur ab. Durch die Schichtung ihrer Seitenverzweigungen steht sie in einem eindeutigen Bezug zu anderen anlagernden Neuronen. Entsprechend kompliziert sich denn auch ein detailliertes Verständnis der neuronalen Verknüpfungen.

≡ Funktionelle Organisation des Cortex

By that I mean giving the sense of an ongoing scientific adventure – on the one hand creative imagination trying to create hypotheses beyond the known and on the other hand the rigorous testing of these hypotheses, these brain children, either to kill them, to change them, or to corroborate them, but never to give them a final accrediting or validation.

John C. Eccles

Die Darstellung der Neuroanatomie des Neocortex zeichnete eine Situation, die ebenfalls dem Konzept einer strikten Lokalisierung von Funktionen entgegensteht. Wir finden einen hochgradig vernetzten Cortex. Wir finden parallel gesetzte, zunächst über kurze Distanzen miteinander vernetzte Elemente, die allerdings extrem divergierend verschaltet sind. Über diese lokale Schichtung legen sich die Projektionsgebiete der weiträumiger projizierenden Pyramiden-Axonen, die einzelne weiter auseinanderliegende Areale des Cortex miteinander verkoppeln. Die Erregung eines eng umgrenzten Bereiches des Neocortex führt damit zur gleichzeitigen Aktivierung der entsprechenden assoziierten Areale. Diese corticale Organisation wird von extracortikalen Verbindungen, vor allem von den Vernetzungen mit den alten Kernregionen, unterschichtet. Diese Verbindungen bilden damit einzelne, die innercortikalen Vernetzungen überlagernde Erregungsschleifen. Über diese Schleifen werden Außenreize in die entsprechenden Cortexareale eingelesen. Entsprechend kann durch sie das Erregungsprofil im Cortex spezifisch variiert werden. Ergibt sich aus dieser komplexen Situation der inner- und extracortikalen Verdrahtung nun ein Ansatz, die Entstehung von Aktivitätsmustern und damit die Funktionsarchitektur des Cortex besser zu verstehen?

Von seinen – schon kurz vorgestellten (s. S. 97) – Befunden zur Darstellung lokaler cortikaler Schaltkreise ausgehend, formulierte Moshe Abeles eine Hypothese, nach der die Neuronen im Cortex derart verschaltet sind, daß ein Neuron jeweils in eine Kette von enger verknüpften Neuronen eingebunden ist. Aktivierung eines Neurons führt demnach zur Aktivierung der gesamten Kette von Neuronen. Seiner Auffassung nach stimmen sich die miteinander verkoppelten Nervenzellen über rücklaufende Verbindungen derart ab, daß sich in ihnen eine Erregung hochschaukelt. Diese Erregung koaktiviert damit den gesamten Schwingkreis und kann nun bei einer geeigneten Verschaltung der Neuronen eine Art stehender Erregungswelle in dieser Neuronenkette erzeugen. Letzten Endes synchronisieren sich dabei die miteinander verkoppelten Neuronen. Damit maximiert sich ein möglicher Effekt dieser Neuronen auf nachgeschaltete Elemente. Die Areale, auf die hin die verschiedenen Verbindungen der synchron feuernden Neuronenkette konvergieren, bekommen demnach innerhalb einer Zeiteinheit ein Maximum an Erregungseingang. Damit wird – unter entsprechenden Bedingungen – auch hier ein Einschwingen der miteinander verkoppelten Neuronengruppen ermöglicht. Entsprechend kann sich damit Erregung innerhalb des Cortex optimal fortpflanzen und gegebenenfalls dann auch extracortikale Schwingkreise ansteuern. Dieser Hypothese folgend wären aber nur ganz bestimmte Erregungskonfigurationen zureichend, ein entsprechendes Verhalten in Gang zu setzen. Erfolgreich wären hier nur solche Erregungen, die die Aktivierung einer entsprechenden Kette auslösen könnten. Dieser mögliche Erfolg wäre damit zugleich auch von einer entsprechend abgestimmten Verknüpfung solch einer Kette abhängig.

Zudem wäre zu erwarten, daß sich verschiedene dieser Erregungsketten überlappen, da ein einzelnes Neuron in verschiedene solcher Ketten eingebunden ist. Entsprechend könnte eine Aktivierung eines Teilareals im optimalen Fall auch in nebengeordneten Kopplungsgruppen einstreuen. Damit könnten sich solche Aktivitätsprofile wiederum in sehr komplexer Weise überlagern und gegebenenfalls auch komplexere innercortikale Antwortmuster entstehen lassen. Bildhaft kann man sich dies am besten als eine Überlagerung von zwei oder mehreren komplexen Wellenmustern vorstellen. Diese Muster überlagern sich und bilden dabei komplexe Interferenzmuster. An den Optima der Wellenüberlagerung – d. h. in den Bereichen maximaler Aktivität – kann dann wieder eine Wellenfront ausgelöst werden, die die komplexen Erregungsmuster noch weiter variiert. Hierbei entstünde für einen Betrachter, der nur das Endstadium in der Entwicklung des Wellenmusters sehen könnte, ein nahezu chaotisches Muster. Er würde nurmehr die komplexen Interferenzmuster betrachten können, die durch die vielfache Überlagerung der Wellenfronten entstehen. Die einzelnen Wellen, die dieses Muster entstehen ließen, waren allerdings hochgeordnet. Wenn man sich nun noch vorstellt, daß die entsprechenden Orte, an denen die sekundären Wellenmuster generiert würden, und auch die Frequenz, mit der diese Wellen abgegeben werden, davon abhängen, wie das Netzwerk der interagierenden Elemente aufgebaut ist, die diese Oszillationen tragen, kommt das gezeichnete Bild den hier für den Cortex formulierten Vorstellungen schon recht nahe.

Der relevante Code des Verrechnungsprozesses im Hirn wäre – der Vorstellung von Abeles zufolge – nicht das Erregungsmuster eines Einzelneurons, sondern vielmehr erst die Kombination der Erregungsmuster der Neuronen, die synchronisiert feuern. In dem gezeichneten Bild entspräche dies der komplexen Struktur der Interferenzmuster und nicht dem bloßen Auf und Ab eines einzelnen Wellenkammes.

Eine sich hieran anlehnende Auffassung, die Konzeption der »neuronalen Assemblies«, geht von einem vergleichbaren Ansatz aus. Ein neuronales Assembly ist ein Satz von Neuronen, der zusammen feuert, da die Aktivität einzelner dieser Neurone zureicht, das gesamte Netzwerk zu aktivieren. Die Neuronen stehen in einer komplexen Rückkopplung. Sind die Verbindungen eines Neurons so gestaltet, daß sich eine Erregung lokal aufzuschaukeln vermag, reicht die Aktivierung eines Neurons aus, über diese Rückkopplungsschleifen, die auch die einzelnen sekundär aktivierten Neurone untereinander verbinden, ein ganzes Netzwerk von cortikalen Neuronen zu aktivieren. Hierbei ist daran zu denken, daß Cortexareale ja auch über weiträumigere Bereiche aktiviert werden können. Die Epilepsie zeigt, daß sich in kranken Hirnen, in denen die normalen Hemmechanismen bereits teilweise abgebaut sind, solche Grundaktivierungen sehr schnell und sehr komplex aufschaukeln können. Die Epilepsie zeichnet ein allerdings karikierend verzerrtes Bild dessen, was in der normalen Aktivierung eines neuronalen Assemblies viel präziser und sehr viel kontrollierter abläuft.

Nun ist das Bild, wie es bisher gezeichnet wurde, noch unzureichend, begreifen wir doch so nur eine statische Situation, die höchstens den Ausgangspunkt für ein eingehenderes Verständnis der Verrechnungsvorgänge eröffnen könnte. Wichtig für ein tieferes Verständnis ist aber die Dynamik, die synaptische Kontakte auszeichnet. Wie wir wissen, kann sich die Intensität einer synaptischen Verknüpfung, etwa durch Abbau oder Ausbau der Synapse, verändern. Diese Veränderung ist aktivitätsabhängig. Nun haben wir kurz skizziert, daß – der oben umrissenen Vorstellung zufolge – bei Reizung bestimmter neuronaler Assemblies ganz bestimmte Aktivitätszyklen im Hirn in Gang gesetzt werden. Eine über eine längere Zeitdauer bestehende Grundaktivierung eines Teilbereiches neuronaler Verknüpfungen wird dieses Ensemble von Vernetzungen verdichten. Das heißt konkret, daß sich die einzelnen Synapsen in diesem Erregungskreis in ihrer Effizienz verstärken. Damit wird der Verteiler für den Erregungsfluß in diesem System neu ausgerichtet. Es gibt nun Anzeichen dafür, daß sich die Kontakte zwischen den Neuronen in solch einer Aktivierungsphase wirklich entsprechend umwichten. Die Voraussetzung hierfür ist, daß diese Aktivierung eines Ensembles von Zellen in eine Erregungsschleife mündet, so daß die gleichzeitige Aktivierung eines Subsystems von Neuronen über einige Zeit anhält. Experimentell läßt sich zeigen, daß sich die Aktivität einer Synapse verstärkt, wenn prä- und postsynaptische Aktivität in einem Neuron zusammenfallen. Genau dies kann in einem Schwingkreis aktiver Neuronen erreicht werden, indem die Erregungszyklen der einzelnen Neuronen entsprechend aufeinander abgestimmt sind.

Bei den hier referierten Vorstellungen, dem Konzept der neuronalen Assemblies und der Vorstellung von Moshe Abeles, ist gemeinsam, daß sie den hohen Grad neuronaler Vernetzung funktionell begreifen. Die Codierung neuronaler Erregung wird demnach nicht durch einzelne, in festgelegte Bahnen eingebundene Schwellenelemente erreicht, die nach Art eines Alles-oder-nichts-Schalters entscheiden, ob die in ihnen konvergierende Erregung zu einer Weiterleitung der Erregungskaskade zureicht. Vielmehr wird in den beschriebenen Modellen eine Auswahl von relevanten Reizmustern gerade dadurch erreicht, daß ein Neuron seine Erregung in sein Umfeld einstreut. Trifft es dabei auf eine günstige Verknüpfung, können die beschriebenen Selbstverstärkungsprozesse ansetzen. Damit wählt das System Eingangsgrößen danach aus, daß sie in bestimmte Verknüpfungsgefüge optimal passen. Bringe ich ein neuronales Subsystem zu einer Oszillation, hätte ich damit eine positive »Bewertung« für mein entsprechendes Eingangssignal gefunden.

Diese Betrachtung ist zunächst völlig wertfrei. In ihr ist es gewissermaßen dem Cortex überlassen, seine Verknüpfungen so auszurichten, daß entsprechende Mechanismen im Endeffekt die »richtigen« Erregungen verstärken und damit eine »sinn«volle Verhaltenssteuerung initiieren. Der Cortex hat in der Vielfalt seiner möglichen Verknüpfungen und bei der inneren Dynamik, die ihn auszeichnet, das notwendige Material um entsprechende Bahncharakteristika aufzubauen. Die von uns andeutungsweise verfolgten Mechanismen der neuronalen Entwicklung können hier schon sinnvolle Verknüpfungen vorselektieren. Auch im weiteren kann dann der Cortex in einer Art Selbstselektion Erregungstransferkaskaden, die sich besonders verstärken, weiter befestigen und damit seine Reizverarbeitung weiter optimieren.

Damit wäre das *Spezifikum neuronaler Verrechnungsprozesse eine komplexe Parallelität von Einzelaktivitäten.* Dadurch, daß sich diese Einzelaktivitäten synchronisieren, entsteht eine massive Erregung, die weitere Verrechnungsprozesse in Gang bringt und so in einzelnen »Ausgabebereichen« der Hirnrinde zu massiveren Umlagerungen des in untergeordnete Hirnzentren abgegebenen Aktivitätsspektrums führt.

Die hier referierten Vorstellungen gewinnen auch durch die »parallel« laufende Entwicklung in der Informatik mehr und mehr an Konturen. Es zeigt sich, daß bei steigender Komplexität eines künstlichen neuronalen Netzes nicht etwa ein zunehmendes Chaos erzeugt wird. Genügend komplexe Systeme lassen vielmehr Regularitäten entstehen; z. B. können sich Erregungs-Texturen bilden, die sich selbst verstärken und das System somit in eine Eigendynamik einbinden (darauf geht das nächste Kapitel ein).

Ein Verständnis für die funktionelle Organisation des Cortex entwickeln wir demnach, indem wir seine anatomische Grundeigenschaft, die komplexe, diffus gestreute Verknüpfung der Nervenzellen, ernst nehmen. Dann erscheint uns der Cortex als ein hochgradig parallel verschaltetes Gefüge von Neuronen, deren Verbindungen selbst fortlaufend durch die sich in diesem Areal ereignenden Aktivitätsverschiebungen variieren. Diese Vorstellungen sind noch hypothetisch. (Wir können sie uns allerdings gut veranschaulichen: Sie werden, wenn Sie sich an etwas erinnern, durchaus unterschiedliche Reizqualitäten parallel aktivieren; die Vorstellung des eigenen Kinderzimmers setzt ein ganzes Ensemble von inneren Eindrücken frei. Auch Traumstrukturen ließen sich in einem solchen Vokabular fassen. Doch sind solche Illustrationen nur erste gedankliche Vehikel, um den formulierten Ideen mehr Kontur zu geben.) Bisher verbleiben diese Entwürfe noch in einer Beschreibung der Mikrodynamik des Cortex, die zwar erklären kann, was sich innerhalb des Hirns auf lokaler Ebene ereignet, die aber doch noch sehr weit davon entfernt ist, Verhaltenssteuerungsprozesse zu erläutern. Die hier vorgestellte Idee wird im nächsten Kapitel weiterverfolgt, um zumindest anzudenken, wie dieser Schritt – die Umsetzung einer solchen Mikrodynamik in Verhaltenssteuerungsprozesse – aussehen könnte.

≡   **Neuronale Netze**

From a simple argument based on pure logic, I understood that for any well defined information processing it is possible in prinicple to produce a device that performs it. And such a device can be built from neurons that all work in essentially the same way as those neurons that had been investigated experimentally.

Günther Palm

Es ist verfänglich, ausgehend von dieser Situation, eine an die oben formulierten Vorstellungen anknüpfende Darstellung cortikaler Funktionen mit den Begriffen zu beschreiben, die derzeit in der Informatik unter dem Stichwort »neuronale Netze« erarbeitet werden. Die neuronalen Netze geben eine neuartige Hardware vor, in der nun auch neue Programmierungsstrategien realisierbar sind. Insoweit machen diese neuronalen Netze also nur Vorgaben für bestimmte Programmierungen – etwa auch im Rahmen der »künstlichen Intelligenz« –, sind aber selbst trotz der begrifflichen Anleihe »neuronal« nicht mit »künstlicher Intelligenz« gleichzusetzen.

In einem neuronalen Netz ist eine Rechnerarchitektur nicht mehr hierarchisch strukturiert, vielmehr besteht sie aus vielen parallel arbeitenden, miteinander vernetzten Einheiten (Abb. 24). Diese Vernetzungsarchitektur, ein Gitter, baut sich über Verknüpfungspunkte, sogenannte Knoten, auf. In diesen Knoten wird jeweils die hier einkommende Erregung der Vielfalt von in dem Knoten miteinander verwobenen Leitungsbahnen aufaddiert. Ist die Summe der Gesamterregung in einem Knoten zu einem Zeitpunkt x größer als eine für diesen Knoten definierte Erregungsschwelle, wird der Knoten aktiviert und kann nun seinerseits von ihm ausgehende Leitungsbahnen aktivieren. In einem stark verwobenen System kommt es so bei einem Erregungseingang zu einem parallel in den verschiedenen Knoten anlaufenden Aktivierungsschwall, der nun seinerseits – in Abhängigkeit von den Schwellenwerten der einzelnen Knoten – in dem Netzwerk von Gitterpunkten einzelne Knoten aktiviert. Deren Aktivität streut dann weiter in das Gesamtnetz ein und baut so ein komplexes Gesamterregungsmuster auf. Resultat dieses Prozesses ist ein Muster von Knotenaktivierungen in dem Netzwerk.

Man kann nun hingehen und diese sehr einfachen Regeln noch komplizieren, indem man die Antwortcharakteristika und auch die Schwellenwerte eines Knotens über die Zeit variiert, z. B. auf bestimmte Eingabemuster ganz spezifisch ansprechen läßt. All dies ändert aber nichts an der prinzipiellen Konfiguration dieser parallel geschalteten Netzstrukturen.

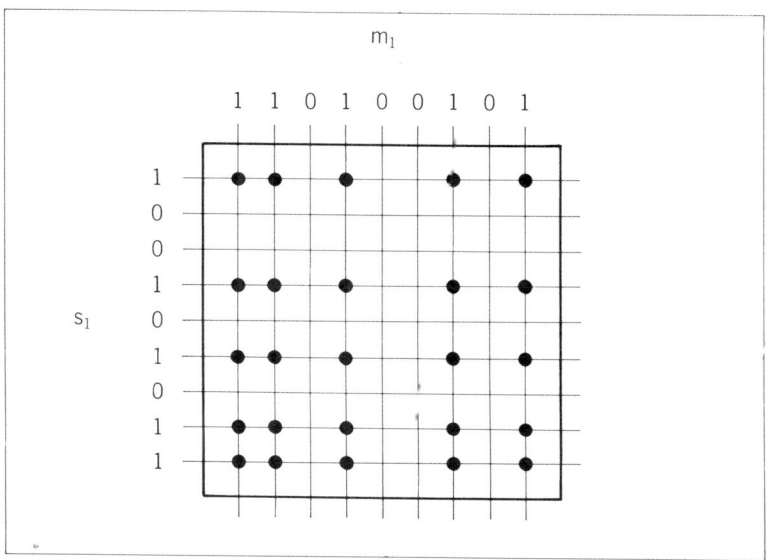

Abb. 24   Assoziatives Matrix-Gedächtnis. Die dunklen Punkte repräsentieren die
           Verbindungen, die durch die parallele Eingabe von s1 und m1 ausgeformt wurden.

Das ändert sich, wenn man in diese Systeme »Lernregeln« einbaut. Der Begriff »Lernregel« meint, daß sich die Informationsweiterleitungs-Eigenschaften eines Knotens dann ändern, wenn in einer gewissen
Zeit eine bestimmte Konfiguration von Reizeingängen in diesem Knoten
aufsummiert wird. Beispielsweise wäre programmierbar, daß ein Knoten
genau dann seine Informationsweiterleitungs-Eigenschaften verbessern
würde, wenn folgende Situation eintritt:

Er ist aktiviert und erhält genau zu diesem Zeitpunkt einen
weiteren Reizeingang über eine der ihn erreichenden Leitungsbahnen. Die
Lernregel möge nun besagen, daß sich die Gewichtung, die ein Erregungseingang aus dieser Leitungsbahn erhält, daraufhin verändert: Der Wert
dieser Erregung für den aktivierten Knoten wird um einen Faktor f erhöht.
Damit ändert das System seine Vernetzungscharakteristika. Wichtig –
speziell in der derzeitigen Diskussion um entsprechende Computerarchitekturen – ist hierbei, daß sich diese Systeme in Abhängigkeit von ihrem
Informationseingang neu ordnen. Dies ist etwa bedeutsam für ingenieur-
technische Probleme wie die Video-Steuerung der Bewegung eines Roboter-
arms.

Ein Beispiel hierzu: Ein Roboterarm soll aus einem Haufen von gleichartigen Teilen jeweils ein Werkstück in der richtigen Orientierung greifen und in den weiteren Fertigungsgang überführen. Die hierzu notwendige Erkennungssoftware ist sehr komplex, muß doch berücksichtigt werden, daß die Werkstücke in allen nur denkbaren Orientierungen vor dem Auge der Video-Kamera liegen und sich zum Teil überdecken. Stellt nun ein entsprechendes Werk seine Fertigung öfters um, so daß die Werkstücke immer wieder anders aussehen, wäre es sehr vorteilhaft, eine Software zu entwickeln, die sich in vergleichsweise kurzer Zeit jeweils auf diese neuen Werkstücke einstellen könnte. Genau dies leisten parallel arbeitende Rechnerarchitekturen, die so funktionieren wie oben beschrieben. Hierbei nimmt man eine gewisse Fehlertoleranz der Systeme in Kauf, die in einer Prozeßabfolge innerhalb eines Werkes dann auch leicht korrigierbar sind.

Diese Systeme scheinen eine ganz neue Dimension in der Computertechnologie zu eröffnen. Zudem – und dies ist im Zusammenhang unseres Themas interessant – besitzen diese Systeme offenbar Eigenschaften, die eine Grundeigenschaft des Cortex, seine hochparallele Verschaltung, nachahmen. Insofern scheinen sie dann auch zu Recht das Attribut »neuronal« zu tragen.

Die Frage ist allerdings, inwieweit diese »neuronalen Netze« wirklich eine treffende Vorstellung von der neuronalen Architektur des Hirns und damit ein adäquates funktionelles Verständnis vermitteln. Ein Element dessen, was wir vorab für den Cortex skizziert hatten, findet sich in diesen neuronalen Netzen wieder: den hohen Grad von Parallelität, der zu einer vernetzten Aktivierung einer Vielzahl von Elementen führt. Das entspricht ganz den Vorstellungen, die wir bereits in einer Analyse der Sprachkodierungsmechanismen des Hirnes skizziert hatten (s. S. 41). Trägt diese Modellvorstellung aber noch über solche konzeptionelle Ähnlichkeit hinaus?

Hier liegen denn nun auch die Grenzen in der Analogie von künstlichen und »realen« neuronalen Netzen. Die Nervenzellen mit ihren vielfältigen biochemischen Mechanismen, ihrer hochgradig normierten Architektur und ihren schon auf der zellulären Ebene höchst komplexen Verrechnungscharakteristika gehen in das System eines künstlichen neuronalen Netzes bisher nicht ein. Damit ist der funktionelle Grundbaustein eines realen Nervengewebes in den Rechnerarchitekturen, die die Bezeichnung »neuronale Netze« tragen, überhaupt nicht modelliert. Entsprechend können diese Architekturen denn auch nicht vermitteln, was im Hirn wirklich »abläuft«. Allerdings, und hierin sind diese Systeme äußerst hilfreich, können sie einen Aspekt der neuronalen Verrechnung verdeutlichen, der sich unserer Vorstellung weitgehend entzieht: das Moment der hochgradigen Parallelität von Verrechnungsprozessen. Im realen neuronalen System haben solche Überlagerungen und die starken Vernetzungen von Aktivitätswellen größte Bedeutung, dies zeigen unsere Überlegungen immer wieder. Diese Ereignisse sind uns jedoch – schon in ihren Größenordnungen, erst recht aber in ihren Effekten – nicht mehr anschaulich. Auch eine streng serielle Bearbeitung, eine Auflösung der komplexen Interaktionen eines parallel verarbeitenden Systems in eine einfache Kausalkette, stößt sehr schnell an Kapazitätsgrenzen. Hier helfen nur die artifiziellen neuronalen Netze weiter. An diesen künstlichen Konstruktionen können wir uns die Effekte etwaiger Überlagerungen oder die Effekte starker Verknüpfungen bei einer Vielzahl von Elementen zunächst einmal im Prinzip verdeutlichen. Dies heißt, in einer Analyse dieser künstlichen Systeme können wir uns ein Vokabular erarbeiten, mit dem es uns dann möglich ist, Aspekte der Eigenschaften eines realen Nervengewebes eingehender und präziser zu beschreiben.

≡ Parallelverarbeitung im Cortex

... and certain nerve pathways always run from here to there.

R. M. Gaze

Wie sieht dies nun aber im Hirn aus? Wir fanden, daß nicht nur lokale Elemente im Cortex, sondern vielmehr auch einzelne Cortexareale miteinander verwoben sind. Detailliertere Aussagen zur funktionellen Organisation des Cortex bestätigen dieses Bild. Freemans Analyse der Geruchszentren zeigte, wie eng die Verzahnung von neuronalen Gewebeeinheiten ist. Die Konsequenzen, die wir aus dieser Darstellung zogen, führten uns zu der Vorstellung, daß der Cortex ein hochgradig parallel vernetztes Verrechnungssystem darstellt. Das bedeutet, daß wir den Cortex nicht mehr als ein mit einer klassischen Programmierung arbeitendes System begreifen können (für die Spezialisten: der Cortex ist keine Turing-Maschine). Vielmehr haben wir ihn als eine komplex verwobene Struktur zu begreifen. Dabei können wir davon ausgehen, daß diese »Maschinerie« in Untereinheiten »portioniert« ist, das Hirn also keineswegs immer als Ganzes aktiviert wird. Die lokalen, innerhalb einer Hemisphäre und die zwischen den beiden Hemisphären bestehenden Kopplungspräferenzen der Nervengewebseinheiten hatten wir beschrieben (s. S. 128). Entsprechend sind auch die extracortikalen Verbindungen lokal organisiert, d. h. die Informationseingabe in das Hirn (über die Sinnesorgane) und die Informationsausgabe (an die Motorik) sind ebenfalls »portioniert«.

Es lassen sich Bahnen kennzeichnen, die die entsprechenden Bereiche des Nervengewebes verbinden. Weitere Areale des Hirngewebes werden wiederum ineinander verzahnt, indem sie sich über ihre Ein- und Ausgänge mit diesen Bahnen vernetzen. Damit entsteht in diesem System eine Hierarchie von Kopplungsgruppen, die eine entsprechende Vernetzung strukturiert und von daher auch funktionale Spezialisierungen einzelner Hirnareale erkennen läßt.

Gehen wir aber noch einmal auf den Grundansatz der Vorstellung »neuronaler Netze« zurück. Wir sprachen – auch in der Darstellung der Neuroanatomie des Hirnes – bisher in Begriffen, die sehr gut auf die Vorstellung einer vernetzten Hirnarchitektur passen. Wir kennen Nervenbahnen, Verknüpfungspunkte zwischen den einzelnen Nervenzellen, wir sprechen von Informationsweiterleitung, benennen Hauptverrechnungsareale und unterscheiden zwischen Eingangs- und Ausgangsbereichen. Diesem Vokabular zufolge entspricht das Hirn einer Art riesiger Telephonzentrale: Wir finden Quervernetzungen, Kabelstränge, die Verrechnung von Ein- und Ausgangsfunktionen, können in komplexester Weise mit anderen neuronalen Strukturen kommunizieren und schalten von unserem codierten Informationsfluß in diesen Bahnverflechtungen auf motorische Einheiten um. Wenn wir in diesem Verkabelungsgewirr an den entsprechenden Nahtstellen nun jeweils noch hochparallel organisierte Rechner einschalten, haben wir dann ein adäquates Bild unserer Hirnfunktion gewonnen?

Wir haben verschiedene große Erregungsschleifen, in die ein Dauereinstrom von Eingangssignalen eingespeist wird. Diese Erregungsflut wird in den Parallelarchitekturen gefiltert, zum Teil unterdrückt, zum Teil an höhere Hierarchien weitergeleitet. In dieser höheren Hierarchie vervielfacht sich die parallele »Repräsentation«.

Nun – und dies ist ein wesentlicher Unterschied zum Bild einer Telephonzentrale – ist das Hirn aber kein statisches Gefüge von Bahnverknüpfungen. Wir hatten gesehen, daß dieses System auf Reizeingaben auch mit einer Veränderung seiner neuronalen Architektur reagiert: Einzelne Verknüpfungen zwischen bestimmten Gewebebereichen werden umgewidmet. Die Großhirnrinde wird in ihrer Funktionscharakteristik durch die jeweilige Eingabesituation fortlaufend moduliert. Wir können dann davon sprechen, daß diese Architektur von ihrer Geschichte geprägt ist. Im Resultat der Lebensgeschichte eines Individuums haben sich in dessen Neocortex bestimmte Verbindungen besonders stark ausgebildet, andere Verbindungen wurden abgebaut, so daß ein dort einlaufendes Signal verrauscht. Damit verändert sich auch die Reaktionsfähigkeit des Cortex eines Individuums auf bestimmte Außenreize. Das Ansprech-Verhalten des

Cortex ist demnach von seiner Individualgeschichte abhängig. Von daher hätten wir eine Möglichkeit gefunden, die starke interindividuelle Variabilität in der Funktionalarchitektur des Cortex zu erklären.

In der individuellen cortikalen Vernetzungsarchitektur führen jeweils spezifische Erregungseingänge zu einer stärkeren Antwort, die sich dann über die großen Areale der Parallelarchitektur ausbreiten kann. Damit wird bei einem entsprechend abgestimmten Reizeingang das Gesamterregungsgefüge größerer Areale des Cortex verändert. Wird diese Erregungstextur nicht durch andere Erregungsfunktionen überdeckt, kann sie sich stabilisieren und mit den in ihr verkoppelten Elementen oszillieren. Damit verändert sich denn auch die Ausgabecharakteristik des »Parallelrechners« Hirn, entsprechend unterschiedlich sehen die Berechnungsfolgen der nachgeschalteten Verrechnungsarchitekturen und die Steuerungen von einzelnen Verhaltensäußerungen aus.

Gleichzeitig kann – sofern in das System eine Lernregel eingebaut ist – das Oszillieren von Erregungsspektren in der neuronalen Architektur deren Textur verändern. Im Ergebnis wird diese Architektur auf Erregungsmuster, die der Erregung gleichen, die solche Veränderungen ausgelöst hat, nunmehr besonders sensibel ansprechen. Stellen wir uns nun noch vor, daß die Verrechnungsarchitektur, die hier benutzt wird, aus einer Vielzahl miteinander verkoppelter Untereinheiten besteht, in denen viele solche Vorgänge unabhängig nebeneinander – und zum Teil auch ineinandergreifend – ablaufen können; hätten wir dann nicht ein zutreffendes Bild der funktionellen Organisation des Hirnes gezeichnet?

Die Möglichkeit, den Hirnaufbau mit der Architektur eines Parallelrechners zu vergleichen, schien eine erste, in vielem weiterführende Antwort zu geben. Wie sieht das Bild von der neuronalen Verrechnungsarchitektur aus, das wir gewonnen haben? Eine erste Antwort war: wir finden ein Netzwerk von vergleichsweise uniformen Elementen. Kennzeichnend für dieses Netzwerk sind ein hoher Grad struktureller Stereotypie, numerische Komplexität, topologisch präzise ausgerichtete Verknüpfungsfunktionen und eine exakte Einbindung in verschiedene Erregungseingangs- und Erregungsausgangs-»Bahnen«.

Betrachten wir solch ein Netz eingehender, so sehen wir Verknüpfungsfunktionen definiert, die über verschiedene Hierarchieebenen abgestimmt sind. Deren Ein- und Ausgänge zeigen Ordnungspräferenzen: Wir hatten dargestellt, wie die einzelnen Cortexareale untereinander und mit stammesgeschichtlich älteren Hirnarealen verknüpft sind, und wir hatten den stereotypen Aufbau der Neurone im Bereich der Hirnrinde skizziert. Wir konnten so erklären, weshalb es zu einer funktionellen Schichtung der

Cortexareale kommt: Die Bereiche der Hirnrinde, die direkt an bestimmte Ein- und Ausgabebereiche gebunden sind, werden durch die entsprechenden Funktionen in ihrer Architektur in einer ganz bestimmten Weise stabilisiert. Im Resultat finden wir in diesen Arealen damit Subregionen, die in ganz bestimmten, funktional zu definierenden Erregungssituationen optimal ansprechen. Damit wäre das gewonnene Bild auch mit den eingangs erläuterten Befunden zu vereinbaren, in denen nachgewiesen wurde, daß es in diesen Arealen Nervenzellen gibt, die nur auf bestimmte Reizeingaben ansprechen. Haben wir also endlich ein Modell gefunden, das uns eine umfassende Erklärung der funktionalen Organisation des Neocortex erlaubt?

Literaturhinweise:

Braitenberg, V., Schüz, A. (1991): Anatomy of the Cortex – Statistics and Geometry. Berlin; *eine umfassende Einführung in die Funktionsarchitektur des Cortex, das vorstehende Kapitel lehnt sich stark an die hier formulierten Vorstellungen an.*

Brodmann, K. (1909): Vergleichende Lokalisationslehre der Großhirnrinde – in ihren Prinzipien dargestellt auf Grund des Zellenbaues. Leipzig; *eine klassische Beschreibung der Anatomie der Hirnrinde.*

Creutzfeldt, O. D. (1983): Cortex cerebri. Leistung, strukturelle und funktionelle Organisation der Hirnrinde. Berlin; *eine umfassende und sehr detaillierte Darstellung der Anatomie und Physiologie des Neocortex.*

Lashley, K. S. (1963): Brain Mechanisms and Intelligence. A Quantitative Study of Injuries to the Brain. New York; *eine klassische Studie zur funktionellen Organisation der Hirnrinde.*

Palm, G. (1982): Neural Assemblies. An Alternative Approach to Artificial Intelligence. Berlin et al.; *eine gut verständlich geschriebene Einführung in die Theorie der neuronalen Assemblies.*

Seelen, W. von, Shaw, G., Leinhos, U. M. (1986): Organization of Neuronal Networks. Weinheim; *ein Sammelband mit Aufsätzen über modelltheoretische Ansätze zur Beschreibung von Hirnfunktionen.*

Shepherd, G. M. (1979): The Synaptic Organization of the Brain. Oxford–New York; *ein klassisches, sehr detailliertes Werk zur Funktionsanatomie des Cortex.*

Tuckwell, H. C. (1988): Introduction to Theoretical Neurobiology (2 Bde). Cambridge; *eine mathematisch sehr anspruchsvolle Einführung in die Modellierungsansätze der Neurowissenschaften.*

Neuronale Vernetzung oder logisches Kalkül?

We might deduce it ...   Sherlock Holmes

Neuronale Verrechnung

vox praedicatur de voce et similiter intentio de intentione

Wilhelm von Ockham

Was ist nun die Konsequenz unserer bisherigen Betrachtungen? Löst sich die vermeintliche Logik unserer Verhaltensorganisation im Gefüge der verwobenen neuronalen Parallelarchitekturen auf? Im Hirn finden wir ja keine Sequenz eindeutig bestimmbarer physiologischer Teilfunktionen, die dann in einer Art von Befehlshierarchie die eine oder andere Verhaltensweise erzeugen könnte. Das Bild, das wir gewonnen haben, ist anders.

Zunächst ist das Hirn keine *tabula rasa*. Wenn der Physiologe mit seinen Experimenten ansetzt, hat das Hirn schon eine Fülle von Aktivitätsumschichtungen »hinter« sich. Das beginnt, wie gesehen, mit der Embryonalentwicklung des Hirngewebes. Die Aktivierung der zunächst noch provisorisch angelegten neuronalen Verknüpfungen entscheidet, welche dieser Verbindungen erhalten bleiben. Auch die dann stabilisierten Verbindungen sind nicht auf Dauer festzementiert. Sie geben allerdings bestimmte Erregungswege vor, die es sehr wahrscheinlich machen, daß eben diese Wegvorgaben benutzt werden und sich somit sozusagen einschleifen.

Ein Ausfall der entsprechenden Aktivität – dies hatten wir etwa am Beispiel der cortikalen Repräsentationsareale der Tasthaare einer Maus gesehen – führt auch zum Abbau solcher ontogenetisch zunächst stabilisierten Verknüpfungen. Entsprechende Veränderungen haben also ein Hirngefüge in komplexester Weise geprägt, so daß die durch einen Reiz ausgelösten Antwortcharakteristika des Hirnes zu ganz wesentlichen Teilen von den Erregungszuständen, die das Hirngewebe bis zu dieser Erregungseingabe durchlaufen hat, bestimmt wird.

Nun verlischt im Hirn beim Anblick des Experimentators nicht alle Aktivität. Das Hirn gibt seine Grunderregung weiter. Es läßt sich nicht abstellen oder bei einem Experiment in seinem Erregungspegel auf Null zurückbringen. Dem Gehirn geht es hier anders als einem Computer, dessen Stromfluß ohne Gefahr für die Hardware des Gerätes längere Zeit unterbrochen werden kann. Im Gegenteil, es ist zu erwarten, daß im Hirn – im Gegensatz zum Computer – die ungewohnten Experimentalbedingungen die Grundaktivität noch erhöhen. Streßfaktoren, eine Fülle neuer Reize, all dies muß verarbeitet werden. D. h. das Hirn wird im Moment des Experiments von einer Fülle von Aktivitäten überschwemmt, die in der skizzierten Weise ineinandergreifen. Solange wir uns mit unseren Meßapparaturen nahe bei den Strukturen befinden, die einen in diesen Experimentalbedingungen gesetzten Reiz weiterleiten, wird diese Hintergrundaktivität von dem massiven Reizeingang überformt. Messen wir aber nur ein wenig abseits von diesen Haupteingangsschienen, so wird das Bild schon viel weniger eindeutig. Wir registrieren einen Erregungshintergrund, in dem die experimentell gesetzten Reizeingangsbedingungen verschwimmen.

Entsprechend gleicht unser Bild der Hirnaktivität denn auch nicht dem eines logischen Kalkulators, der in einer Vielfalt von Reizeingangsbeziehungen, verwoben in einer trickreich gesetzten Folge von Ja/Nein-Entscheidungsschaltern einen Erregungseingang in ein Verhaltenssteuerungsprogramm umzusetzen vermag. Griffiger ist hier vielmehr ein völlig anderes Bild.

Wichtig, daran sei vorab noch einmal erinnert, ist die Verteilung von Erregungsmustern im Hirngewebe. Wir fanden schon in der Untersuchung des Geruchssystems, daß sich Erregungseingänge in das System in eine komplexe Erregungslandschaft überführen lassen. Streut nun ein Reizsignal in diese Erregungslandschaft ein, so wird diese umstrukturiert. Dadurch können dann neue Schwingkreise induziert werden, u. s. f. Wir hatten kurz angedeutet, wie man sich in einem solchen System das Anspringen eines Verhaltenssteuerungsprogramms vorstellen kann. Nur – wie »entscheidet« sich ein Areal »dafür«, eine Verhaltensfolge in Gang zu setzen oder zu stoppen? Überführen wir die hochparallele Reizverarbeitung mit diesem Schritt dann nicht doch in ein Element, das – analog dem Großmutterneuron – ja oder nein sagt?

Wäre also der vorgestellte Entwurf falsch, in dem wir das Hirn als eine gigantische Maschinerie begriffen, die Erregungen produziert, in sich verwebt und neue Erregungen in diese Kaskaden von Aktivierungen einbaut, all dies überlagert und so allein in der Wiedergabe solch einer komplexen Erregungslandschaft, die wir hier in Andeutungen nachzeichnen, begriffen werden kann. Führt diese hochparallel arbeitende Architektur dann letztlich nicht doch zu einem Schlüsselelement, zu einer Art Commander-Neuron?

Zwar ist das Hirngewebe portioniert, bestimmte Verknüpfungen zwischen verschiedenen Hirnbereichen sind wahrscheinlicher, andere unwahrscheinlich. Doch bleibt diese schon von der Topologie vorgegebene Organisation im Kleinen, auf der Ebene der Einzelzelle, variabel. Damit gewinnt die cortikale Architektur Freiräume, die sie gegenüber dem Diktat der Bahnverknüpfungen behaupten kann. Die Zufälligkeit auf der zellulären Ebene unterläuft die Vorbestimmtheit der subcortikalen Regionen, die immer vergleichsweise eng an die jeweils eingegebenen Reize angekoppelt bleiben:

Stellen wir uns die Architektur des Cortex als ein Nebeneinander von Molekülen vor, die auf der Oberfläche eines Sees schwimmen. Die Wellen stellen die jeweilige Erregung eines Subareals des Cortex dar. Schon vor jedem Experiment ist die Wasseroberfläche bewegt, kontinuierlich fließt Wasser in diesen See hinein und an anderer Stelle wieder hinaus, der Wind treibt Wellenkämme über die Wasseroberfläche; es regnet vielleicht auch. Eine Reizeingabe entspricht nun dem Tun eines Knaben, der am Ufer steht und Steine in dieses Wasser wirft. Die Steine bilden Erregungswellen, die sich zum Teil überlagern und komplexe Interferenzmuster bilden, die in dem Grundrauschen der auch anderweitig bewegten Wasseroberfläche aber schnell verebben. Was wird nun »wie« von dieser Reizeingabe »wo« registriert? In unserem Schädelkasten sitzt ja kein Beobachter, der solche Erregungsmuster registriert und interpretiert.

Das Hirn reagiert vielmehr um einiges »blinder«. Irgendwo in der Architektur des Cortex finden sich Ausgangselemente, die – in einer Kaskade von hintereinandergeschalteten Neuronenpopulationen – eine Erregungsveränderung in einem ihnen topologisch zugeordneten cortikalen Areal in ein motorisches Programm, in Verhalten umsetzen. Diese Elemente liegen nicht direkt unter der Region, die auch die entsprechenden sensorischen Eingangssignale erreichen. Vielmehr finden sich die Eingangs- und Ausgangsregion gegeneinander versetzt. »Dazwischen« finden wir komplexe, auch von anderen Erregungseingängen aktivierte Neuronengruppen. Der Signalausgang eines solchen Systems ist ein Produkt aus den systemeigenen Binnenaktivitäten und den den Sinneseingängen nachgeordneten Erregungsumschichtungen. Das vorhin gezeichnete Bild wäre entsprechend um einen Pegelstandmesser zu ergänzen, der irgendwo am Seeufer steht und Wellenbildungen registriert. Hierbei ist er so eingestellt, daß er bei Auslenkung über eine vorab definierte Größenordnung hinaus Alarm gibt und etwa die Stellung einer Schleuse reguliert.

≡ Modellanalyse

Beiläufig gesprochen: Die Gegenstände sind farblos.

Ludwig Wittgenstein

Ist es nun möglich, das »Teich-Bild« so weit zu präzisieren, daß wir einen Ansatz finden, die hier formulierten Gedanken auf die Organisation des Neocortex zurückzubeziehen? In meiner Arbeitsgruppe haben Rolf Heimbach und Ralf Müller versucht, diese Ideen in ein Simulationsprogramm zu übertragen, das zumindest in einigen uns wesentlich erscheinenden Punkten biologischen Systemen näherkommt. Hierzu haben sie ein einfaches hochvernetztes Gitter von 10 000 Elementen programmiert. Diese Elemente wurden als Knotenpunkte in einer zweidimensionalen Matrix definiert. Jeder Knotenpunkt besteht aus einem Element, das in definierter Weise mit anderen Elementen dieses Gitters verknüpft ist. Jedes dieser Elemente besitzt eine Reihe von neuronenähnlichen Eigenschaften (Abb. 25):

Jedes Element hat einen Aktivitätszustand, es ist zu jedem Zeitpunkt in einem definierten *Erregungszustand* (dieser wird als Produkt aus dem in einer Simulation vorgegebenen Grundzustand und den nachmaligen Erregungseingängen errechnet). Es wird ein *Radius* vorgegeben, der ein Areal kennzeichnet, in dem jedes Element mit jedem entsprechend lokalisierten Element der Matrix verknüpft ist; hierbei vollzieht sich die Ausbreitung eines Signals über einen Radius n in einer *Dauer* von x Zeitschritten. Der Erregungsradius kann auf einzelne Sektoren eingegrenzt werden. Die Verknüpfung eines Knotenpunktes mit einem zweiten Knotenpunkt ist jeweils nur in *einer* Richtung passierbar. Die *Intensität*, mit der von ihr Erregung weitergegeben wird, definiert sich durch einen Wert v, der entweder negativ (= hemmend) oder positiv (= erregend) sein kann. Die Erregung erfolgt über jeweils e Zeitschritte; allerdings hat ein Knotenelement nach einer Erregung eine Ruhepause von r Zeitschritten – eine sogenannte *Refraktärzeit* – einzuhalten. Die *Aktivität* eines Knotenelements berechnet sich aus dem Betrag seiner Erregung zu einem Zeitpunkt t sowie der Summe der in t eintreffenden Erregung. Liegt der Gesamtbetrag der Erregung solch eines Gitterpunktes über einem *Schwellenwert*, wird/ bleibt dieser Knotenpunkt aktiv und aktiviert sein Umfeld.

Damit besitzen diese Elemente Eigenschaften, die zumindest einzelnen Aspekten neuronaler Verknüpfungscharakteristika nahekommen. Natürlich ist dies nur eine sehr grobe Annäherung. Wir hatten ja gesehen, wie kompliziert reale Neurone im Cortex miteinander »verdrahtet« sind. Zudem – auch dies ist eine ganz wesentliche Einschränkung – berücksich-

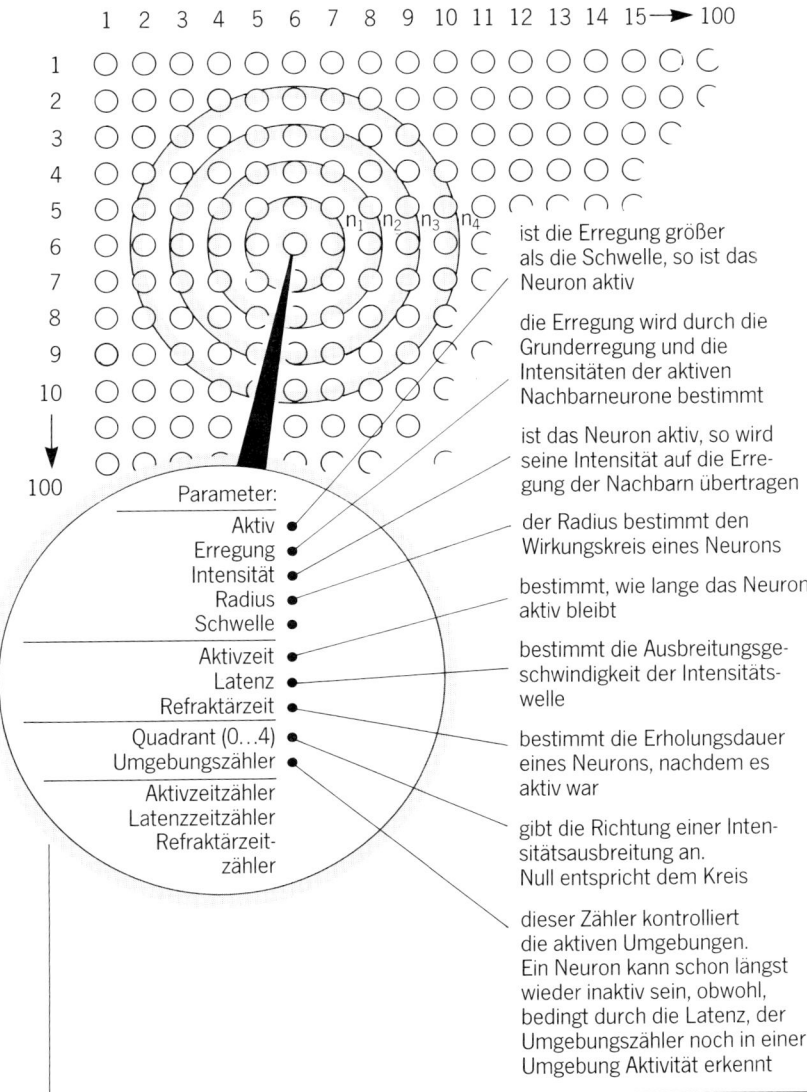

Parameter:
Aktiv
Erregung
Intensität
Radius
Schwelle
Aktivzeit
Latenz
Refraktärzeit
Quadrant (0...4)
Umgebungszähler
Aktivzeitzähler
Latenzzeitzähler
Refraktärzeit-
zähler

ist die Erregung größer
als die Schwelle, so ist das
Neuron aktiv

die Erregung wird durch die
Grunderregung und die
Intensitäten der aktiven
Nachbarneurone bestimmt

ist das Neuron aktiv, so wird
seine Intensität auf die Erregung der Nachbarn übertragen

der Radius bestimmt den
Wirkungskreis eines Neurons

bestimmt, wie lange das Neuron
aktiv bleibt

bestimmt die Ausbreitungsge-
schwindigkeit der Intensitäts-
welle

bestimmt die Erholungsdauer
eines Neurons, nachdem es
aktiv war

gibt die Richtung einer Inten-
sitätsausbreitung an.
Null entspricht dem Kreis

dieser Zähler kontrolliert
die aktiven Umgebungen.
Ein Neuron kann schon längst
wieder inaktiv sein, obwohl,
bedingt durch die Latenz, der
Umgebungszähler noch in einer
Umgebung Aktivität erkennt

Abb. 25   Simulationsmatrix von Heimbach und Müller. 100 × 100 Elemente sind derart
miteinander vernetzt, daß jedes Element (etwa das Element 6–6 innerhalb einer
Umgebung n [n1.4]) seine Nachbarelemente aktiviert. Die Komponenten, die ein
Einzelelement charakterisieren, sind ausgewiesen.

tigt diese Simulation nicht, daß ein Neuron eine komplexe Gestalt und eine komplizierte biochemische Ausstattung besitzt, über die schon ein Einzelneuron die es erreichenden Erregungseingänge verrechnet. Das Modell zeigt nur einen Aspekt der neuronalen Verrechnungsvorgänge, die Überlagerung von komplexen Erregungsmustern. Und auch hierin bleibt das Modellsystem – schon allein von seiner Größenordnung – noch weit hinter der Realität zurück. Dennoch glaube ich, daß dieses Modell zumindest eine Vorstellung von dem ermöglichen kann, was in einem komplexer vernetzten System »abläuft«.

Unser Modell »lernt« auch nicht. Wir hatten ja eine Vorstellung beschrieben, derzufolge eine längerfristige Aktivierung einer Neuronenkette die Verknüpfungswertigkeit zwischen den Elementen solch einer Bahn neu wichtet. Unser Modellsystem bleibt hier statisch, seine Vernetzungsarchitektur gleichsam eingefroren. Dennoch, und dies ist überraschend, zeigt schon dieses so einfach angelegte Modell eine komplexe Dynamik.

Wie funktioniert das Modell nun? Jedes Element ist mit seiner Umgebung verkoppelt, nach einer Erregung gibt es seine Aktivität allerdings nur dann weiter, wenn seine Grunderregung plus der neuen Eingangserregung einen Schwellenwert überschreitet. Ist dies der Fall, werden die Elemente in seiner Umgebung (in n) mit einer Zeitverzögerung erregt (Abb. 26). Diese Erregung hat den Wert v. Jedes dieser Umgebungselemente gibt diese Erregung nun genau dann weiter, wenn auch seine Gesamterregung nach der »Eingabe« von v über einem Schwellenwert liegt. Hierbei wird die Erregung auch von diesem Element nicht einfach weitergereicht, vielmehr gibt solch ein Element seinerseits, wenn es erregt ist, Erregung nur mit einem von seinem Eigenschaftskatalog bestimmten Wert v ab. Sie können sich nun vorstellen, daß es schon nach drei Verrechnungsschritten zu komplexen Überlagerungen in der wechselseitigen Erregung der umeinander gruppierten Elemente solch eines Netzmodelles kommt. Die Frage ist nun, was passiert, wenn ich ein solches System nicht als *tabula rasa* starte, sondern bei einem Systemlauf mit einer zufällig gewählten Erregungslandschaft starte? Was passiert, wenn ich in diese Erregungslandschaft einen Reiz eingebe? Wird dieser Reiz noch abgebildet, oder geht er in dem durch die zufallsverteilte Erregung vorgegebenen Aktivierungshintergrund schlichtweg unter?

Wir können die Simulation ablaufen lassen und die Erregungsverteilung bei den einzelnen Berechnungsschritten betrachten. Wir erhalten so eine Bildsequenz der Erregungszustände. Die betreffende Sequenz wird abgespeichert und ist in einer Art Trickfilm abrufbar. Dieser Film erlaubt es, die Veränderungen in der Erregungsverteilung des neuronalen Systems zu verfolgen. Wir können nun die Eigenschaften der einzelnen Elemente variieren und schauen, ob die Wahl der Systemparameter die Abbildungseigenschaften unseres Modells verändert.

Dieses Modell hat noch eine Besonderheit. Wir hatten für das Modell eine »Überlagerungsmatrix« definiert. Diese Überlagerungsmatrix erlaubt es, in das Modellsystem Erregung »einzufüttern«. Was finden wir dann? Die Simulation wird unter Vorgabe einer statistischen Erregungsverteilung gestartet. Zusätzlich überlagert man dem System in regelmäßigen Zeitabständen eine räumlich sehr begrenzte Erregungsmatrix. Fehlt solch eine Überlagerungsmatrix, klingt (bei geeigneter Wahl der Parameterkonstellation der Knotenelemente) die Gesamterregung des Systems vergleichsweise schnell ab. Ausgehend von einzelnen Aktivitätsherden – die in dieser Matrix aber dennoch erhalten bleiben –, bilden sich dann Erregungsinseln, die auch über sehr lange Berechnungszeiten stabil bleiben. In diesen Aktivitätsinseln oszilliert das Gesamterregungsmuster, ohne sich jedoch stärker zu verändern.

Führen wir nun eine Überlagerungsmatrix in einem in allen anderen Parametern gleichartigen Simulationslauf ein, verändert sich die Antwort des Systems. Es entstehen *zusätzliche* Aktivitätsinseln. Diese Aktivitätsinseln bilden sich aber nicht direkt unter der Überlagerungsmatrix, vielmehr liegen sie versetzt zum Eingabebereich der Überlagerungsmatrix.

Diese neuen Inseln sind also nicht allein dadurch zu erklären, daß zusätzlich Erregung in einen bestimmten Teil des Systems gebracht wird. Dann hätten wir zu erwarten, daß sich diese neuen »Inseln« direkt in dem Bereich der Überlagerungsmatrix ausbilden. Die Inseln sind vielmehr das Resultat einer Verrechnung der zusätzlich eingegebenen Erregung durch die darunter liegenden Knotenelemente. In deren Berechnung überlagern

Abb. 26   Der Modellierungsansatz
a, b) Schema der Reaktionen des Systems nach Eingabe eines Inputs in n'. Die Erregung streut über t nach n'', n''' aus; zugleich aktivieren n'', n''' eine Rückkopplungsschleife, wodurch sich die Antwortcharakteristik des Systems schon nach wenigen Zeitschritten äußerst kompliziert. Die Eingangsebene A entspricht dem Dendritenbereich einer neuronalen Konfiguration, die Ausgangsebene B entspricht dem axonalen Bereich. Eine Eingabe in A führt im Element n nur dann zu einer Ausgabe in B, wenn der Gesamterregungswert in A an der Stelle n zur Zeit t_1 über einem Schwellenwert Θ liegt. Liegt der Betrag über Θ führt dies zu einem Output 1, der über eine Verzögerungsschleife a in die Umgebung des Eingabeelementes einstreut.

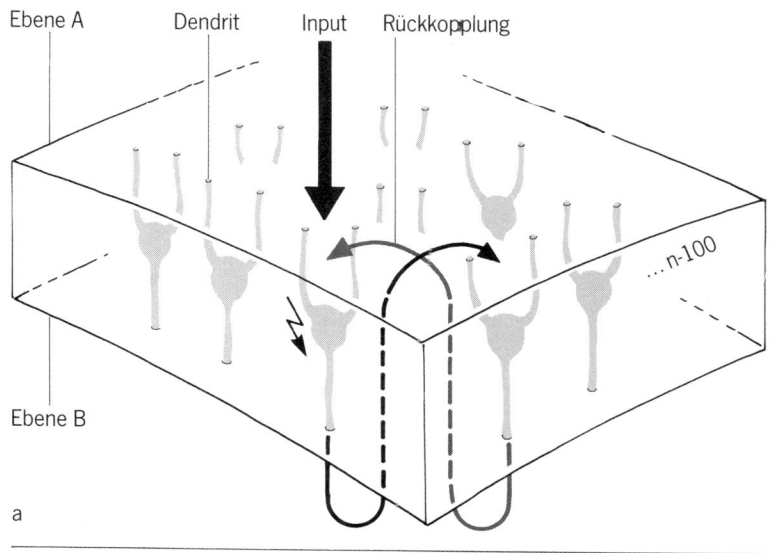

Ebene A Dendrit Input Rückkopplung

...n-100

Ebene B

a

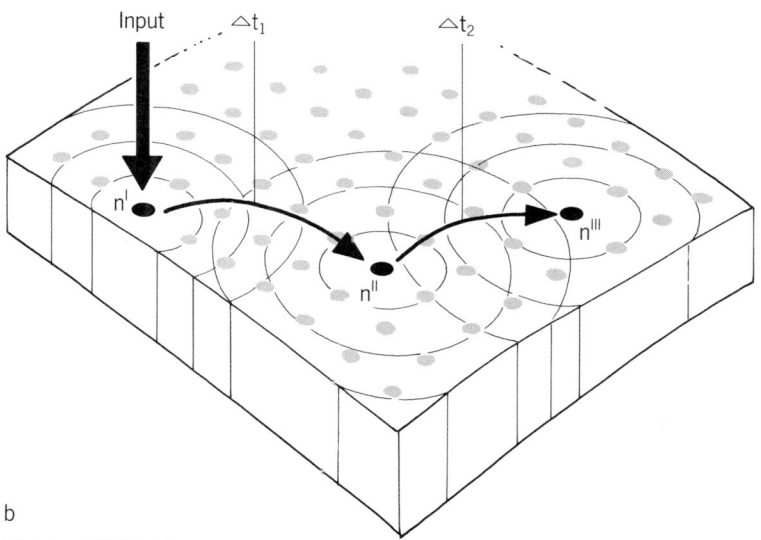

Input $\triangle t_1$ $\triangle t_2$

n^I

n^{II}

n^{III}

b

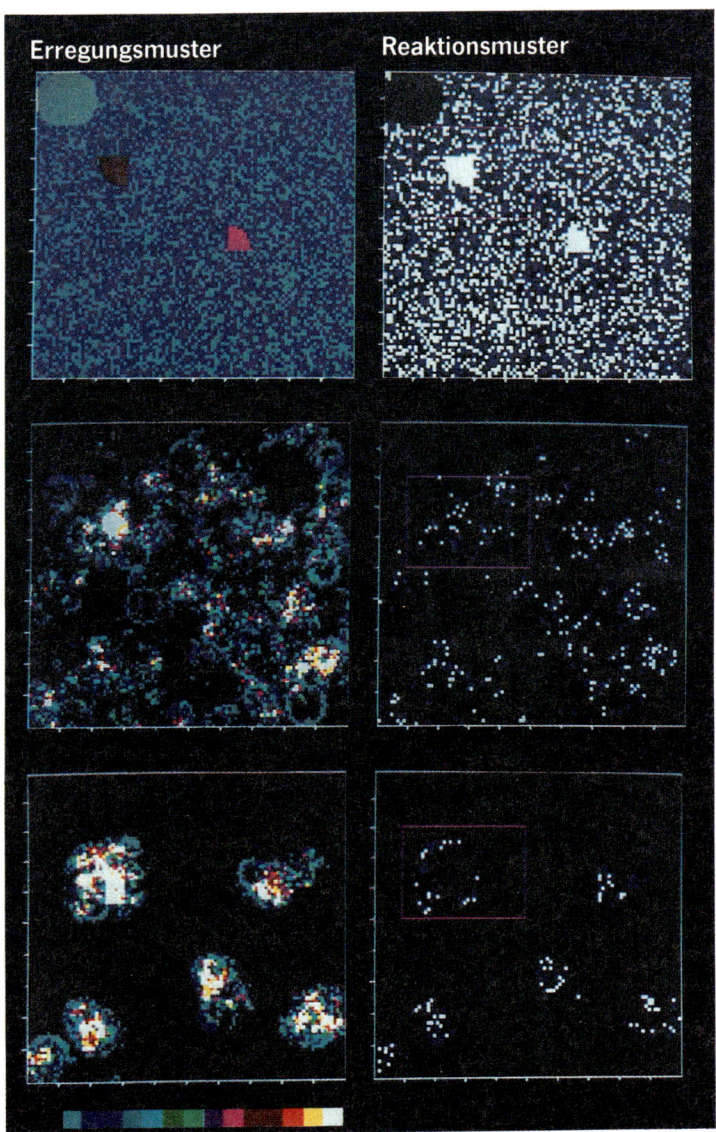

Abb. 26c zeigt einen realen Lauf des Modells von Heimbach und Müller. Dargestellt sind die Erregungszustände (Erregungsmuster, d.h. die Ebene A) und die Reaktionsmuster (die Ebene B) zu verschiedenen Zeiten der Berechnung. Die Erregung ist farbkodiert (0-255), in der Reaktionsmatrix steht Weiß für ein erregendes Element und Blau für ein hemmendes Element. Die einzelnen Elemente der beiden Matrizen sind topologisch korrespondent. Beachten Sie die Erregungsinseln, die sich schon vergleichsweise rasch bilden und die sich dann über lange Berechnungszeiten stabilisieren.

sich diese Erregungseingaben mit den momentanen Grundzuständen dieser Knoten. Die Ausgabe dieser Knoten ist nun wieder abhängig von speziellen Verknüpfungseigenschaften.

Schon solch eine sehr einfache Simulation zeigt, daß diese – numerisch im Vergleich zum Cortex mehr als simpel aufgebaute – Überlagerung verschiedener Elementkonfigurationsbedingungen im Endeffekt ein Resultat erbringt, das mit der Kenntnis der Reizeingabefunktion allein (dies ist in unserem Falle die Überlagerungsmatrix) nicht zu erarbeiten ist. Dies bedeutet, daß sich schon in einem so einfachen artifiziellen System ein Erregungseingang nicht direkt und unabhängig von den momentanen Eigenschaften der Grundmatrix »abbildet« Vielmehr ist das System von den Reizeingangsbedingungen zumindest in Grenzen entkoppelt.

In Unkenntnis der momentanen Konstellation der Grundmatrix war somit auch bei einem massiven Reizeingang eine definitive Vorhersage des entsprechenden Effektes auf die Aktivität der Grundmatrix möglich. Aus der Kenntnis der Signaleingabe läßt sich das Verhalten eines solchen Netzwerkes nicht vorhersagen. Für den externen Betrachter zeigt sich das Verhalten des Netzes demnach von einer vereinfachenden »Wenn-dann«-Beziehung entkoppelt. Das Verhalten des Netzes wirkt spontan.

Ein zweites läßt sich schon aus diesem höchst einfachen Modell ablesen. Der Begriff einer »Repräsentation« von Dingen der Außenwelt in einem Erregungsmuster des Cortex scheint mehr als fragwürdig. Was wir finden, ist eine Überlagerung von Binnenaktivität und Reizeingangsparametern. Diese Überlagerung konstituiert ein Erregungsgefüge, dem von der ursprünglichen Reizeingangskonstellation nur noch wenig anhaftet. Zudem ist das Antwortverhalten des Netzes nur in Grenzen von den Eingangssignalen bestimmt. Deutlich wird diese Problematik vor allem dann, wenn wir – über einen Simulationslauf – die Aktivitätsverschiebungen in verschiedenen Bereichen des Simulationsnetzes vergleichen. Die entsprechenden Erregungsspektren differieren – jeweils abhängig von dem Ort, an dem sie aufgenommen wurden.

Mir scheint, die vorgelegte Betrachtungsweise eröffnet einen Zugang zur Darstellung der Mechanismen, über die ein neuronales Netz die »Außen-Welt« abbildet. Schon ein solch einfaches Modell wie das hier vorgestellte transformiert ein Eingangssignal durch seine Binnencharakteristika. Dies bedeutet, daß »eine Repräsentation« des Reizeinganges in die Matrix wesentlich durch die Binneneigenschaften des Systems selbst bestimmt ist. Entsprechend hätte eine Analyse von »Repräsentationen« im neuronalen Netz zu entschlüsseln, inwieweit die Abbildung von Außenreizen von den Eigenschaften des neuronalen Netzes (Hardware und momentaner Erregungszustand) abhängig sind. Damit läßt sich abschätzen, welche Faktoren der Neuronen-Architektur die Wichtung von Erregungseingängen besonders beeinflussen.

Mir scheint eine Beobachtung zentral für das Verständnis der Verrechnungsarchitektur in dem Modell: Ein Ausgabeelement, das in der vorgegebenen Art aufgebaut ist, bildet nicht die komplexen Erregungsmuster des »neuronalen Netzes« ab. Vielmehr addiert jedes dieser Ausgabeelemente Erregungszustände einer Subpopulation in dem Gesamtsystem auf, ohne um deren Woher und Wohin zu »wissen«. Transformiert wird von solch einem Element somit nur ein momentaner Erregungszustand eines kleineren Areals im Gesamtgefüge des Knotengitters. Das schließlich weitergereichte Signal ist abhängig von der Spannbreite des Einzugsbereichs des weiterleitenden Neurons und von dessen Schwelle. Entsprechend komplex wird das Eingangssignal dann auch in dem Verrechnungsgeschehen umgeformt. Wenn wir nun noch davon ausgehen, daß sich im Ausgabeareal eines realen Nervengewebes eine Vielzahl solcher Ausgabeelemente überlagern, entzieht sich das Bild vollends dem Betrachter.

Eingangserregungsmuster werden innerhalb des Nervengewebes von den Binnenzuständen der Neuronen überlagert. Die primären Eigenschaften des Eingangssignales (Muster, Zeitverhalten) werden hierbei verschoben. Die Antwort des Gesamtsystems ist zudem lokal – durch wenige, die Aktivitätsveränderungen registrierende Elemente – nur höchst unzureichend zu erfassen. Übertragen wir diese Beobachtung auf das um Klassen komplizierter aufgebaute Nervensystem. Hier ist die Situation schon aufgrund der Anzahl interagierender Elemente für einen Beobachter noch viel problematischer. Wir müßten doch demnach erwarten, daß sich in solch einem realen System ein Außenreiz, der im sensorischen Cortex durch physiologische Methoden abzubilden ist, schon auf der nächsten Verrechnungsebene völlig verwischt. Können wir unter diesen Bedingungen den Begriff einer »Abbildung« von Umweltereignissen im Hirn noch aufrechterhalten? Formal geht dies natürlich; allerdings ist solch eine Abbildung nur noch ein Element in einem komplexen Verrechnungsgeschehen, in dem die Konturen des Eingangssignales schon auf der ersten Verrechnungsebene verschwimmen.

Die hier vorgelegten Überlegungen sind zunächst nur kritisch. Die vorgelegte Skizze umreißt noch kein schlüssiges Alternativ-Konzept. Sie zwingt aber zur Vorsicht bei der Interpretation physiologischer Daten.

≡ Verrechnung im Cortex

It was also clear from the outset that the ideas we would generate about information handling in the cortex would have a statistical touch. Once individual synapses and fibres are recognized as providing a picture which is far too detailed to be biologically realistic, the correct description is one in terms of populations of synapses and fibres.

V. Braitenberg & A. Schüz

Wie sähen übertragen auf den Cortex, diese Modellvorstellungen aus? Erinnern wir uns an die skizzierten Grundzüge der cortikalen Faserverbindungen. Wir hatten innercortikale Verbindungen im lokalen Umfeld einzelner Neuronencluster, innerhalb einer Hemisphäre und zwischen lageanalogen cortikalen Verbindungen gefunden. Darüber hinaus gibt es – wie wir sahen – aber auch sehr genau ausgerichtete Verbindungen zwischen bestimmten Regionen der Kerne, älteren Hirnregionen und bestimmten Arealen des Cortex. Wir hatten gesehen, daß diese Verbindungen einen großen Anteil der in einzelne Cortexareale projizierenden und solche verlassenden Fasern ausmachen. Sehr vereinfacht ausgedrückt scheint der Cortex die Kernregionen der älteren Hirnregionen regelrecht zu überlagern. Einzelne aus diesen Regionen aufsteigende Erregungen werden innercortikal hin- und hergeschoben, in ihrem Erregungsprofil entsprechend den Zuständen des Cortex verändert und wieder in die Kernregionen »zurückgesandt«. Bildet hier der Cortex also eine überlagernde Erregungsarchitektur, die die noch eng an die jeweiligen Sinneseingänge angelehnten Erregungsprofile variiert?

Dieses Gedankenspiel wäre so zu einfach, es könnte uns aber helfen zu verstehen, wie es zu der in verschiedenen Stufen ablaufenden Entwicklung des Cortex – besonders in den nicht direkt an spezielle sensorische Eingänge gekoppelten vorderen Cortexregionen – kommen konnte. Dadurch, daß der Cortex nicht direkt mit einem Sinneseingangsbereich verbunden ist, sondern die eingehenden Erregungen zunächst einmal in Rückkopplungsschleifen regelrecht »reflektiert«, konnte sich dieses neuronale System mehr und mehr von der konkreten, durch die momentanen sensorischen Eingänge dargestellten Umweltsituation entkoppeln. Eine solcherart ausgeprägte, eigengenerative Neuroarchitektur erlaubte dadurch den Aufbau »eigen«bestimmter Verhaltenssteuerungsprozesse, die sich aus der konkreten Umweltsituation herauslösen konnten.

In diesen neuronalen Strukturen können Erregungsmuster hin- und herdriften, ohne durch die kontinuierlich einströmenden Sinnesreize fortlaufend variiert zu werden. Das System kann so besonders wichtige, in

Als Reaktionen auf übliche Reize bilden sich Gewohnheiten. Bew.- Inhalte gewürdigt ohne Angst-Relevanz, b) bei störkeren ü. Sensierenden Angst ‹ Bild 3, 150 › und geringe Netz-Zustands- Relevanz.

160 Neuronale Vernetzung oder logisches Kalkül? B. 58. vom Entstehen einer Eisbahn

seinen Rezeptorstrukturen vorselektierte Reizmuster eingehender »abtasten« und spezifische, von solchen Erregungskaskaden häufig benutzte Bahnen im Nervengewebe entsprechend verstärken. Von der konkreten Umweltsituation entkoppelt, gewinnt das neuronale Programm zusehends an »Selbstbezug«. Liegt hier der Schlüssel zu einem Verständnis von Bewußtseinsprozessen?

≡ Selbstbezug = Selbstbewußtsein?

Zurückkehren und – fragen?

Stanislav Lem

Diese Skizze ist spekulativ. Die drei vorherigen Unterkapitel offerierten Ihnen eine Hypothese. Diese Hypothese könnte eine Menge dessen, was uns in den vergangenen Kapiteln problematisch war, erklären helfen. Wie weit führt sie aber in einem Ansatz, der unser Denken, unsere Selbsterfahrung zum Thema macht? Erklärt die Statistik der neuronalen Verknüpfungen unser Selbstempfinden? »Vorstellungen« können wir nicht messen. Auch das »Bewußtsein« ist keine dem Physiologen zugängliche Größe. Haben wir uns nun folgerichtig dem Diktat der Methode dieser Wissenschaft zu unterwerfen, die all das, was nicht registrierbar ist, nicht als möglichen Bestandteil ihres Wissensgebäudes akzeptieren kann? Bedeutet dies, daß dann auch wir ein Phänomen, das für den Physiologen nicht registrierbar ist, in den Bereich des Unabwägbaren verdammen?

Es ginge vielleicht auch einfacher. Folgen wir dem Gedanken des Philosophen Dennett, dann ist die spezielle Leistung des mit einem Cortex versehenen Wesens eine offenere Verhaltensorganisation. Damit – so Dennett – sind diese Organismen unabhängig von den sie momentan erreichenden Umweltreizen. Sie sind in ihrem Verhalten weniger kalkulierbar. Ein Gegner, ein Freßfeind, kann sich deshalb auf diese Organismen nur sehr schlecht einstellen. Demnach – so Dennett – erlangen Organismen, die ein Nervensystem besitzen, das ihnen diese Befreiung von den momentanen Umweltkonstellationen erlaubt, einen Selektionsvorteil. Entsprechend – so Dennett weiter – werden diese Organismen durch die Evolution favorisiert. Folglich würde sich ein bestimmter Typus der neuronalen Organisation und damit ein bestimmter Verhaltenstyp durchsetzen: Befreit von den jeweiligen Außenreizkonfigurationen, gewänne solch ein Organismus ›Freiheit‹. Diese Freiheit ist nach Dennetts Hypothese nichts anderes als eine zunehmende Entkopplung von der konkreten sensorischen Umwelt. Der Organismus selbst bleibt in seinen Reaktionsabfolgen streng determiniert. Nur ist diese Determination in ihm selbst, in der Aktivität »seines« Hirngewebes bestimmt und grenzt ihn so gegenüber einem anderen Organismus ab. Genau von dieser Warte argumentiert auch der Philosoph Fodor, wenn er einen Zigarettenautomaten deshalb als eine »frei« entscheidende Maschine ansieht, weil diese Maschine unter Umständen auch Falschgeld »akzeptiert«.

Nicht eine eigene in dieser Organisation liegende Qualität, sondern vielmehr die Möglichkeit, nicht mehr direkt von den jeweilig momentanen Reizeingängen der Umwelt bestimmt zu sein, die Ausgrenzung eines Verhaltensraumes, der von einem externen Beobachter nicht mehr völlig vorauszusehen ist, generiert demnach Freiheit. Freiheit wäre u. U. also auch in der Fähigkeit zu finden, Fehler zu machen Computersysteme, die in dieser Weise »Fehler« zu machen vermögen, gewännen somit eine (im Sinne solcher Ausführungen) positiv zu wertende Eigenschaft. Wir werden diesen Gedanken später noch einmal aufnehmen.

Ist also das wesentliche Kriterium eines kognitiven Apparates seine – sozusagen systemimmanente – Spontaneität, seine in einer logischen Ableitung nicht mehr völlig zu erschließende Handlungsweise?

≡ Können Computer denken?

Vor der Maschine wirkte er wie ein Zwerg,
obwohl nur ihr kleinster Teil sichtbar war.

Isaac Asimov

Nach unseren bisherigen Überlegungen läßt sich das Hirn als ein Gebilde auffassen, dessen wesentliche strukturellen Eigenheiten zumindestens näherungsweise in einem Computermodell simuliert werden können. Für ein Verständnis der physiologischen Eigenheiten des Nervengewebes hatten wir solch ein Computermodell bemüht. Dabei war diese Simulation kein Planspiel zur bloßen Illustration komplexerer Zusammenhänge, ausschlaggebend für die in dieser Simulation gewonnenen Aussagen war vielmehr die Eigendynamik des Modells. Das künstliche neuronale Netz zeigte wenigstens prinzipiell Eigenschaften, die dem komplexen Verhaltensspektrum realer neuronaler Netze entsprechen. Hat solch ein »artifizielles neuronales Netz« deshalb Eigenschaften, die denen eines Hirns nahekommen?

Wir könnten – wenn diese Frage positiv beantwortet würde – davon sprechen, daß das »Gehirn« auf unserem Planeten mindestens dreimal entstanden ist: zunächst bei den wirbellosen Tieren wie den Spinnen und den Insekten, später bei den Wirbeltieren wie den Fischen oder Säugetieren – und zuletzt eben bei den elektronischen Maschinen.

[handschriftliche Notiz am oberen Rand: "Heute": im Cg. mehrere Prozessoren u. Algorithmen gleichzeitig am Werk]

Gegenüber den klassischen Rechnerarchitekturen scheinen sich mit den neuen, parallel verarbeitenden Rechnern ganz neue Qualitäten aufzutun. Die streng logisch aufgebauten Schaltkreise der klassischen Rechnerarchitekturen spulen lediglich ein vorgegebenes Programm ab. Auch wenn sie selbst in ihren Funktionen, etwa der Berechnung komplexer Datenfelder, schließlich alle entsprechenden menschlichen Fähigkeiten schlicht ausstechen, bleibt der Aufbau dieser Computer doch an ihre Programmierung gebunden. Konkret: Aus diesen Maschinen ist nur das herauszuholen, was vorher in sie hineingesteckt wurde; d. h. diese Computer wenden nur das Denken ihres Konstrukteurs an. Wenn sich mit diesem Maschinentyp neue Denkwege – etwa im Bereich der Modellierung physikalischer Systeme – eröffnen, dann nur deshalb, weil sie Berechnungen beschleunigen. So wurde es beispielsweise möglich, neue Beweisverfahren in die Mathematik einzubringen, die allerdings nur insofern eine neue Qualität darstellen, weil Berechnungen, die sich sonst über Jahre hingezogen hätten, nun in Minuten erledigt sind. So lassen sich Wege ausprobieren, Risiken abschätzen und auch neue Problembearbeitungsstrategien erschließen. Nur, solch eine Maschine bleibt Instrument; die mit ihr möglichen Leistungen vollziehen sich nicht unabhängig von den programmbedingten Vorgaben der Rechnerarchitektur. Auch ein Bagger erlaubt es, gegenüber einem nur mit einem Spaten ausgerüsteten Arbeiter völlig neue Dimensionen in der Landschaftsgestaltung anzugehen.

Ist mit den skizzierten parallelen Verarbeitungsprozessen nun aber nicht eine neue Dimension gewonnen, die auch für den Rechner prinzipielle Neuansätze bietet? Haben Computer, wenn sie Fehler machen können, nicht genau den Varianzgrad erlangt, der ein kognitives System ausmacht? Ist diese Freiheit von vorgegebenen Programmstrukturen das Moment, das es erlaubt, diesen Rechnern Denkfähigkeit zuzusprechen? Könnten wir – ausgehend von der Darstellung der Biologie des Hirns – eine Parallele zwischen uns und den Rechnern ziehen? Auch wir sind letztlich programmiert. Unser Code, die Gene, wurden ebenfalls extern, durch den Gang der Selektion ausgewählt und der Struktur Mensch implementiert.

Aber was ist wirklich neu an diesen parallel verarbeitenden Computerarchitekturen? Wenn wir unsere Perspektive sehr klein halten, uns nur auf die Informationsverarbeitung eines Elements der parallel geschalteten Architektur konzentrieren, so sehen wir, daß die Einzelereignisse, die diese Strukturen steuern, genauso festgelegt sind wie die der klassischen Rechner-Architekturen. Eine neue Qualität erhalten diese Rechner nur durch die Parallelität der Verrechnungsprozesse, die es für uns nicht mehr direkt nachvollziehbar macht, was in den komplexen Überlagerungen von Berechnungsprozessen geschieht. Damit trägt die Gesamtreaktion des Systems für uns Unabwägbarkeiten, sie scheint unserer Analyse nicht mehr direkt zugänglich. Täuscht uns hier aber nicht unsere Anschauung? In der Vielfalt der Prozesse, die in ihrer Überschneidung so unüberschaubar werden, bleibt die einzelne Reaktion doch festgelegt. Die möglichen Überlagerungen sind durch die Programmvorgaben und durch die Hardware vorbestimmt. Die bloße Unüberschaubarkeit der Reaktionsvielfalt ist ja keine Qualität des betrachteten Systems, sondern ein Manko unserer analytischen Fähigkeiten. Wir werden die Wanderbewegung einer Düne ja nicht deshalb für jenseits der physikalischen Gesetzmäßigkeit stehend halten, weil wir die Vielfalt der Einzelbewegungen dieser Struktur, der Sandkörner, nicht zu erfassen vermögen.

Wichtig für ein Verständnis hochparalleler Computer ist, daran zu denken, daß auch diese Strukturen programmiert sind. Der Aufbau einer parallel arbeitenden Architektur bestimmt alle möglichen Konfigurationen in diesem System.

Was haben wir dann mit diesen neuen Architekturen gewonnen? Zunächst einmal Schnelligkeit. Durch die Verteilung sehr ähnlicher Teilaufgaben in das Netzwerk von parallel arbeitenden Prozessoren schlägt ein parallel arbeitendes System ein seriell hierarchisches System, das seine Aufgaben hintereinander abarbeitet, dank seiner Geschwindigkeit; es schlägt damit aber nicht die Gesetze unserer Logik. Auch diese Architekturen leisten das, was in sie hineingesteckt wurde. Selbst der Einbau von Lernregeln automatisiert ja nurmehr einen Programmschritt. Der Computer lernt nach einer Regel; ihm ist vorgegeben, bei einer bestimmten Zuordnung von Einzelprozessen in einer bestimmten Weise zu reagieren. Der Trick in der Programmierung besteht nun darin, diese Regel auf einen kleinen Bereich des Berechnungsprozesses zu beziehen: Immer dann, wenn an einem Element des Berechnungsprozesses solch eine Situation auftritt, wird hier lokal ein Weiterverarbeitungsschritt so verändert, daß spätere Signaleingänge an dieser Stelle anders gewichtet sind. Dies bedeutet nun, daß der Programmierer den Rechner nicht in jeder Einzelheit auf eine bestimmte Prozessabfolge zu programmieren hat, der Rechner kann diese Arbeit nun teilweise selbst leisten. Die sich selbst programmierenden Systeme realisieren nur Möglichkeiten, die bei der Programmierung der entsprechenden Rechner eingegeben wurden.

Können wir hier also davon sprechen, daß die Rechner »denken«? Zweifelsohne vollziehen sie Denkoperationen, sie berechnen einen Datenkontext und folgen hierbei logischen Regeln. Genau dazu wurden sie ja konstruiert. Sie entziehen sich aber nicht ihrer Konstruktion. Die Tatsache, daß diese Strukturen fehleranfällig sind, rechtfertigt es nicht, ihnen eine – gegenüber anderen Maschinen – prinzipiell neue Qualität zuzubilligen. Auch diese Computer sind Kalkulatoren. Ihr Aufbau ist komplizierter als

Sie haben keine Moral, keine Fantasie, keine Initiative, keine Bedürfnisse, Gefühle...
„   "   „ Individualität, s.d. nur einer minorischen Modell-Unterschied.

Pem.172   164   Neuronale Vernetzung oder logisches Kalkül? Wo wäre „Seele"?

der eines Taschenrechners, aber – findet sich in ihm etwas prinzipiell anderes? Auch die Computer der neuen Generation sind Maschinen, komplexer und sehr viel effizienter als der Kalkulator von Leibniz, den dieser Mathematiker und Philosoph gegen Ende des 18. Jahrhunderts konstruierte, aber im Prinzip doch genauso aufgebaut.

Haben wir damit aber unsere eingangs gestellte Frage »Können Computer denken?« beantwortet? Diese Maschinen operieren nach Regeln, die komplex miteinander verzahnt sein können, im einzelnen aber ihrer jeweils implementierten Logik gehorchen.

Ist unser Denken etwas anderes? Ist der physiologische Prozeß, der an die Regeln der Neurophysiologie gebunden ist, nicht ebenfalls den operativen Bedingungen einer »Logik« unterworfen? Haben wir also, der Physiologie folgend, das »Denken« ebenfalls nur operativ, als den Vollzug einer in ihren Einzelelementen genauso determinierten Struktur, des Gehirns, zu fassen? Sind also die Computerarchitekturen dem analog, was wir Hirn nennen? Q Hirn in Teilen dem " analog.

Zu fragen hätten wir allerdings spätestens hier, ob wir in einer Definition des »Denkens«, die dieses als eine in logischen Regeln beschreibbare Funktion unserer neuronalen Struktur begreift, diesen Begriff nicht doch recht eng definiert hätten. Die alte Philosophie kannte noch einen Unterschied zwischen Verstand und Vernunft, zwischen den Funktionen, die ein kognitives System ausübt, um sich in seinem Umfeld zu behaupten, und der auf sich selbst verwiesenen Reflexion solchen Tuns. Haben wir diesen Unterschied mit Blick auf die biologischen Konstitutionsbedingungen unseres Hirns als Schein zu verwerfen?

Dennett oder auch Fodor gaben einen einfachen Ansatz für eine Antwort auf diese Fragen vor. Für sie war und ist entscheidend, daß sich ein Verhaltenssteuerungssystem aus der direkten Umweltvernetzung herauslösen kann und sein Verhalten so organisiert, daß es seine Umweltsituation verändert. Darin frei und in dieser Freiheit auf sich selbst verwiesen gewänne ein Individuum in seinen Reaktionen Unbestimmtheit. Für ein zweites, diese Einheit betrachtendes System scheinen dessen Reaktionen demnach nicht mehr vorhersagbar zu sein, ohne doch in den einzelnen Reaktionen aus dem Determinismus, der alles physiologische Verhalten auszeichnet, auszubrechen. Insofern kann es dann auch sinnvoll erscheinen, wenn Fodor dem Geldautomaten einen minimalen Grad von »Freiheit« abgewinnt. Er zeigt uns in diesem Beispiel allerdings nicht, wie komplex solch ein Automat ist, sondern vielmehr, in welch geringem Gehalt sich für ihn die Begriffe Freiheit, Denken und Bewußtsein präsentieren. Sie konstituieren sich für ihn allein aus der Unbestimmtheit im Reaktionsraum eines »kognitiven« System. Folgen wir diesem Gedanken, müssen wir konsequenterweise jedes entsprechende System als eine kognitive Einheit erfassen. Demnach gilt sowohl ein Computer wie auch jede Wolke als kognitives System. Schließlich sind auch die Konfigurationsänderungen einer Wolke für keinen externen Beobachter vorhersagbar, obwohl sich jedes Element in dieser Wolke im Rahmen der physikalischen Gesetze strikt determiniert verhält. Zeigt uns eine solche Erweiterung des Begriffs »kognitiv« mehr als nur die Unmöglichkeit, so das Spezifische menschlichen Handelns zu begreifen? Die Schlußfolgerung von Dennett oder Fodor wäre genau umgekehrt. Die Möglichkeiten, diese Vorstellung des »Kognitiven« universell zu benutzen, zeigt ihnen auf, daß kognitive Systeme keinesfalls eine Besonderheit des menschlichen Geistes sind. Die Natur wäre demnach in ihrer Organisation selbst durch und durch kognitiv. Auf diese Weise wird der Begriff »kognitiv« zur Beschreibung für einen bestimmten Ordnungszustand der Materie. Er steht damit einem Physikalismus nicht entgegen, er selbst führt den Physikalismus vielmehr fort. Alles »Komplex-Sein« wäre kognitiv, und Kognition hieße eben nur »Komplex-Sein«. Entsprechend kann ich dann auch diese Systeme in ihren Regeln, d. h. ihrer Physik, erklären.

Können Computer also denken? Die Antwort von Fodor und Dennett ist eindeutig: Ja. Meine Antwort auf diese Frage ist anders. Zunächst schließe ich ein »Ja« als Antwort aus. Sodann scheint mir die Frage auch völlig falsch gestellt zu sein. Was berechtigt mich dazu, die oben gezogenen Schlußfolgerungen nicht mitzumachen?

Zum einen: Was bedeutet »Denken« in dieser Darstellung? Wir haben die Physiologie des Hirns analysiert und die physiologischen Eigenschaften des Gehirns als die Einheiten definiert, mit denen ich die Funktion dieses Organs, eben sein Denken beschreibe. D. h., mit dem Wort »Denken« haben wir einfach einen alltagssprachlichen Begriff benützt, den wir nun für unsere Zwecke präziser fassen und ihn als die Aussage »Funktionieren des Gehirns‹ definieren. Die konkrete Leistung eines Denkprozesses, etwa das Verstehen eines Satzes, konnten wir physiologisch allerdings nicht entschlüsseln. Wir konnten immer nur physiologische Funktionen aufzeigen, die ablaufen, wenn ein Satz entschlüsselt wird. Wir begreifen die Leistungsfähigkeit des Gehirns eben aus einer rein funktionalen Perspektive. Demnach können wir in der Gegenüberstellung von Hirn und Computer auch nicht die Leistungen vergleichen, denn wir betrachten die Mechanik einer Funktion, aber nicht das, was diese Mechanik vermittelt. Analysieren wir etwa das Sprachverständnis in einer rein funktionalen Perspektive, so zielt unsere Analyse nicht auf den Inhalt eines vorgetragenen Prosastückes: Wir können allein vergleichen, welche der beiden »kognitiven« Strukturen, Schülerhirn oder Computer, beim »Herstellen« eines Textes mehr Fehler macht.

Hier hat denn auch der Turing-Test seine Grenzen. Turing schlug vor, daß wir einen Computer dann als intelligent anzusehen hätten, wenn eine Versuchsperson, die mit dieser Maschine indirekt kommuniziert – also etwa über Briefe oder über das Telefon – nicht zu entscheiden weiß, ob sie mit einem Menschen oder einem Computer geredet hat. In diesem Sinne sind alle komplexer strukturierten Schachprogramme intelligent.

Der durchschnittliche Schachspieler wird selbst gegen ein Produkt der mittleren Preisklasse nur schwer gewinnen. Wie funktionieren nun diese Programme? Sie bekamen von ihrem Programmierer eine Strategie vorgegeben, die ihre einzigen Vorteile, die enorm kurzen Rechenzeiten, voll in die Waagschale wirft. Der Computer berechnet, ausgehend von der Figurenstellung, die Wahrscheinlichkeit von bestimmten Zügen, bestimmt gleichzeitig die jeweils nächsten Schritte, die er bei den verschiedenen Zügen des Gegenüber zu wählen hätte. Hierbei berechnet er – je nach Kapazität – drei oder mehr Züge im voraus und schätzt optimale Konstellationen ab. So kann das Programm schon nach wenigen Zügen die wahrscheinliche Strategie des Gegenübers erkennen und dann entsprechend gezielt die eigenen Reaktionsmöglichkeiten bewerten. Ist der Schachcomputer demnach »intelligent«? Nein, er benutzt nur ein intelligentes (aber ihm eben eingegebenes) Programm.

Wenn wir in diesem Zusammenhang von Denken reden, sprechen wir nur von Funktionen. Solch funktionale Elemente sind in beiden Systemen, Mensch und Computer, vorhanden. Niemand fühlt sich nun aber berechtigt, aus der Tatsache, daß bestimmte Elemente im Motor eines Mähdreschers und eines Flugzeuges austauschbar, zumindest aber vergleichbar sind, die Gleichartigkeit dieser beiden Gefährte abzuleiten. Ähnliches gilt hier auch für die Funktionen von Hirn und Computer.

Begriffe wie »Denken« oder »Bewußtsein« sind in dem hier diskutierten Kontext oft nicht näher definiert. Auch die Forschung im Bereich der »künstlichen Intelligenz« gibt hier keine umfassenden Definitionen. Die Begriffe werden aus der Alltagssprache übernommen. Sie scheinen plausibel. Angereichert mit einer operativen Definition, wie dem Turing-Test, scheint es denn auch möglich, auszutesten, ob der Satz »diese Maschine denkt« berechtigt sein könnte. Problematisch hierbei ist allerdings, daß die Tatsache, daß ein Beobachter in einer bestimmten Umgebung die Äußerungen der Maschine nicht von der eines Menschen unterscheiden kann, nicht dazu führt, daß man von einer Verwechselung, gegebenenfalls einem Fehler des Beobachters spricht, sondern vielmehr die beiden nicht auseinandergehaltenen Phänomene wertgleich setzt. Das verführt schnell dazu, mit dem Begriff »Denken« auch viel von dem zu übernehmen, was der alltägliche Beobachter mit diesem Begriff – in bezug auf sein menschliches Umfeld

– assoziiert. Insofern liegt die Gefahr auf der Hand, den Begriff »Denken« nicht mehr nur operativ – im Sinne des Turing-Tests – zu verwenden, sondern die etwaigen Assoziationen bei der Verwendung dieses Begriffs auch im Wissenschaftsraum beizubehalten. Wäre dies dann aber nicht ein Gewinn für die Wissenschaft, die so ihre Perspektive erweitern könnte und neue Aspekte in ihren Argumentationsgang einzubauen vermöchte?

Dies ist nun nicht so, da die Verwendung einer Begrifflichkeit im Wissenschaftsraum bestimmten Regeln unterworfen ist. Nur das, was in den der Wissenschaft methodisch zugänglichen Rahmen paßt, ist für sie auch thematisierbar. Dies bedeutet, daß der Blickwinkel, unter dem sie einen Phänomenenbereich einordnet, gegenüber dem Blickwinkel des Alltagsgebrauches verengt ist. Wenn sie nun einen Alltagsbegriff benützt, verkürzt sie ihn auf den ihr zugänglichen Phänomenenraum; insofern bezeichnet »Denken« dann auch keineswegs mehr den komplexen, zum Teil unreflektierten Vorgang, den wir im Alltagsgebrauch mit diesem Begriff umschreiben, vielmehr bezeichnet »Denken« dann die Leistung einer Maschine, mit der sie einen bestimmten Test besteht. Problematisch ist jedoch, daß die Wissenschaft, die ja nur diesen ihr eigenen, engen Begriff kennt, diesen nun umgekehrt auch auf den größeren Phänomenenbereich des Alltags überträgt; das heißt konkret: vom Computer zurück auf den Menschen schließt. Dieser Vorgang scheint die offene Begrifflichkeit des Alltagsgebrauchs abzusichern und kann gegebenenfalls – sofern er auch mit »Modellbildungen« verbunden ist – diesen Alltagsbegriff auch erklären. Insofern scheint es denn auch plausibel, den diffusen Alltagsgebrauch des Begriffes auf das für die Wissenschaft Faßbare zu reduzieren. Nur bedeutet diese Reduktion eben auch Verlust: Das der Wissenschaft nicht Beschreibbare wird aus dem Vokabular gestrichen.

Dieser Vorgang muß nicht so sein, wie hier dargestellt. Es liegt aber die Gefahr nahe, hier unkritisch die engere wissenschaftliche Perspektive einfach aufzublähen, ohne neue Akzente wirklich aufzunehmen. Gerade die Verwendung von so undefinierten Begriffen wie »Bewußtsein«, »Ich« oder auch »Gedächtnis« oder »Schmerz« legt die Gefahr, in die hier skizzierte »Begriffsfalle« hineinzulaufen, doch recht nahe.

Die vergleichende Beschreibung der Funktion von Hirn und Computer beruht auf Analogien. Schon allein die Tatsache, daß die Strukturen von Hirn und Computer so radikal verschiedenen Ursprungs sind, verbietet eine Ausweitung solcher Analogievorstellungen, die allein aufgrund der Tatsache, daß Teilfunktionen dieser beiden Systeme sehr ähnlich sind, einen ganzen begrifflichen Überbau zur Beschreibung der Verhaltensäußerungen solcher Systeme gleichermaßen für Mensch und Computer nutzen.

Die Übernahme a. d. Umgangssprache anstelle e. neuen (Begriffs ist ein Fehler! Hier ↓
Mathematik-te vermeidet ihn. (engeren)

168   Neuronale Vernetzung oder logisches Kalkül?

Daß einer solchen Übertragung das Fundament fehlt, hatten wir eben skizziert.

Bleiben wir aber bei unserer Frage: »Können Computer denken?«, und lassen Sie uns zusammenfassend festhalten:

1. Rechner und menschliche Wesen sind in ihren Operationsstrategien ähnlich, was aber – angesichts der Tatsache, daß die Rechner von Menschen konstruiert wurden – nicht allzusehr überraschen dürfte.

2. Die Begriffe »Bewußtsein« und »Denken« werden in dem besprochenen Kontext nur in einer äußerst reduzierten Bedeutung benutzt. Die entsprechenden Begrifflichkeiten werden innerhalb der verschiedenen Wissenschaften, etwa der Neurowissenschaften oder der Psychologie, unterschiedlich definiert. Entsprechend sind diese Begriffe innerhalb dieser verschiedenen Disziplinen auch nicht ohne weiteres austauschbar. Dies bedeutet: Selbst wenn in der Neurowissenschaft ein Verständnis von »Bewußtsein« erarbeitet wurde, gilt solch ein Verständnis zunächst nur für die spezielle, innerhalb dieser Disziplin verwandte Begrifflichkeit. Es gründet auf eine bestimmte Experimentalsituation und kann dann nur innerhalb dieses methodologisch sauber definierten Rahmens benutzt werden. Vor einer Ausweitung der innerhalb dieses Rahmens gewonnenen Aussagen wäre darum zunächst zu prüfen, ob und inwieweit die gleich- oder ähnlichlautenden Begriffe einer Nachbardisziplin in einem vergleichbaren methodologischen Rahmen stehen. Nur dann, wenn dies gegeben ist, lassen sich die Begriffe mit den sie definierenden Beschreibungen zwischen diesen Disziplinen austauschen. So kann ein Biologe einer Nacktschnecke eine Vermeidereaktion antrainieren, indem er sie einem Reiz – etwa einem Lichtblitz – aussetzt und sie dann an ihrem Kopfrand zwickt. Nach einer bestimmten Trainingsdauer wird das Tier direkt nach dem Lichtblitz seinen Kopf einziehen. Der Biologe kann dieses Verhalten »Lernen« nennen und die zugrundeliegenden neuronalen Mechanismen dieses Verhaltensprogrammes studieren. Ein Psychologe kann studieren, wie ein Kleinkind sprachliche Kategorien bildet. Auch er kann dieses Verhalten als »Lernen« bezeichnen. In beiden Bereichen ist der Begriff innerhalb der einzelnen Wissenschaften gut definiert. Es ist aber nicht ohne weiteres möglich, diese Beschreibungen einfach ineinander zu überführen. Hierzu müßte vielmehr zunächst geklärt werden, inwieweit in beiden Verhaltensmustern gegebenenfalls ähnliche Mechanismen zugrunde liegen und inwieweit die Beschreibungsebenen der beiden Wissenschaftsdisziplinen mit ihren unterschiedlichen Methodologien ineinander zu überführen sind.

Ein Vergleich zwischen zwei eben nur *funktionsanalogen* Systemen ist nur mit großer Vorsicht anzusetzen.

Literaturhinweise:

Braitenberg, V. (1976): Hirngespinste, Neuroanatomie für kybernetisch Interessierte. Berlin; *eine sehr anregende Einführung in die Funktionsanatomie des Gehirns.*

Churchland, P. M., Churchland, P. S. (1990): Ist eine denkende Maschine möglich? Spektrum der Wissenschaft 1990, 3: 47–54; *eine auf den Aufsatz von Searle (s. u.) bezogene, philosophische Diskussion der Problematik.*

Dennett, D. C. (1984): Elbow room. The Varieties of Free Will Worth Wanting. Cambridge, Mass.; *ein sehr pointiert geschriebener philosophischer Essay.*

Haugeland, J. (Hrsg) (1980): Mind Design: Philosophy, Psychology, Artificial Intelligence. Cambridge, Mass.; *eine verschiedene Disziplinen umfassende Aufsatzsammlung zur Thematik.*

Hookway, C. (Hrsg) (1984): Minds, Machines and Evolution – Philosophical Studies. Cambridge; *eine an den Band von Haugeland anknüpfende Aufsatzsammlung.*

Kohonen, T. (1977): Associative Memory: a System-Theoretical Approach. Berlin; *eine wichtige, aus informatischer Sicht geschriebene Einführung in die Diskussion um die neuronalen Netze.*

Marr, D. (1982): Vision. New York; *das Buch behandelt das Problem des Bilderkennens.*

Maturana, H. R. (1985): Erkennen: Die Organisation und Verkörperung von Wirklichkeit. Braunschweig; *diese Aufsatzsammlung umfaßt Arbeiten zur Erkenntnistheorie und zur Neurophysiologie.*

McClelland, J., Rummelhardt, D. E. (1986): Parallel Distributed Processing (2 Bde.). Cambridge, Mass.; *eine schon jetzt klassische Aufsatzsammlung zum Problem »neuronale Netze«.*

Neumann, J. von (1958): The Computer and the Brain. New Haven; *eine klassische Einführung in die Problematik.*

Palm, G., Aertsen, A. (Hrsg.) (1986): Brain Theory. Berlin; *Fachbuch, eine Sammlung von zum Teil sehr detaillierten Arbeiten zur Modellierung neuronaler Strukturen.*

Searle, J. R. (1990): Ist der menschliche Geist ein Computerprogramm? Spektrum der Wissenschaft 1990, 3: 40–47; *philosophische Diskussion der Problematik.*

Essen Sie das Hirn Ihres Französisch-Lehrers und andere Tips zur Gedächtnisbildung

Wer weiß, ob wir nicht einer gut gekochten Suppe die Luftpumpe und einer schlecht gekochten, den Krieg oft zu verdanken haben.

Georg Christoph Lichtenberg

≡ Erfahrung und Konnektivität

Gar schiere fein ende nam der tanz.
juncfrowen mit varwen glanz
sâzen dort unde hie:
die rîter sâzen zwischen sie.

Wolfram von Eschenbach

Sogenannte »lernende« Maschinen erscheinen intelligent. Diese Maschinen reagieren selbst auf Veränderungen ihrer Umwelt. Wir hatten das Lernen eines in einem Computer programmierten neuronalen Netzes betrachtet. Lernen bestand für dieses System darin, bestehende Verknüpfungen in diesem Netz in Abhängigkeit von Reizeingangsbedingungen zu variieren. Diese Variationen führten zu Veränderungen im Gesamtverhalten der Maschine, die nun auf bestimmte Reizkonfigurationen in ihrem Umfeld anders als vorher reagiert. Die Maschine hat demnach »gelernt«.

Wie sieht »Lernen« nun bei einem Tier aus? Die klassischen Versuche des Biologen von Frisch demonstrierten, daß selbst Bienen lernen können. Besteht nun eine Chance, in diesen vergleichsweise einfachen Organismen prinzipielle, tierische Organismen insgesamt auszeichnende Lernmechanismen aufzudecken? Betrachten wir ein solches einfaches »lernfähiges System«:

Die Larve der Fruchtfliege *Drosophila,* ein wurmartiges Gebilde von weniger als 0,3 cm Länge, bewohnt faulende Obstreste und ähnliche breiige Lebensräume. Ihre Ausstattung mit Sinnesorganen ist denn auch denkbar einfach. Sie besitzt einige Zellen, die Geruchs- und Geschmacksreize wahrnehmen, ihre Augen sind weitgehend verkümmert, sie reagiert auf Berührungsreize. Setze ich diese einfachen Larven nun einer extrem reizarmen Umwelt aus, indem ich die Tiere isoliere, das sie umgebende Duftangebot auf nur einen Geruchsstoff reduziere und die Tiere im Dunkeln halte, so wird das später schlüpfende ausgewachsene Insekt Verhaltensanomalien zeigen. Analysieren wir den Effekt dieses Experiments genauer, so zeigt sich, daß das »Nichtbenutzen« von Reizübertragungsbahnen in der in ihren Erfahrungsmöglichkeiten extrem eingeschränkten Larve zum Abbau von Nervenzellen im Gehirn führt. Die reduzierte Aktivität des Nervengewebes – es wird durch die Umwelt ja nur in sehr geringer Weise ›beansprucht‹ – hat zur Folge, daß die Verknüpfungen der Elemente im Hirn anders angelegt werden und das Verhalten der Fliege nach dem Experiment verändert ist.

Halten wir uns an die sehr offene Definition, die wir oben für eine begriffliche Fassung von »Lernvorgängen« bei einem Computer gebraucht hatten, so können wir sagen, auch diese Taufliege hat »gelernt«. Ob sie Gutes oder Schlechtes mit auf den Weg bekommen hat, zeigt sich dann am Erfolg oder Mißerfolg ihres Handelns.

Ähnliche Veränderungen der neuronalen Hardware aufgrund von Erfahrung hatten wir schon kennengelernt (s. S. 117). Hier ein weiteres Beispiel: Das visuelle System der Katze wird erst nach der Geburt voll ausdifferenziert. Das Ordnungsmuster der Projektionen der visuellen Bahnen baut sich im Cortex erst nach der Geburt auf: Topologisch korrespondierende Areale der rechten und linken Netzhaut projizieren in direkt nebeneinanderliegende Areale des visuellen Cortex. Resultat dieser Schichtung ist der Aufbau von sogenannten Dominanzzonen. Dies sind Areale, in denen ausschließlich Information vom linken oder rechten Auge verarbeitet wird. Zunächst überlagern sich die beiden Zonen. Sie entzerren sich dann im Verlauf der weiteren Entwicklung. Verhindere ich, daß die Katze während dieser Entwicklung ein Auge öffnet, wird der weitere Entzerrungsprozeß unterbunden. Das jeweils aktive Auge belegt nun die Areale im visuellen Cortex mit seinen Projektionen, die noch nicht als dem anderen Auge zugehörig differenziert sind. Geschieht dieser Eingriff ganz zu Anfang der Entwicklung, wird letztlich nur ein Auge im visuellen Cortex repräsentiert. Diese »Programmierung« ist irreversibel. Was ist passiert?

Zunächst wird in den visuellen Bahnen ein Übermaß an Verbindungen angelegt. Dadurch strömt bei Reizung eines Auges die Information über große Areale innerhalb des visuellen Cortex. Aktivierung der Bahnen beider Augen selektiert nun besondere Erregungsleitschienen aus; solche, die weniger oder weniger gut genutzt werden, werden abgebaut. D. h. in Arealen, in denen die Informationsflüsse vom linken und rechten Auge in Konkurrenz treten, werden nur die Verknüpfungen aufrechterhalten, die am häufigsten und stärksten benutzt werden. »Nebenaktivierungen«, die durch ein Ausstreuen von Erregung von weniger spezifisch reagierenden Erregungseingängen verursacht werden, können demgegenüber nicht konkurrieren, die Projektionsareale beider Augen entzerren sich. Wird aber ein weiterer Informationsfluß verhindert, indem ich ein Auge experimentell »ausschließe« bleibt auch diese ›Streuaktivierung‹ erhalten. Da sie die einzige stärkere Aktivierung dieses Areals verursacht, werden die entsprechenden diese Erregung einleitenden Bahnen nicht abgebaut, wohingegen die Bahnen, die im Normalfall von dem nun verschlossenen Auge versorgt worden wären, degenerieren. Dieser Prozeß ist irreversibel.

Noch deutlicher wird dieses Phänomen in einer Analyse der Entwicklung von Präferenzen für die Orientierung eines Objektes im Sehfeld innerhalb der entsprechenden Neuronengruppe des primären visuellen Zentrums der Katze. Im Normalfall finden wir im visuellen Cortex der Katze neben einer topologischen Repräsentation einzelner Areale der Netzhaut auch noch Subareale, in denen für jeden Teilbereich der Retina ganz bestimmte Detektionseigenschaften abrufbar sind. So gibt es einzelne Nervenzellgruppen, die bei bestimmten Orientierungen eines Objektes im Sehfeld optimal ansprechen. Wird ein Objekt, etwa ein schwarzer Balken, in einem Subareal der Retina abgebildet, so wird nicht nur seine Größe, Farbe und Form, sondern auch seine relative Orientierung zum Augenhintergrund registriert. Es ist bekannt, daß die Zellen für ein entsprechendes Detektionsprogramm in der visuellen Bahn in einer ganz bestimmten Weise verschaltet sein müssen. In dieses Verschaltungsprogramm kann ich – durch Variation der Erfahrung – eingreifen.

Lasse ich ein junges Kätzchen in einer Umgebung aufwachsen, die nur Orientierungsmuster kennt, die in eine Richtung weisen, so wird das neuronale Programm des Tieres nachhaltig beeinflußt. Im Experiment zog man Kätzchen in Räumen auf, in denen sich nur vertikale oder nur horizontale Streifenmuster fanden (Abb. 27). Andere visuelle Reize waren nicht vorhanden. Nach der Entwicklungsphase wurden die Orientierungsdetektoren des primären Sehfeldes überprüft. Es zeigte sich, daß entsprechend den Versuchsbedingungen die Nervenzellen im primären visuellen Cortex jeweils entweder nur auf horizontale oder nur auf vertikale Orientierungsmuster ansprachen. Im Sinne unserer oben getroffenen Definition haben auch diese »Systeme« gelernt:

In zeitlich noch sehr viel gedrängterer Form finden wir solche Veränderungen in der Verhaltensdisposition von Organismen in einem speziellen Phänomen: der Prägung.

In der Prägung wirkt ein in einer sensiblen Periode präsentiertes Reizmuster determinierend für die Verhaltensumdisposition eines Tieres. So hat das Küken einer Gans keine nähere »Vorstellung« von seiner Mutter. Direkt nach dem Schlupf ist das Tier aber sensibel für jedes sich bewegende Objekt einer bestimmten Größenordnung, das zugleich einen

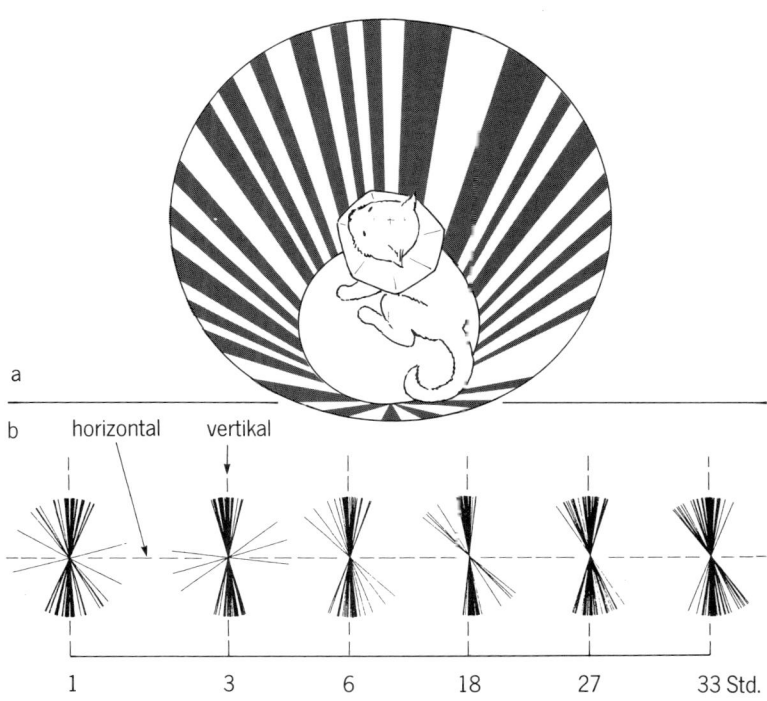

Abb. 27   Außenreize prägen die Antwortcharakteristika einzelner Zellen im visuellen Cortex
der Katze.
Junge Kätzchen verbrachten die ersten Monate ihres Lebens in einer Umgebung,
in der ausschließlich Längsstreifen zu sehen waren (a). Werden die Tiere danach in
eine normale Umgebung gebracht, in der sowohl horizontale wie vertikale
Konturen zu finden sind, so reagieren einzelne Zellen im visuellen Cortex nur noch
auf vertikale Streifen (b). Die Graphiken zeigen Polarhistogramme, in denen die
optimalen Antwortcharakteristika von 72 Nervenzellen im visuellen Cortex auf eine
Reizung mit Streifen der verschiedensten Orientierungen gezeigt sind. Werden die
Kätzchen während der ersten Monate ihres Lebens im Dunkeln gehalten und bei
Licht nur ein oder wenige Stunden (1–33) in eine Vertikalstreifenlandschaft
gesetzt, so reicht diese kurze Expositionszeit schon aus, um in den
entsprechenden Zellen des visuellen Cortex eine Orientierungspräferenz für
Vertikalstreifen hervorzurufen.

Laut von sich gibt. Auf das erste dergestalt strukturierte Objekt wird das
Küken »geprägt«; das heißt, es wird forthin alle auf ein Muttertier hin
gemünzten Verhaltensweisen auf dieses Objekt richten. Die Versuche von

Konrad Lorenz, der eine Gänsemutter durch eine Spielzeugeisenbahn oder einen Fußball, in den ein Lautsprecher eingebaut war, ersetzte, sind wohl allgemein bekannt. Hier vollzieht sich eine Bahnung von Informationsverarbeitungswegen in einer Weise, die hochgradig analog zu der ist, die wir in der Beschreibung von Reifungsvorgängen darstellten. Nur ist das Zeitfenster, in denen entsprechende Mechanismen effektiv werden, extrem verkürzt. Untersuchungen von Henning Scheich und seinen Mitarbeitern haben gezeigt, daß auch in diesem Fall die »Lernprozesse« nicht auf der Neuanlage von bestimmten Bahnen, sondern auf der Selektion eines Verknüpfungskontextes im Nervengewebe beruhen.

Eine besondere Form der Prägung finden wir bei Singvögeln, die auf ihre arteigenen Gesangsmuster geprägt werden. Hierbei sind ganze Hirnareale in die komplexen Steuerungsprozesse eingebunden, die zur Gesangsproduktion dieser Arten führen. Untersuchungen des Gewebsaufbaus zeigen, daß ganze Hirnareale bei diesen Prägungsprozessen verändert werden. Ferner zeigt sich, daß der anatomische Effekt solch einer Prägung in der Selektion und der darauf folgenden Fixierung von Bahncharakteristika liegt.

Einmal fixiert, sollte demnach eine »Umprägung«, das heißt bei Vögeln etwa eine Neuanlage der Matrix von Neuronen, die in die Gesangssteuerung eingreifen, nicht mehr möglich sein. Dennoch gibt es Vogelarten, bei denen ein Männchen über seine Lebenszeit hin mehrmals sein Gesangsrepertoire zu verändern vermag. Ist bei diesen Arten die Fixierung eines neuronalen Programmes weniger fest, oder gibt es kompensierende Mechanismen, die innerhalb eines Gehirnes nicht nur die »Fixierung« von Lernprozessen, sondern auch Vergessen, und damit die Möglichkeit eines Neuanfangs, codieren können? In der Tat zeigt sich, daß das Hirn dieser Vögel über den Jahreszyklus hinweg Veränderungen unterworfen ist. In der sexuell aktiven Periode, in der das Männchen sein Gesangsrepertoire abspult, sind die entsprechenden Verhaltenssteuerungsregionen im Hirn bedeutend größer ausgebildet als in den Zeiten sexueller Ruhe. Dieser Grundzyklus ist indirekt hormongesteuert. Wie kommt es dann aber zu einer Neuanlage der entsprechenden Zentren und damit zu der Möglichkeit für den Organismus, neu zu lernen? Ein Abbau entsprechender Regionen würde das mögliche Verrechnungsprogramm doch nur weiter reduzieren. Die entsprechenden Bahnen im neuronalen Gewebe müßten sich also in einem reduzierten und in allen synaptischen Verknüpfungen schon fixierten Gewebe aufbauen. Ausgehend von dem bisher Gesagten wäre solch ein Mechanismus schwer vorstellbar. Diese Strukturveränderungen werden denn auch anders reguliert.

Während wir bei den höheren Wirbeltieren insgesamt davon ausgehen können, daß die Entstehung von Neuronen mit der Geburt abgeschlossen ist, zeigen die hier betrachteten Vögel eine Besonderheit. Vor Beginn der Verhaltensänderungen dieser Arten läßt sich eine *Neuentstehung* von Nervenzellen nachweisen. Diese neu entstehenden Nervenzellen wandern in die Hirnareale, in denen die sich neu aufbauenden Gesangsrepertoirs kontrolliert werden. Hier bilden sie unbelegte Schaltstellen, über die sich neue Verhaltensprogramme aufbauen können.

In der Analyse verschiedener Prozesse, die – über eine Veränderung der neuronalen Architektur – eine Variation im Verhaltensrepertoire der verschiedenen Arten induziert haben, können wir erste Vorstellungen darüber entwickeln, welche Prozesse einem Lernvorgang zugrunde liegen könnten. Wenn die Voraussetzungen stimmen, mit denen etwa die Lernregeln in parallel verarbeitenden Rechnerarchitekturen implementiert werden, so wäre schon die Veränderung in der Gewichtung einzelner neuronaler Kontakte zureichend, bestimmte Verhaltensprogramme zu variieren und damit Verhaltensänderungen zu codieren. Ein Vergleich dieser Implementierungen in künstlichen neuronalen Systemen mit den Veränderungen in reifenden natürlichen neuronalen Systemen macht es plausibel, daß solch ein Mechanismus auch den Lernvorgängen im menschlichen Hirn zugrunde liegen könnte.

Auch hier müßten wir einen Mechanismus fordern, der in vergleichsweise kurzer Zeit und in einem schon komplex organisierten Gewebe entsprechende Veränderungen vornehmen könnte. Zwei Beobachtungen gibt es allerdings bereits vorab festzuhalten:

a) Zur Fixierung eines Erinnerungsbildes reichen oft extrem kurze Darbietungszeiten.

b) Selbst sehr komplexe Erinnerungsbilder sind oft über lange Zeit hin abrufbar.

Wie wäre dies unter den genannten Voraussetzungen zu verstehen? Veränderungen in der Morphologie der Nervenzellen, Neubildung von Synapsen, Umlagerung von Kontaktzonen oder gar die Degeneration ganzer Nervenzellen sind keine Prozesse, die in extrem kurzen Zeiträumen vollzogen werden können. Schließt das die eben angestellten Überlegungen aus, oder wäre es möglich, daß sich innerhalb des Hirns Erregungszyklen bilden, die eine Eingangsaktivierung über einen längeren Zeitraum stabilisieren und auf diese Weise die Matrix für entsprechende langfristige Codierungen bilden könnten?

≡ Gedächtnismoleküle

Man nehme ...

Gibt es eine Alternative zu der Vorstellung, das Gedächtnis über Veränderungen in der Verknüpfung von Nervenzellen zu fixieren? Wäre es möglich, Gedächtnisinhalte auf ganz anderen Wegen zu stabilisieren? Könnten Gedächtnisinhalte nicht – ähnlich wie Gene – biochemisch portioniert in »molekularen Einheiten« abgespeichert werden, oder könnte Gedächtnis – vielleicht noch weitergehend – in nichts anderem als einer selektiven Blockade oder Freigabe des Gensets eines Organismus bestehen?

Es läßt sich feststellen, daß bei Lernprozessen die RNA-Syntheserate steigt, daß bestimmte Gene und auch Biosynthesevorgänge aktiviert werden. Die Ribonucleinsäure (RNA) ist ein wichtiges biochemisches Steuerungselement beim Neuaufbau von Proteinen. – All dies stünde allerdings auch im Einklang mit einer Theorie, die vermutet, daß sich Gedächtnisinhalte stabilisieren, indem die Verknüpfungen zwischen den Nervenzellen variiert werden. Schließlich liegt es nahe, daß Umlagerungsprozesse in Zellen, eine Neuanlage oder ein Abbau von Synapsen über die Veränderungen in den Zellsyntheseprozessen zustande kommen. Entsprechend ist zu erwarten, daß zu solch einem Umbau die Aktivierung, respektive Inaktivierung, bestimmter Gensets vonnöten ist und daß sich entsprechend die RNA-Profile einer Zelle verändern.

Anfang der 70er Jahre dachte man in weiten Kreisen der Wissenschaft aber anders. Die Sache begann mit einem Lerntraining an sogenannten Planarien. Planarien sind Plattwürmer, sehr einfach gebaute Tiere, die noch nicht einmal eine Leibeshöhle besitzen. Auch ihr Nervensystem ist höchst einfach konstruiert, ihre Ausstattung mit Sinnesorganen ist gering. In den klaren Bächen unseres Mittelgebirges kann man diese bis zu 1 cm großen, nacktschneckenartigen Wesen ohne Schwierigkeit entdecken.

Die Planarien wurden darauf trainiert, sich bei einem Lichtreiz zusammenzuziehen (das tun die Tiere zu einem hohen Prozentsatz allerdings sowieso). Reagierten sie nicht, wurden sie mit einem elektrischen Schlag dazu »gezwungen«. Den Versuchsprotokollen zufolge stieg dann über eine Trainingssequenz die spontane Kontraktionsreaktion auf Lichtreiz an. Ob dies nun allerdings – wie von den Autoren postuliert – wirklich »Lernen« war oder ob der elektrische Schlag die Reaktionsschwelle der Tiere auf Lichteinstrahlung veränderte, ist keineswegs geklärt. Lassen wir dies aber unberücksichtigt. Die Geschichte geht weiter.

Planarien haben ein extremes Regenerationsvermögen. Aus Planarienstücken von einem 200stel des Ausgangstieres kann sich wieder ein Gesamtorganismus regenerieren. Entsprechende Versuche wurden auch mit »trainierten« Tieren durchgeführt. Interessant hierbei ist, daß die Regeneration eines funktionsfähigen, mit einem Hirn ausgestatteten Organismus auch aus Körperteilen möglich ist, die keinerlei Hirn enthalten. Dies war der Ausgangspunkt. Die Autoren behaupteten nun, a) daß Planarien ihr Dressurergebnis über einen langen Zeitraum »behielten«, und b) daß diese »Erinnerung« auch in Organismen zu finden sei, die sich aus zerstückelten Dressurtieren regenerierten. Bedeutete dies nicht, daß das Nervennetz gar nicht der ausschlaggebende Faktor für ein Gedächtnis ist?

Diese Wurm-Story wurde nun noch weiter dramatisiert. Planarien sind kannibalisch. Fraßen untrainierte Exemplare dressierte Tiere, so die Meldungen, so lernten diese die Dressuren sehr viel besser als Kontrolltiere, die sich an undressierten Artgenossen gütlich getan hatten. Kann man Gedächtnisinhalte also essen? Sind es demnach Moleküle, die unser Wissen speichern?

Die Experimentatoren wandten sich nun sehr bald Wirbeltieren zu, in diesem Falle Ratten, die sie durch komplizierte Labyrinthe jagten. Die Tiere lernten, sich in diesen Labyrinthen zu orientieren. Dann wurden sie getötet. Das Hirn der dressierten Tiere wurde entnommen, zerkleinert und an »naive« Tiere verfüttert, die nun – so die entsprechende Literatur – die ihnen selbst unbekannten Problemstellungen (Durchlaufen eines Labyrinths) in signifikant kürzerer Zeit als jedes Kontrolltier zu meistern in der Lage waren. Die Suche nach dem Gedächtnismolekül hatte begonnen.

Die praktische Anwendung dieser Erkenntnis läge auf der Hand. Der Nürnberger Trichter wäre möglich – oder anders formuliert: Ändern Sie Ihr Fremdsprachentraining, essen Sie das Hirn Ihres Französisch-Lehrers!

Das Gedächtnismolekül wäre – den Daten zufolge – ein kurzes Stück RNA. Anscheinend wurde dies allerdings bei unterschiedlich trainierten Tieren, bei denen man doch unterschiedliche Gedächtnisinhalte erwarten sollte, nicht allzusehr differenziert ausgebildet, obwohl behauptet wurde, daß mit solcher RNA verköstigte Tiere nicht nur ein stärkeres Wohlbefinden besäßen, sondern daß sie eine ganz spezielle Aufgabe besser zu lösen vermochten. Vergessen wurde, daß Veränderungen in der Neuroarchitektur eine Konzentrationsveränderung bei all den Stoffen verursachen, die als Gedächtnismoleküle diskutiert wurden. Vergessen wurde schließlich auch, daß ein Stoff nur sehr zerstückelt vom Magen ins Blut und von dort ins Gehirn kommen kann. Darüber hinaus gibt es die sogenannte Blut-Hirn-Schranke, die größere Moleküle ausfiltert oder nur sehr langsam passieren läßt. Kurz, die Geschichte um das Gedächtnismolekül ist ein Flop.

Hier wurde, ergriffen von der Faszination, der Lösung eines fundamentalen Problems nahekommen zu können, offenbar furchtbar geschludert. Ich selbst habe schon bei einigen der Daten Zweifel, sind doch speziell die Experimente mit den Planarien sehr problematisch. Geschludert wurde aber mit Sicherheit in der Interpretation der Daten, in einer adäquaten Analyse der Experimentalsituation und in einer Diskussion möglicher alternativer Auslegungen des gewonnenen Datenmaterials.

≡ Das Minimalprogramm

Ich nehme also an, alles was ich sehe, sei falsch; ich glaube, daß nichts von alledem jemals existiert habe, was mir mein trügerisches Gedächtnis vorführt.

René Descartes

Ein durchgreifender Ansatz mit einer tiefergehenden Vorstellung von der Organisation des Gedächtnisses kam aus einer völlig anderen Richtung: In einer Analyse der neuronalen Steuerung des Verhaltensprogrammes einer Meeresnacktschnecke, des Seehasen *Aplysia californica,* konnte Eric Kandel mit seiner Gruppe die Schaltkreise aufdecken, über die dieser Organismus seine Verhaltensmuster erzeugt. Besonderes Interesse gewannen hierbei einfache Verhaltensanpassungen wie der »Kiemenrückzieh-Reflex«. Die Schnecke besitzt auf ihrem ›Rücken‹ ein Kiemenbüschel, das sie bei Reizung schlicht zurückzieht (Abb. 28). Dieser Reflex »ermüdet« bei fortwährender Reizung: Das Tier ist nach einer gewissen Zeit gegenüber einem entsprechenden Reizeingang »desensibilisiert«.

Die zellulären Mechanismen dieser Verhaltensumschichtung ließen sich darstellen. Demnach wird diese Veränderung durch eine Modulation des synaptischen Kontaktes zwischen bestimmten Nervenzellen bewirkt. Die modulierende Zelle und ihr Botenstoff wurden identifiziert. Damit war ein Ansatz gewonnen, die molekularen Mechanismen zu analysieren, die solchen »Lernprozessen« zugrunde lagen. Wir wissen nun, daß dieser modulierende Botenstoff, das Serotonin, die Membranproteine des nachgeordneten Neurons modifiziert. Dadurch kommt es zu einer Beeinflussung des Calcium-Ionen-Transportes, Kalium-Kanäle werden geöffnet, und bestimmte Signalketten im Zellkörper eines Neurons werden modifiziert. Langfristig verändert sich damit die Chemie innerhalb der Zelle. Schließlich kann das Ablesemuster des Genbestandes dieser Zelle verändert werden.

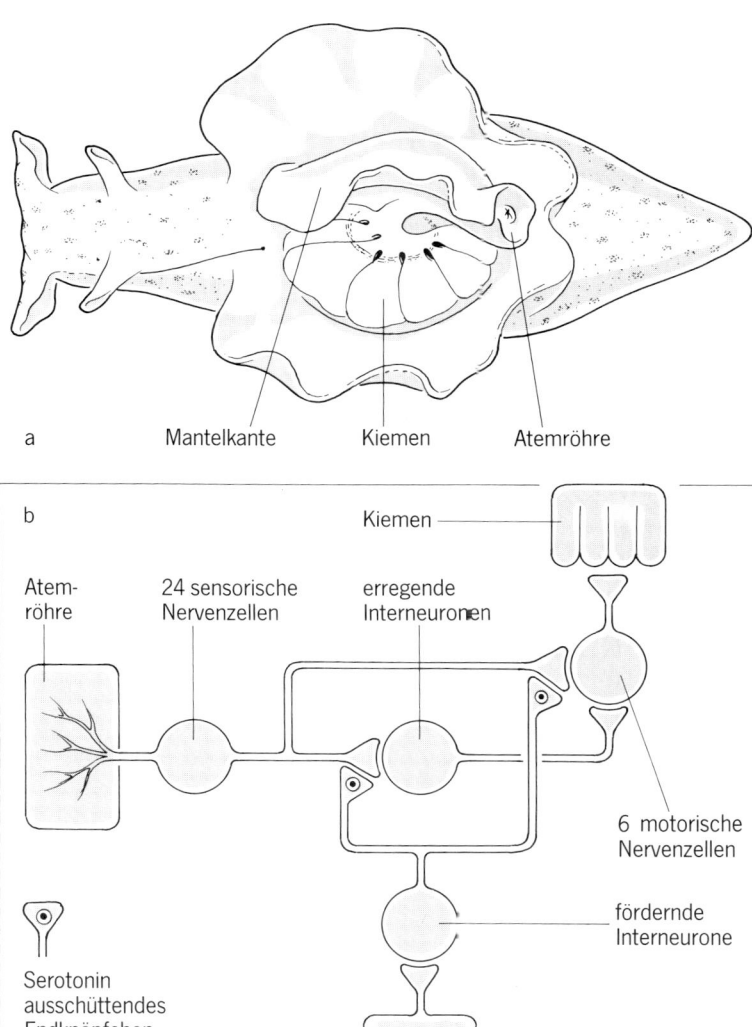

a   Mantelkante   Kiemen   Atemröhre

b   Kiemen

Atem-   24 sensorische   erregende
röhre   Nervenzellen   Interneuronen

                                                    6 motorische
                                                    Nervenzellen

                                                    fördernde
                                                    Interneurone

Serotonin
ausschüttendes
Endknöpfchen

                                                    Kopf

Abb. 28   Die Meeresnacktschnecke *Aplysia*. a) Aufsicht auf ein Tier. b) Skizze des
           neuronalen Schaltplanes, der eine Sensibilisierung des Tieres ermöglicht. Bei der
           Sensibilisierung wird die Reizung des Atemrohres, die den Kiemenrückziehreflex
           »startet«, mit einem schmerzhaften Reiz am Kopf des Tieres kombiniert. Dies führt
           zu einer Verstärkung des Kiemenrückziehreflexes. Die Reizung am Kopf aktiviert
           ein Interneuron, das nun Serotonin im Bereich der Endknöpfchen der sensorischen
           Nervenzellen freisetzt. Dies bedingt, daß die sensorischen Nervenzellen mehr
           Neurotransmitter als normal freisetzen. Entsprechend verstärkt sich der
           Kiemenrückziehreflex.

Es ist nun möglich, den Blick noch weiter einzuengen und etwa den Rezeptor eingehender zu charakterisieren, an den das Serotonin bindet. Zugleich kann ich schauen, ob ein ähnlicher Lernmechanismus auch in anderen Systemen vorhanden ist. Und tatsächlich ließen sich in einer Mutante der Taufliege, deren Serotonin-Übertragungseigenschaften verändert waren, Lerndefizite nachweisen. Es zeigt sich also, daß die Veränderung im Übertragungsmechanismus an einzelnen Synapsen Lernvorgänge – zumindest der einfachen Art – »fixieren« kann. Damit ist ein generelles Prinzip benannt. Die molekularen Mechanismen, die zu einer entsprechenden Konsolidierung von Veränderungen der synaptischen Übertragung führten, konnten schon weitgehend entschleiert werden. Dabei zeigte sich, daß der Chemismus dieser Reaktionen auch bei stammesgeschichtlich weit entfernten Gruppen sehr ähnlich ist. Allerdings ist fraglich, ob dieser Mechanismus nicht in ein noch komplexeres Umlagerungsgeschehen eingebunden ist. Oder hat der französische Nobelpreisträger Jean-Pierre Changeux recht, wenn er – vielleicht nur wenig überspitzt – formuliert, daß man, da Lernen nur als molekularer Prozeß auf der Synapsenebene zu studieren sei, die entscheidenden Einsichten nicht durch Analyse des Verhaltens von Organismen, sondern nur durch Studium der Biochemie im Brutschrank kultivierter Zellgruppen gewinnen könne?

Wie weit führt uns nun eine entsprechende Perspektive? Der hier eingeschlagene Weg zwingt zu einer fortwährenden Miniaturisierung der Betrachtung: von der Phänomenologie des gesamten Verhaltens über eine Analyse der Reaktionen eines Zellverbandes zu einer Beschreibung molekularer Veränderungen in der Mikrostruktur einzelner Zellen; dies ist zunächst ernüchternd.

Auf die Frage nach der Struktur des Gedächtnisses erlangen wir hier nur Antworten, die Teilmechanismen kennzeichnen, die in der Gedächtnisfunktion von Bedeutung sind. Wo liegt aber nun die Präzision, die einen Gedächtnisinhalt ausmacht? Befindet sich das Gedächtnis auf dem Niveau einer Synapse?

Die Vorstellung, daß Lernprozesse mit Veränderungen der synaptischen Kontakte einhergehen, ist alt. Schon der große spanische Neuroanatom Ramon y Cajal hatte zu Beginn unseres Jahrhunderts eine entsprechende Hypothese formuliert, die erst kürzlich durch elektronenmikroskopische Analysen bestätigt wurde. Nur – was wissen wir nun? Können wir die Topographie des Gedächtnisses eindeutig festmachen? Was sind die Einheiten, die Dimensionen, in denen sich ein Gedächtnisinhalt manifestiert? Störungen in der Grundaktivität unseres Hirns, Eingriffe in den Chemismus des Hirns – etwa in das serotoninerge System, das auch Menschen besitzen – können den Zugriff zu Gedächtnisinhalten verschieben,

einzelne Schleifen, die zu einer Fixierung oder auch zum Ablesen eines
»Gedächtnisinhaltes« führen, entsprechend aktivieren oder inaktivieren.
Das Rauschgift LSD, das mit seiner Wirkung im gleichen System ansetzt
wie Serotonin, zeigt, inwieweit hier Veränderungen in der Biochemie auch
kognitive Verhaltensweisen verändern können.

Ähnliches gilt auch für die Funktion eines bestimmten, direkt an
den Cortex anschließenden Areals, des Hippocampus. Wir hatten uns im
Zusammenhang mit unserer Darstellung der Vernetzung der cortikalen
Neuronen schon kurz mit dieser Struktur beschäftigt (s. S. 83). Dieses Areal
scheint für die Gedächtnis-Programmierung bedeutsam zu sein. Der Hippocampus besitzt Verbindungen, »Ausgänge«, die weite Bereiche des Vorder-
hirns innervieren. Veränderungen in diesem Kompartiment des Nervengewebes beeinflussen den Grundaktivierungszustand, die »Aufmerksamkeit«
des Nervengewebes. Welche Auswirkungen hat das auf die Gedächtnisbildung oder die Erinnerungsfähigkeit?

Aktivierungsschleifen innerhalb des Hirngewebes werden ja nicht
bei einem ansonsten »abgestellten« Motor durchlaufen. Wir hatten gesehen, inwieweit die Hintergrundaktivität schon in einem einfachen neuronalen Netz die Informationsintegrationseigenschaften variiert. Eine globale
Hyperaktivierung oder auch eine Inaktivierung ganzer Hirnareale hat eine
entsprechende Wirkung. Wir können dies als Veränderung im Ansprech-
verhalten bestimmter Neuronengruppen, in Art der Vorstellungen von
Moshe Abeles (s. S. 136), beschreiben.

Ist die Verschaltung solch eines Zentrums spezifischer, wäre allerdings noch eine weitere Funktion denkbar. Würde solch ein System Einzel-
erregungen in eine Erregungsschleife überführen, so könnten diese –
gesteuert vom Hippocampus – bestimmte Hirnareale mehrmals durchlaufen. Oszillationen von Erregungen in definierten Nervengewebsarealen
können – wie dargestellt – dazu führen, daß sich die Verknüpfungscharakteristika der einzelnen in einen solchen Schaltkreis eingebundenen Nervenzellen ändern. In der Tat ließen sich – vor allem im Hippocampus –
Hinweise für die Ausbildung solcher in cortikales Gewebe übergreifenden
»stehenden Erregungskreise« dingfest machen. Haben wir damit eine
Erklärung dafür erarbeitet, wie »Lernen« funktioniert?

≡ Die neuronale Struktur des Gedächtnisses

... Ging es doch darum, daß in dem Material Bewußtsein bewahrt
bliebe, lebendes, empfindliches, zu freiem Denken, zu Träumen und
Wachzuständen, zu den eigentümlichsten Phantasiespielen fähiges,
ewig veränderliches, ewig auf den Fluß der Zeit reagierendes
Bewußtsein. Gleichzeitig jedoch durfte das Material nicht altern.

Professor Decantor

Wir wissen, daß es im Hirn kein eigentliches Gedächtniszentrum
gibt. Wir kennen zwar den Gedächtnisverlust bei einem ansonsten kognitiv
normal wirkenden Patienten, doch scheinen hier grundsätzliche Funktions-
mechanismen des Cortex betroffen zu sein. Ansonsten führen Läsionen –
sofern sie nicht zu große Areale ausschalten – meist zu Teilausfällen von
Gedächtnisinhalten. Wobei wir allerdings sowohl in diesem wie in dem Fall,
in dem die gesamte Erinnerung verloren wurde, nicht wissen, ob der
Gedächtnisinhalt selbst gelöscht ist oder nur Zugriffsmöglichkeiten zu
diesen Inhalten verschwunden sind. Es scheint sich aber anzudeuten, daß
ein komplexer Gedächtnisinhalt in einer komplexen Codierung einer Vielzahl von kleinen Einheiten innerhalb des Gesamtnervengewebes »abge-
legt« ist. Insofern wäre hier eine Speicherfunktion zu erwarten, die Ähnlichkeiten mit der haben könnte, die wir im Zusammenhang der Implemen-
tierung einer Lernregel bei parallel verarbeitenden Computern diskutiert
hatten. Allerdings befinden wir uns mit derartigen Vorstellungen schon
wieder im Raum der Hypothesen. Der Blick auf die uns verfügbaren Fakten
muß ernüchtern.

Ausgegangen sind wir von einer vergleichsweise offenen Definition des Lernens: Lernvorgänge im Hirn fassen wir damit als solche
Vorgänge, die zu langfristigen Veränderungen im Verhaltensspektrum
eines Individuums führen. Nun wissen wir, daß die Funktionsabläufe im
Hirn von Nervenzellen getragen werden. Wir wissen, daß die Veränderung
der Reaktionsmuster im Hirn von einer Veränderung der neuronalen
Verknüpfung ausgelöst wird. Die Architektur gibt mögliche Verrechnungs-
wege im Hirngewebe vor und disponiert damit mögliche Verhaltensäußerungen des Organismus. Eine Variation der Architektur verändert das
Verhaltensprogramm.

Haben wir damit das Problem Gedächtnis eingegrenzt? In unserer
Beschränkung auf eine Analyse der »Mechanik« von Gedächtnisprozessen
haben wir uns nur Detailphänomene näher angesehen, haben aber die
Phänomenologie des Gedächtnisses selbst außer acht gelassen.

Wie können wir nun dem Gesamtkomplex Gedächtnis näherkommen? Wir können hier zunächst versuchen, Daten aus dem klinisch-neurophysiologischen Bereich zu sichten. Wir wissen von daher um die Unterscheidung zwischen Langzeit- und Kurzzeitgedächtnis. Wir können auch feststellen, wie lange es dauert, einen Gedächtnisinhalt abzurufen. Wir können zudem versuchen, genauer zu erfassen, was sich etwa unter einer »Erinnerung« verbirgt. Was wird behalten? Finden wir in unserer Erinnerung Stimmungen, komplexe sensorische »Landschaften« oder abstrakte, stark strukturierte Schemata? Welche Bedeutung hat Sprache für das Gedächtnis, wie werden Erinnerungsbilder aktiviert?

In all dem stoßen wir allerdings schnell an Grenzen. Die Unterscheidung von Kurz- und Langzeitgedächtnis korreliert gut mit unserer Vorstellung, daß eine Erregung, die im Hirn ausgefiltert wurde, eine Weile *nicht weg !* innerhalb dieser neuronalen Struktur kursiert, hier auch abrufbar ist und erst sekundär zu einer strukturellen Veränderung im Nervengewebe führt. Diese Veränderung bleibt dann über längere Zeitdauer erhalten und könnte somit einen Erregungszustand fixieren.

Beide Gedächtnisstufen, Kurz- wie Langzeitgedächtnis, lassen sich durch unterschiedliche Eingriffe selektiv zerstören. Ferner gibt es Erkrankungen, in denen Patienten jeweils eine der beiden Fähigkeiten, der Abruf von im Langzeitgedächtnis gelagerten Erlebnisinhalten oder die Abspeicherung neuer Daten, unmöglich ist. Bekannt ist etwa die Geschichte des Patienten Henry M., der im Zuge einer Hirnoperation Anfang der 50er Jahre sein Langzeitgedächtnis verlor. Um eine dreistellige Ziffer wie 584 auch nur 15 Minuten zu behalten, muß er komplizierteste Operationen erdenken, die ihm fortlaufend diese Zahl vor Augen halten. Henrys Welt begrenzt sich auf wenige Minuten: Alles, was er nach seiner Operation erlebte, ist für ihn nur wenige Minuten präsent. Seine Ärztin, die ihn seit 20 Jahren betreut, lernt er in jedem Gespräch neu kennen. An Ereignisse vor seiner Operation erinnert er sich aber noch ohne Einschränkung. Die Nachricht vom Tod seines Lieblingsonkels, der erst nach seiner Operation starb, erschüttert Henry aber immer wieder aufs neue. Alles, was außerhalb der Erinnerung an die Zeit vor 1953 und außerhalb des Rahmens von wenigen Minuten um das »Jetzt«, das er gerade erlebt, liegt, ist für ihn vergessen. Unbehelligt davon ist allerdings seine Fertigkeit, neue Bewegungen zu ›lernen‹. Nur, Henry erinnert sich nie daran, diese neuen Bewegungen gelernt zu haben. Dieses Fallbeispiel macht sehr drastisch deutlich, was es bedeutet, das Gedächtnis zu verlieren. Zugleich zeigt sich daran, daß das Abspeichern, also das Überführen neuer Gedächtnisinhalte in das Langzeitgedächtnis, und das Vermögen, sich an solche, vor langer Zeit erlebte Zusammenhänge zu erinnern, zwei Funktionen sind, die im Hirn auch an verschiedene Mechanismen gebunden sind.

Ich vermisse bei Denken, Lernen, Erinnern u.s.w. stets eine Beteiligung von Sprache.

Wir könnten auch noch anders ansetzen und das Gedächtnis von einer kognitionspsychologischen Seite her beleuchten. Demnach wäre das Gedächtnis eine komplexe kognitive Leistung. Das Gedächtnis erstellt eine Matrix, die die jeweils neu einflutenden Reize passieren müssen. Im Vergleich mit dieser Matrix lassen sich sensorische Daten mit vergangenen Reizaufnahmesituationen vergleichen. Damit ist eine Strategie gewonnen, Verhaltensausprägungen zu optimieren. Kann diese funktional-operative Definition des Gedächtnisses einen Kognitionswissenschaftler zufriedenstellen?

Welche Operation vollzieht also das Gedächtnis? Es erlaubt dem Organismus, von der konkreten Umweltsituation zu abstrahieren. Es zieht eine Linie aus der Vergangenheit, auf die die Gegenwart bezogen werden kann. Damit ist es einem Organismus möglich, seine derzeitige Situation zu bewerten. Er kann sich die Wirkung von einzelnen Handlungen »merken« und aus diesen Erinnerungen die möglichen Effekte einer vergangenen oder zukünftigen Handlung abschätzen. Über das Gedächtnis entkoppelt sich der Organismus demnach von dem bloßen Hier und Jetzt eines Umweltgefüges.

Selbst dieser, sich sehr eng an eine Verhaltensanalyse anlehnende Begriff von Gedächtnis wird in einer zellulären Analyse, die nur auf Veränderungen in dem Verflechtungsgefüge der Neuronen blickt, zunächst außer acht gelassen. Das, was Kandel in seinen Untersuchungen an der Nacktschnecke *Aplysia* mit den Begriffen »Lernen« und »Gedächtnis« thematisiert, sind Sensibilisierungen und Desensibilisierungen. Eine komplexere kognitive Dimension kommt hier nicht ins Blickfeld. – Auch die Vorstellungen, denen zufolge sich Gedächtnisinhalte in komplexen Vernetzungen der cortikalen Architekturen »einbrennen«, beruhen zu einem großen Teil gar nicht auf Daten, die im Großhirn, sondern auf Daten, die in einer Analyse des Kleinhirns gewonnen wurden:

Dem »Lernen«, das in diesem System studiert wird, entspricht z. B. die Optimierung in der Feinmotorik der Fingerbewegungen eines Pianisten. Insoweit verbietet es sich denn auch, die Begriffe »Lernen« und »Gedächtnis« in einer Analyse dieser biologischen Zusammenhänge als Untersuchung kognitiver Prozesse zu interpretieren. Die kognitive Dimension, mit der etwa ein Psychologe in einer entsprechenden Analyse ansetzen könnte, ist hier gar nicht thematisiert.

Entsprechend hat sich denn auch eine Argumentation in den kognitiven Neurowissenschaften zu bescheiden. Sie kann z. B. das Konvolut der psychologischen Daten über das Gedächtnis ernst nehmen und von dort her eine Phänomenologie des Lernens erarbeiten. Hierbei stößt sie allerdings auf ein noch umfassenderes Problem: das Problem einer adäquaten

Beschreibung von Erlebnisinhalten. Dies kann dazu führen, den Ansatz einer rein physikalischen Beschreibung in Frage zu stellen. So ist beispielsweise offen, ob eine Analyse dieser Phänomenologie des Lernens den physikalischen Zeitbegriff ansetzen kann oder ob sie nicht vielmehr »Erlebnis«-Zeiten zu registrieren hat. Spannend wäre es, auszutesten, ob solch eine Erlebniszeit das Grundmaß für eine Analyse der Aktivitätszyklen innerhalb des Hirngewebes bilden könnte. Allerdings wäre auch dann noch nichts geklärt.

Wenn wir also versuchen, den Datenhorizont der Psychologie physiologisch zu deuten und damit Aussagen über mentales Erleben, den Problembereich der Mnemotechnik oder Fragen einer sekundären »Verzeitlichung« von Erlebnisfolgen machen wollen, stehen wir vor der ernüchternden Einsicht, daß dies derzeit nicht einmal im Ansatz möglich ist. Wir wissen zwar um einzelne zelluläre Mechanismen, die mit Lernprozessen einhergehen; wir haben Befunde aus der Verhaltenslehre; wir haben neurophysiologische und neuroanatomische Daten, die zu einzelnen Phänomenbereichen des Lernens in Beziehung zu setzen sind, doch können wir keine spezifische Lern-Physiologie nachweisen.

In Blick auf unseren Einstieg in die Problematik »Gedächtnis« ergibt sich zudem noch ein Verdacht. Wenn die Mechanismen von Reifungs- und Regenerationsprozessen denen von Lernprozessen ähnlich sind, wäre ein Ansatz, der in diesen Mechanismen die Spezifika des Lernens zu erkennen sucht, vielleicht auf einer prinzipiell falschen Fährte. Wenn es stimmt, daß das Gedächtnis sich mit den Mitteln aufbaut, die ihm die Hirnphysiologie zur Verfügung stellt, wenn es also so funktioniert, wie man es von einer biologischen Einheit sinnvoll erwarten kann, so führt eine Miniaturisierung die Betrachtung von dem in Rede stehenden Grundproblem vielleicht nur weg. Wir würden vielleicht grundsätzliche Mechanismen der Hirnfunktionen rekonstruieren, die aber derart grundlegend sind, daß sie uns eben über das, was nun speziell das Gedächtnis ausmacht, nichts mehr aussagen.

Andere Vorstellungen, die wir in diesem Kapitel dargelegt hatten, scheinen gegenüber solch einer Skepsis jedoch gesichert. Gedächtnisinhalte werden – unserer Vorstellung folgend – durch komplexe Strukturveränderungen in der Architektur des Gesamtsystems Hirn »gespeichert«. In solchen Strukturveränderungen wirken dann jeweils die Einzelmechanismen; seine Spezifität erhält ein entsprechendes Programm aber allein aus seiner speziellen Struktur. Nach diesen Vorstellungen läßt sich »Gedächtnis« auch nicht auf Einzelphänomene reduzieren. Das Gedächtnis steckt »in« der Struktur. Die Vorstellung, daß die gleichzeitige Aktivierung einer Fülle von Kleinsteinheiten im Hirn unsere Gedächtnisinhalte reaktiviert, erscheint plausibel. Wir könnten so verstehen, daß wir im Wiedererleben eines Erfahrungszusammenhanges einen ganzen Erfahrungsraum unterschiedlicher Stimulationen wiederbeleben; hierbei können einzelne Qualitäten wie ein Bild, ein Geruch oder ein Geräuschpegel durchaus additiv in unser Erinnerungsbild eingeführt werden. Wir könnten auch verstehen, warum der Versuch, das Gedächtnis (als eine separate, als Einzelmechanismus verstandene Funktion) zu lokalisieren, die anstehende Problematik schlichtweg nicht greifen konnte.

Wir hätten, einer solchen Vorstellung zufolge, zudem mit enormen interindividuellen Unterschieden in der Organisation der entsprechenden Hirnphysiologie zu rechnen. Dieses Bild paßt zu klinischen Befunden.

Im Versuch, aus diesen Befunden Aussagen abzuleiten, die mehr als Teilmomente in einer komplexen Funktion kennzeichnen, die wir mit dem Begriff »Gedächtnis« kennzeichnen können, ergeben sich im wesentlichen zunächst Verbote. So ist es – bei einer entsprechenden Datenlage – unzulässig, diese zur Untermauerung eigener, ›nicht‹-neurobiologischer Theoriegebäude zu nutzen.

In einem interdisziplinären Dialog sind die unterschiedlichen Ideengeschichten und Forschungstraditionen, die mit Begriffen wie »Gedächtnis« oder »Lernen« in den verschiedenen Forschungsdisziplinen verbunden sind, zu berücksichtigen, um das Blickfeld in dieser Forschung so breit zu halten, daß wir hier auch wirklich etwas über uns und nicht nur über den Kiemenrückziehreflex einer Nacktschnecke lernen.

Literaturhinweise:

Eibl-Eibesfeldt, I. (1978): Grundriß der vergleichenden Verhaltensforschung. München; *eine fast enzyklopädische Darstellung der Ergebnisse der Verhaltensforschung.*

Kandel, E. R. (1976): Cellular Basis of Behaviour. San Francisco; *dieses Lehrbuch der Neurobiologie stellt die Arbeiten an der Meeresschnecke Aplysia detailliert dar.*

Rahmann, H. (Hrsg) (1989): Fundamentals of Memory Formation: Neuronal Plasticity and Brain Function. Stuttgart; *eine Sammlung verschiedener neurobiologischer Fachbeiträge.*

Reichert, H. (1990): Neurobiologie. Stuttgart; *ein umfassendes Lehrbuch.*

Schmidt, S. J. (Hrsg.) (1991): Gedächtnis. Frankfurt; *eine Sammlung gut verständlicher Aufsätze, die das Problem Gedächtnis in den Perspektiven verschiedener Geistes- und Naturwissenschaften in den Blick nehmen.*

Begriff „Ged." erfaßt nicht Inhalte, die gar nicht bewußt geworden sind! Mehr (selektiv sehr subtern?!) Vorhandenes meint „Ged." metaphorisch.

Neurophilosophie?

Gehirnfibern u. dgl., als das Sein des Geistes betrachtet, sind schon eine gedachte, nur hypothetische, – nicht daseiende, nicht gefühlte, gesehe, nicht die wahre Wirklichkeit; wenn sie da sind, wenn sie gesehen werden, sind sie tote Gegenstände, und gelten nicht mehr für das Sein des Geistes.

Georg Wilhelm Friedrich Hegel

In der Analyse der cortikalen Funktionen hatten wir Begriffe wie »Denken« und »Bewußtsein« möglichst vermieden. Unsere Darstellung war bisher ein Versuch, eine Verhaltensbiologie des Menschen ohne Rückgriff auf diese Begrifflichkeiten zu begründen. Doch wäre wohl auch der Begriff »Verhaltensbiologie« für das, was uns auf den vergangenen Seiten beschäftigte, vielleicht noch zu umfassend angesetzt. Unsere Programmvorgabe war, zu prüfen, wie weit wir in unserem Versuch kommen, das menschliche Verhalten und die menschliche Erfahrung als Reaktionen eines speziellen Organs, des Hirnes, zu deuten.

Wenn es möglich wäre, das komplexe Verhalten des Menschen mit diesen Mitteln zu beschreiben und zugleich auf eine physiologische Grundlage, auf die Reaktionen seines Hirnes zurückzuführen, hätten wir dann konsequenterweise auf die Begriffe »Denken« und »Bewußtsein« zu verzichten? Sie würden uns zwar noch eine Verständigung über bestimmte Verhaltensdispositionen erleichtern, hätten an sich aber kaum mehr Gehalt, da sie doch nur ein Etikett für einen ansonsten sehr viel exakter, nämlich physiologisch zu beschreibenden Vorgang wären. Diese Sicht hätte nicht nur für unsere Sprachregelung Konsequenzen. Wäre es möglich, die vorstehenden Analyseansätze zu solcher Konsequenz zu führen, hätten wir unsere Wertvorstellungen von uns selbst, unsere Ethik und damit unsere Verhaltensmaximen umzuschreiben. Ist »Denken« die Optimierung einer Umweltorientierungsreaktion, dann haben wir auch unsere Pädagogik entsprechend auszurichten:

In Konsequenz dieser Betrachtung hätten wir unseren Stellenwert in einem Wertgefüge von Organismen zu begründen, das an sich keine Qualitätsstufungen mehr kennt. Denn jeder Organismus, der bisher in der Evolution überlebt hat, hat in einer solchen Skalierung zunächst einmal die gleichen Rechte. Ein hoher Grad von Reflexionsfähigkeit, ein »Bewußtsein« oder gar ein »Ich« sind demnach ja keine Werte, die in sich Bestand haben. All dies sind nur Reaktionsformen einer organismischen Konstruktion, die diesem Lebewesen das Überleben sichert. Das Überleben ist der einzige Wert, der in einem entsprechenden Ansatz noch zählt. Demnach hat ein

Süßwasserpolyp, nur weil er eben da ist, die gleiche Würde wie ein Mensch. Dies hat Konsequenzen für unser Handeln. Zu fragen ist nämlich nun nach den Kriterien, die den Wert einer Handlung begründen. Die lapidare Bemerkung, unser Ziel habe es zu sein, unsere Lebenssituation zu optimieren, wird problematisch. Denn was ist dieses »Uns«, an dem sich die Handlungsnorm ausrichten soll? Ist es die Art Mensch, unsere Nation, eine bestimmte ethnische Gruppe oder die Familie? Da sich eine Bewertung dieses Tuns nicht mehr in der Person gründen kann – ein Selbstbewußtsein, das an sich einen Wert besitzt, wäre in solch einer Auffassung ja hinfällig –, ständen wir nun vor dem Problem einer Verankerung der entsprechenden Normierung für unser Tun. Die Soziobiologie scheint auf diese Frage eine Antwort formulieren zu können. Der Oxforder Biologe Richard Dawkins formulierte dies sehr überspitzt: Was ist denn für einen Erfolg in der Stammesgeschichte entscheidend? Bedeutsam ist, daß die Erbmasse, die Gene eines Organismus an die nächste Generation weitergegeben werden. Hierbei ist es nun nicht so, daß ein Sohn ein getreues genetisches Abbild des Vaters ist, vielmehr ist sein Genbestand eine Mixtur aus den Genen beider Eltern. Über die Generationsfolgen hinweg setzen sich hierbei bestimmte Gene durch, andere – die etwa ein unattraktives Aussehen mit sich bringen – sind viel weniger erfolgreich. Bestimmte Gene setzen sich in der Entwicklung also durch. Ist der Erfolg, mit dem ich meinen Gensatz weitergeben kann, dann der Maßstab, den Erfolg meiner Handlungen zu messen? Genau dies tut die Soziobiologie. Sie hat ein ausgefeiltes Vokabular geschaffen, den entsprechenden Erfolg eines Individuums zu messen, mit dem es möglichst viel von seinem Genbestand in der nächstfolgenden Generation verankert. Auf den Menschen übertragen hieße das, daß sich der Wert eines Tuns nicht mehr in der Person gründet, sondern die Person nurmehr als Träger ihres Genbestandes betrachtet wird.

Was bedeutet dies für unsere Interpretation des menschlichen Verhaltens? Das Verhalten ist dann gut (das heißt evolutionsbiologisch erfolgreich), wenn es auf die benannte Funktion hin optimal abgestimmt ist. Wir hätten demnach unsere Verhaltensweisen funktionalistisch zu interpretieren. Wie könnte dies aussehen? Die Soziobiologen geben hierzu ein Beispiel. Warum kann es in dem genannten Sinne »sinnvoll« sein, daß ein Onkel seinen Neffen fördert und hierbei eventuell sogar auf »eigene« Nachkommenschaft verzichtet? Die Soziobiologie hat eine Methodik erarbeitet, mit der sie berechnen kann, in welchen Zusammenhängen solch ein Verhalten des Onkels strategisch günstig ist; d. h. diese Wissenschaft kennzeichnet das Szenario, in dem dieser Onkel mit solch altruistischem Tun die Wahrscheinlichkeit vergrößert, möglichst viel von seinem Genbestand – der ja dem seiner mit Kindern gesegneten Schwester sehr ähnlich ist – an die nächste Generation weiterzugeben. Sein vermeintlich altruistisches Verhalten entpuppt sich demnach als ein raffiniertes Kalkül, das letztlich nur einem dient, seinen Genen. Selbst »altruistische« Verhaltensweisen wären demnach lediglich evolutionsbiologisch verankerte Strategien, die auf Grund ihrer positiven Wirkung auf die Fortpflanzung des Genbestandes entwickelt wurden. Es bleibt dann nicht mehr viel von unserem traditionellen Verständnis der Integrität menschlicher Handlungen.

Wir hätten in unseren Überlegungen aber noch weiterzugehen. Steht unser Verhalten unter dem Diktat der Physiologie – die Effekte von Drogen oder Hirnverletzungen scheinen solche Argumentationen ja zu unterstützen –, so muß das auch für unsere Denkprozesse gelten. In seinem Buch »Neural Assemblies« hat Günther Palm diesen Gedanken in eine sehr griffige Form gebracht:

> A quantum flies along the lane
> in search of Mr. von Korff's brain,
> since there inside the cortex tissue
> a certain molecule's at issue:
> »Do I want bacon, ham or cheese?«
> The quantum speaks with boasting lust:
> »You think you want, in fact you must.
> That freedom you will never gain,
> it's me who's free, your will's in vain«.
> Electron 9 begs »Jump on me!«;
> The quantum wavers leisurely.
> Electron 8 is not a frump;
> so she gets the acausal jump.
> Just whereupon spontaneously
> von Korff decides to take the Brie,
> and contemplates in peace that still
> he has the freedom of his will.
> This was too much for our poor quantum
> he died at (free) will, albeit wanton.«

Demnach ist unser Urteilen nicht mehr frei. Finde ich dann in meinem ja offensichtlich vorgegebenen Urteilen noch Wahrheit? Sicher sein können wir doch nurmehr, daß unser Urteilen praktikabel ist, schließlich hat die Evolution solch eine Strategie durch die Maschen der Selektion schlüpfen lassen. *nicht im ... ... Einzelfall, sd. i. ... Tendenz!*

Ich deute schon hier die Konsequenzen an, die aus einer entsprechenden Anschauung erwachsen, wenn wir sie wirklich zu Ende denken. Die Brisanz einer entsprechenden Diskussion steht für uns außer Frage.

Begreifen wir uns als derart determiniert funktionierende kognitive Maschinen, bedeutet dies, daß wir in einer ethischen Diskussion einen Zweck nicht mehr in uns selbst ansetzen können. Wir sind Teil eines übergreifenden Mechanismus, in dem wir eine Funktion zu erfüllen haben, die ihren Sinn nur im Zusammenhang dieses Mechanismus besitzt. Wir sind demnach – bestenfalls noch – *für* etwas gut. Als erste Konsequenz wäre dann auch mit einer entsprechenden Erziehung unserer Kinder zu beginnen, die sich dann nurmehr als Funktionsträger einer Gesellschaft zu begreifen und auch darin ihren Eigenwert zu finden hätten.

Unsere Ausführungen zeigen allerdings, daß die Neurowissenschaften für eine entsprechende Ausweitung ihres Problemansatzes gar nicht den Boden geben. Eine Neurophilosophie, d. h. eine Philosophie, die unser Denken allein als Effekt der Hirnphysiologie begreift, bleibt nur spekulativ. Sie kann nicht darauf pochen, daß solche weitgehenden Schlüsse naturwissenschaftlich abgesichert sind.

Wir hatten die Funktion einzelner Areale des Hirnes dargelegt, eine Vorstellung von der Funktion des Neocortex entwickelt und konnten dann erste Thesen über einfache Verhaltenssteuerungsprozesse formulieren. Weiter gingen unsere – neurowissenschaftlich fundierten – Schlußfolgerungen nicht. Und auch hier arbeiteten wir teilweise schon mit Hypothesen, über die wir dann einen innerhalb der Einzeldisziplin weitertragenden Frageansatz gewannen.

Nun gibt es allerdings auch eine positive Seite in unserer Darstellung der Vielfalt von Hirnfunktionen. Es zeigte sich, daß Verhaltenssteuerungsprozesse, Erfahrung, Lernen oder Empfinden an die Funktionen des Hirns gebunden sind und nur bei einem funktionierenden, d. h. lebenden Hirn ausgeführt werden. Wir sind in unseren Handlungen, unserem Denken neuronale Wesen: Hat nicht schon diese Aussage für unser Selbstverständnis drastische Konsequenzen? Wenn all unser Denken, all dessen Voraussetzungen als Konsequenz der Funktion dieser Physiologie anzusehen sind, ist es dann nicht sinnlos, einer Philosophie zu huldigen, die von all den skizzierten Fakten nichts weiß?

Die philosophische Analyse unseres Ichs, die Formulierung von ethischen Prinzipien, die in der Philosophie getroffene Wertbestimmung des Menschen, all dies wäre ja selbst als Ausfluß unserer Hirnaktivitäten dargestellt. Wie viele einzelne der betrachteten Beispiele zeigten, bleibt solch ein Einfluß gar nicht oberflächlich. Dies gilt etwa auch für die Kunst. Könnten wir nun nicht weitergehen und einzelne Kunstwerke oder eventuell auch andere geistige Leistungen als Resultat von Funktionsanomalien des Hirnes deuten? Wobei – dies ist hier festzuhalten – der Begriff der

Anomalie nicht wertend zu verstehen wäre, würde doch solch eine andersgeartete Funktion genau dann, wenn sie sich in einer wichtigen Arbeit niederschlägt, durchaus als wertvoll betrachtet werden. In der Tat, es gibt eine Reihe von durchaus auch modernen Versuchen, die Werke von Dichtern – wie etwa die Arbeiten von Hölderlin – als Resultat bestimmter physiologischer Hirnanomalien zu deuten.

Greift die Physiologie wirklich an den Charakter dessen, was wir mit »human« bezeichnen, hätte sich jede Wissenschaft, die am Humanen interessiert ist – und damit vor allem eine Philosophie –, an diesen Bedingungen des Menschseins auszurichten. Damit müßte die Philosophie zunächst mit einer Analyse der Fähigkeiten unseres Hirns ansetzen. Dies würde bedeuten, eine entsprechende »Philosophie« hätte die Voraussetzungen der Hirnfunktion, die Physiologie dieses Organs, in den Mittelpunkt ihres Interesses zu stellen. Dies könnte bedeuten, daß sich alle Philosophie letztlich auf eine *Neuro*philosophie zu gründen hätte.

Ich darf hier explizit festhalten, daß diese Konsequenz so falsch ist. Die Neurowissenschaften wären in der Funktion, die sie in einer Neurophilosophie zu erfüllen hätten, überfordert. Und – und dies ist viel wichtiger – den Neurowissenschaften würde, wären sie solcherart zu einer Basis-Wissenschaft alles Nachdenkens über den Stellenwert und die Qualität des Menschen geworden, selbst einiges genommen:

Immer wieder hatten wir unseren Blick reduziert, wenn wir uns komplexeren Sachverhalten annähern wollten. Wir hatten uns in den Ausschnitten, die wir zu analysieren suchten, dem Mikroskop oder der Elektrode überantwortet. Entsprechend hatten wir denn auch unsere Aussagen beschnitten. So haben wir etwa in der Darstellung des auditiven Cortex nicht vereinfachend von dem Erkennen von Satzstrukturen geredet, sondern sehr langatmig umschrieben, daß die Bündelung einer Vielfalt von Neuronen, die auf bestimmte Zeit-Frequenz-Charakteristika eines Lautes reagieren, dann zur Selektion bestimmter Reizkonfigurationen führen kann, unter die auch spezielle Satzstrukturen in einer Rede fallen. Kurz, in all unseren Aussagen haben wir immer einfache Bedingungen aus unserem Verhalten herausgezogen und zunächst einmal so getan, als sei dies alles. Diese reduktive Perspektive, diese Beschränkung auf das Machbare, ist eines der Erfolgsgeheimnisse der naturwissenschaftlichen Analyse. Wir leben in diesen Wissenschaften davon, daß wir die Vielfalt an Phänomenen solcherart eingrenzen, uns dann fragen, wie dieser kleine Bereich »funktionieren« könnte, um schließlich zu sehen, wie weit der gewonnene Einblick in einer vertieften Analyse des zunächst einmal hintangestellten Ganzen trägt.

Was passiert nun aber, wenn ich das Ganze nicht mehr in den Blick nehmen darf, wenn mir gesagt wird, ich hätte bei dem Begriffenen zu verbleiben? Einer Wissenschaft, die so ausgerichtet wird, wird der Atem genommen. Sie hat dann nicht mehr die Freiheit, ihre Sicht an neuen, ihr zunächst verborgenen Systemzusammenhängen auszutesten. Sie würde dann vielmehr ängstlich im Reich des ihr schon prinzipiell Bekannten verbleiben. Nun möchte ich nicht behaupten, daß wir dies schon genau kennen. Hier haben wir noch sehr viel auszuleuchten, die Detailsichten abzugleichen und auch in diesem bescheideneren Umfeld Neuland zu gewinnen. Nur, schneide ich mir den umfassenden Raum der Phänomene ab, die etwa unser Fühlen, die Vielfalt der inneren Erlebnisse oder auch die Erfahrung eines Weltzusammenhanges ausmachen, und löse dies alles in einer Wissenschaft auf, deren Methodik es von vornherein nicht zuläßt, auf diese Dinge zu sprechen zu kommen, binde ich auch solch eine Wissenschaft von einer Entwicklung ab, die es vielleicht einmal zulassen könnte, diese Phänomene mit in den Blick zu nehmen.

Zunächst möchte ich die Aussage der Neurophilosophie, daß unsere Physiologie unser Denken bestimme, einmal näher betrachten, um dann in verschiedenen Punkten diese hier vorab formulierte Bewertung begründen zu können.

Sehr eindringlich hat der Philosoph Quine für eine naturalisierte Philosophie im Sinne der besprochenen Neurophilosophie plädiert. Die Logik ist ihm nichts anderes als das Resultat einer adäquaten Funktion unseres Hirns. Logische Abfolgen sind für ihn Reaktionsfolgen direkt hintereinander geschalteter Nervenzellen unseres Hirns. Logische Regeln ließen sich demnach neuroanatomisch, in einer Darstellung der neuronalen Bahnen zwischen diesen Elementen, begründen. »Identität«, die Aussage, daß $a = a$ ist, wäre nach Quine erst dann erwiesen, wenn die Physiologen die zwei Neuronen entdecken würden, die sich selbst in solch ein »universelles« Einvernehmen setzen würden.

Dies klingt zunächst schlüssig und scheint handfest. Nur, schon die Neurowissenschaften können hier sagen, so einfach funktioniert unser Hirn nicht. Wir hatten in der Darstellung der komplexen Vernetzungscharakteristik des Cortex gesehen, daß das Hirn keine logisch sequentiell arbeitende Maschine ist. Wir hatten festgestellt, daß ein wesentliches Kennzeichen der Hirnfunktionen in ihrer inneren Dynamik zu sehen ist, die ein so statisches Bild, wie es Quine zeichnet, nicht zuläßt.

Wir haben darüber hinaus gesehen, daß unser Verhalten durch die neuronale Struktur codiert wird, daß eine Läsion des Hirns den Charakter einer Person, ihre kognitiven Fähigkeiten drastisch verändern kann. Den-

ken Sie zurück an den Fall des Tunnelarbeiters Phineas Gage. Die Zerstörung eines Teilbereiches seines Hirnes führte bei ihm zu einer totalen
Veränderung seines Charakterbildes. Bedeutet dies nicht, daß die Qualität
der menschlichen Existenz ganz wesentlich durch die spezifischen Eigenschaften des Hirns geprägt ist? Wäre also Personalität, Bewußtsein an
spezielle Hirneigenschaften gebunden? Wir hatten eine Antwort auf diese
Frage innerneurowissenschaftlich nicht finden können.

Betrachten wir, bevor wir diese Frage im nächsten Kapitel grundsätzlicher aufnehmen, hier aber noch einmal genauer, was wir eigentlich
als Datenhorizont von den Neurowissenschaften präsentiert bekamen. Die
für uns relevanten Reaktionen eines Organismus beschreiben wir als sein
›Verhalten‹. Das ›Verhalten‹ begreifen wir als Resultat einer spezifischen
funktionellen Verknüpfung der Nervenzellen dieses Organismus. Dies
wurde explizites Forschungsprogramm bei Insekten, wo es bei der vergleichsweise beschränkten Zahl an Neuronen möglich schien, einzelne
Verhaltenssteuerungsprozesse auf der Ebene identifizierter Neuronen
abzubilden. Wir haben dann von diesen und ähnlichen Versuchen an
anderen Organismen, die befriedigende Resultate lieferten, den Schluß
gezogen, mit solch einer Arbeitshypothese die Hirnfunktionen generell
analysieren zu können. In der Darstellung entsprechender neuronaler
Schaltkreise schienen sich insoweit die grundsätzlichen Fragen zu klären,
wie ein Hirn funktioniert, d. h. wie es zur Etablierung und Steuerung
bestimmter Verhaltensweisen komme. Demnach schien es einfach, das
zunächst an Wirbellosen exemplifizierte Modell einer neuronalen Kommandoeinheit auch auf Wirbeltiere zu übertragen.

Ganz ähnlich verfuhr man bei einer vergleichenden Analyse der
Gedächtnis-Physiologie. In den Experimenten mit der Nacktschnecke *Aplysia* waren Teilmechanismen erschlossen worden, denen nun auch bei Wirbeltieren nachgespürt wurde und wird. Ist solch ein übergreifender Zugang
zu dem Problembereich ›Hirnfunktion‹ aber zweifelsfrei gangbar?

Was berechtigt uns, solches zu tun, d. h. also die etwa an Insekten
gewonnenen Ergebnisse auf Wirbeltiere zu übertragen, und zugleich auch
das Verhalten in beiden Tiergruppen mit dem gleichen Vokabular zu
umschreiben? Beispielsweise wurde das Konzept des Instinktbegriffs von
Konrad Lorenz zunächst im wesentlichen durch die Beobachtung von
Vögeln erarbeitet. Schon sehr rasch, in den 50er Jahren, jedoch versuchte
O. Drees dieses Konzept auch auf Spinnentiere anzuwenden. Der Verhal-
tensbiologe Niko Tinbergen, der zusammen mit Konrad Lorenz und Karl
von Frisch den Nobelpreis erhielt, hatte seine Forschungen zur Organisation des tierischen Verhaltens mit Studien an Insekten begonnen und war
dann erst in einem zweiten Schritt zu den Wirbeltieren »gewechselt«. Der

Verhaltensaufbau dieser Tiergruppen erschien einheitlich. Von daher war es dann auch keinesfall verwunderlich, daß die physiologische Forschung einzelne Funktionsweisen des Nervengewebes an den verschiedensten Tiergruppen austestete. All diese an den verschiedenen Tiergruppen gewonnenen Resultate, die Physiologie des Tintenfischaxons, die Sensibilisierung im Nervensystem einer Nacktschnecke, die Neurohormone des Hummers, das Sehen der Katze und das Hören des Frosches stellen demnach nur Variationen in einem Grundprogramm der Neurobiologie dar.

Allerdings ist das Hirn – wie schon erwähnt (s. S. 80) – bei Wirbeltieren und Wirbellosen unabhängig voneinander entstanden. Gleichartige Reaktionsweisen des Gesamtgewebes sind also keineswegs direkt vergleichbar. Sie sind Resultate zweier stammesgeschichtlich unabhängiger Entwicklungsstränge. Wir sprechen hier von einer konvergenten Entwicklung.

Wir müssen also selbst innerhalb von Teildisziplinen der Neurobiologie das Vokabular sehr vorsichtig abgleichen, um uns nicht in Trugschlüsse zu verrennen, die dann eine weitere, tiefergehende Sicht blockieren könnten. Wenn die entsprechenden Beschreibungen zunächst nur Analogien aufweisen, muß ich Kriterien erarbeiten, die mir etwaige Gleichartigkeiten in den verschiedenen Systemen »beweisen«.

Ein Zugang, der zugleich die Problemsicht, unter der ich einen entsprechenden Vergleich unternehme, näher bezeichnet, läßt sich gewinnen, wenn ich meine Position in einer Beschreibung adäquat begreife. Hierzu gehört erstens, daß ich meine Position (als Neurowissenschaftler) als eine historische Position erkenne, d. h. daß ich die Begriffsgeschichte meiner Teildisziplin überschaue, den dort nachzuvollziehenden Wandel in der Betrachtung analysiere und von daher meine Position eindeutiger bestimme, und zweitens, daß ich den Bezug meiner Problemsicht zum wissenschaftlichen Umfeld eingehender kennzeichne, d. h. ich muß nicht allein die Methodik darstellen, über die ich meine speziellen Daten gewonnen habe, ich muß auch die Kriterien kennzeichnen, an Hand derer ich eine Abgrenzung zu anderen Sichtweisen vollziehe. In einer entsprechend kritischen methodologischen Analyse wird – über die historische Einbindung einer Theorie – auch deren relativer Status in einem gegebenen Problemansatz deutlich.

Es ist hier nicht der Raum, solch einem Ansatz im Detail zu folgen, doch seien zumindest einige Beispiele für eine entsprechende Analyse genannt. Die Problematik der Gedächtnisforschung hatten wir diskutiert. Wir haben hierbei etwa die Arbeiten der Gruppe von Eric Kandel an der Nacktschnecke *Aplysia* erwähnt, kamen dann auf den molekularbiologischen Ansatz von Jean-Pierre Changeux zu sprechen und haben diese Forschungen mit den Arbeiten verglichen, die im Bereich klinischer Forschungen an Patienten mit komplexeren Hirnausfällen zustande gekommen wären. Hierbei wurde deutlich, daß die verschiedenen in diesem Themenkontext arbeitenden Disziplinen jeweils unterschiedliche Konzepte mit dem Begriff »Gedächtnis« verbinden. Wir haben kurz diskutiert, inwieweit etwa die Desensibilisierung des Kiemenrückziehreflexes von *Aplysia* ein allgemeines Modell für ein Verständnis von Lernprozessen darbieten kann. Wir hatten gesehen, daß die hier gewonnenen Ergebnisse keineswegs ohne weiteres dazu verwandt werden können, ein entsprechendes Verhalten von komplexer organisierten Organismen, wie das des Menschen, eingehender zu erläutern. Ein einfacher Austausch des Terms ›Gedächtnis‹ zwischen den Disziplinen ist also – wollen wir sauber verfahren – nicht möglich. Vielmehr ist für eine bestimmte, von verschiedenen Forschern analysierte Situation jeweils die Detailperspektive und die Tragweite der verwandten Begrifflichkeiten auszuloten und so ein gemeinsames Beschreibungsmuster zu finden, von dem ausgehend ein interdisziplinärer Dialog Substanz gewinnen kann. Diese Vorsicht im Umgang mit Begriffen wird gerade heute wichtig, wo in den benannten Problembereichen die Forschungsansätze immer stärker auch interdisziplinär ausgerichtet sind. Ein Neurobiologe, der ein spezielles Modell studiert, wird um die Probleme wissen, die entstehen, wenn er seine oder andere Daten von dem jeweiligen Experimentalzusammenhang ablöst und auf andere Zusammenhänge überträgt. Für ihn bringen die vorstehenden Zeilen dann auch keineswegs eine neue Einsicht.

Anders wird die Situation aber schon dann, wenn sich ein Informatiker Zugang zu dem derzeitigen Diskussionsstand etwa der Gedächtnisforschung innerhalb der Biologie verschaffen will. Für ihn sind die hier aufgezeigten Zusammenhänge nicht direkt einsichtig. Ihm ist dann vielleicht auch unklar, ob und inwieweit beispielsweise die Entwicklung des Käferhirns und die Ausbildung des Hirns eines Kabeljaus in irgendeiner Weise zusammenhängen. Hier wird es dann sehr wichtig, Einzelbegriffe nicht ohne weiteres aus dem experimentellen Kontext zu lösen, in dem sie in der biologischen Forschung zunächst eingeflochten waren. Hier sollte man dann die Assoziationen kennen, die mit dem Gebrauch eines solchen Begriffes in den verschiedenen Fachbereichen einhergehen. Wollen wir den Diskussionsstand der Neurowissenschaften kritisch verfolgen, so ist es hilfreich, die Historie, den Theorieaufbau und – damit verbunden – die Betrachtungsansätze innerhalb der Neurowissenschaften kritisch zu analysieren. Solch eine notwendige kritische Distanzierung zu den aktuellen Forschungsresultaten kann aber nicht aus der der jeweiligen Methodik verpflichteten Einzelwissenschaft selbst erwachsen. Hierzu ist ein eigenständiger, von der Methodologie der Einzelwissenschaft unabhängiger Forschungsansatz vonnöten. Solch einen Ansatz könnte eine Philosophie finden. Aus dem vorher Gesagten erschließt sich zugleich, daß sich eine solche Philosophie allerdings nicht in einer *Neuro*philosophie erschöpfen kann. Erforderlich ist eine in der methodischen Beschränkung der Naturwissenschaft selbst nicht zu leistende Begriffskritik und eine sich daraus ableitende Bestimmung der Perspektiven des wissenschaftlichen Handelns. Das bedeutet, daß wir die Aussagen dieser Wissenschaft nur dann richtig bewerten können, wenn wir die Ergebnisse, die wir in diesen Einzeldisziplinen finden, aus dem weitem Rahmen heraus zu beurteilen suchen, aus dem die Problemfragen erwachsen sind.

Es wäre etwa falsch, über das Gedächtnis nur noch aus der Perspektive der Molekularbiologie zu reden. Sicher müssen wir die Mechanismen kennen, in denen sich das Gedächtnis konsolidiert. Es bleibt faszinierend zu verfolgen, wie weit die entsprechenden Forschungen unser Verständnis voranbringen. Es wäre aber grundfalsch, vor Faszination den Kopf zu verlieren und nur noch gebannt auf diese Einzelresultate zu sehen. Wichtig werden doch auch diese Resultate erst dadurch, daß sie in den Gesamtzusammenhang unserer Problemschau eingebunden sind. Daher ist es enorm wichtig, hier sehr sorgfältig zu verfahren und alle möglichen Strategien zu nutzen, um auch dieses Tun, das uns die Übersicht über das verschafft, was die Wissenschaft denn nun macht, kann und vorwärts bringt, zu optimieren. Die Möglichkeiten, solches zu tun, haben wir. Wir müssen sie nur nutzen. Eine sich nur in ihrer eigenen Methodik rechtfertigende Teilwissenschaft kann dies nicht leisten.

Verbleiben wir damit in einer rein methodologischen Diskussion, oder hat die so gewonnene Aussage auch weiterreichende Konsequenzen? Wir hatten gesehen, daß die Neurowissenschaft nicht den Grund für eine sich auf ihr aufbauende neue Wissenschaft vom Geist bilden kann. Das heißt nicht, daß sie solch einer Wissenschaft nichts zu sagen hat. Allerdings bedeutet dies, daß eine Neurophilosophie dort, wo ihre Überlegungen zu Fragen des Wertes des Menschen, seiner Würde und damit in Bereiche der Ethik führen, nie mit der Bemerkung »dies ist naturwissenschaftlich bewiesen« auf eine Begründung ihres Standpunktes verzichten kann.

Diese Darstellung der kognitiven Dimension unseres Verhaltens ist auf den ersten Blick äußerst unbefriedigend. Schließlich haben wir einen so langen Weg zurückgelegt und müssen am Ende bezüglich der eingangs so vehement thematisierten Fragen nun doch kräftig zurückstecken.

Damit haben wir aber dreierlei gelernt:

1. Bestimmten Theorien ist nicht zu trauen. Das Verfahren, das in einigen Weltanschauungsentwürfen – wie etwa im Zusammenhang der Selbstorganisationstheorien (so in den Schriften Varelas) – momentan modern ist, nämlich auf die Neurowissenschaften als Begründungsinstanz zu verweisen, ist unzulässig. Entsprechend sind dann aber auch von diesen Entwürfen abgeleitete Handlungsnormen in der Pädagogik falsch. Im Zusammenhang der Hemisphärenproblematik hatten wir dies am Beispiel der Kunstpädagogik schon diskutiert (s. S. 108).

2. Wir haben gesehen, wo und wie weit die neuronale Konstitution für unser Verhalten bestimmend ist. Wir haben dabei feststellen müssen, daß wir uns in vielen Dingen in gar keinem so sicheren Raum bewegen, wie wir aus unserer Alltagserfahrung heraus vielleicht meinen. Die Erfahrung ist ein schon durch die Sinnesorgane hochgradig vorstrukturierter Prozeß. Wir können unserer Erfahrung nicht sicher sein. Wir mußten sehen, daß die Reizselektion, die Vorstrukturierung des dann Weiterzuverarbeitenden nicht etwa mit den Sinnen aufhört, sondern einen sehr wesentlichen Teil unseres Hirns beschäftigt. Schon von diesen Daten her könnten wir dann fragen: Was ist überhaupt real? Erlebniszeit und physikalische Zeit sind nicht deckungsgleich. Welche zeitliche Dimension kann ein »Moment« besitzen? Wie lange »dauert« eine Stimmung, in die ich mich »jetzt« versetzt fühle? Wir erleben hier eine Erlebniseinheit, die mit dem physikalischen Zeitgang nicht in Deckung zu bringen ist. Zeigt dies, daß sich das neuronale System, »in« dem diese Prozesse ablaufen, seinen eigenen Ereignisraum konstituiert? Halten wir diese Frage noch offen.

3. Wir haben Bescheidenheit gelernt. Die Fülle der angegangenen Wege zeigte immer wieder Details, aber es war sehr mühsam, in ihnen das Ganze zu finden. Vieles stand zunächst in einem Widerspruch, eine Reihe von grundlegenden Überlegungen blieben hypothetisch. In vielem wissen wir demnach nur, daß wir auf dem Weg sind, aber wir wissen nur sehr grob die Richtung anzugeben, wohin uns der Weg führen wird, und wir wissen in vielem nicht, wo er enden wird. Insofern verbieten sich denn auch umfassendere Thesen, die sich selbst im Beginn solch eines Weges schon verabsolutieren.

Das wissenschaftliche Denken läuft anders. Es führt eher zur Demut als zum Hochmut gegenüber den Dingen. Moderner formuliert: Erst wenn wir die Einzelheiten ernst nehmen, finden wir die Steine, mit denen wir unseren Weg pflastern können und ihn damit überhaupt erst herstellen.

Literaturhinweise:

Churchland, P. M. (1984): Matter and Consciousness. A Contemporary Introduction to the Philosophy of Mind. Cambridge (Mass.)–London.

Churchland, P. S. (1988): Neurophilosophy – Toward a Unified Science of the Mind-Brain. Cambridge (Mass.)–London; *die beiden Bände geben eine umfassende Darstellung der Position der Neurophilosophie.*

Dennett, D. C. (1985): Brainstorms. Philosophical Essays on Mind and Psychology. Brighton; *eine Sammlung einer Reihe von anregenden Essays zur Thematik.*

Florey, E., Breidbach, O. (Hrsg.) (1993): Das Gehirn – Organ der Seele? Zur Ideengeschichte der Neurobiologie. Berlin; *die von Wissenschaftlern verschiedener natur- und geisteswissenschaftlichen Disziplinen geschriebenen, allgemeinverständlich gehaltenen Aufsätze dieses Buches geben einen kritischen Überblick über die Geschichte der Hirnforschung, wobei fachübergreifende Aspekte im Mittelpunkt stehen.*

Lange, F. A. (1974): Geschichte des Materialismus. (2 Bde). Frankfurt; *die Wiederauflage einer 1866 erstmals edierten, sehr zu empfehlenden philosophie- und wissenschaftsgeschichtlichen Studie.*

Quine, W. V. (1975): Ontologische Relativität und andere Schriften. Stuttgart; *die Sammlung vereint die im Zusammenhang der vorliegenden Thematik wichtigen Aufsätze dieses Philosophen.*

Seelenlos oder seelenblind?

*Und die findigen Tiere merken es schon, daß wir nicht sehr
verläßlich zu Haus sind in der gedeuteten Welt*

Rainer Maria Rilke

Wir haben einen weiten Bogen geschlagen, um anhand vieler
Details Genaueres über das zu erfahren, was in unserem Schädelkasten
passiert. Bleibt es nun bei dieser Reihung von Episoden? Führt uns unsere
Expedition damit nur durch einen Dschungel der Vielfalt von oft sehr
faszinierenden Einzeldaten, oder zeichnet sich insgesamt eine Aussage ab,
die zumindest einen Teil der eingangs gestellten Fragen beantwortet? Der
dargelegte Zweifel am Geltungsanspruch des methodischen Ansatzes der
Neurowissenschaften könnte uns ja dazu führen, den Versuch aufzugeben,
in den Neurowissenschaften eine geschlossene Theorie über die Organisation unseres Denkens zu suchen. Wir könnten beschließen, auf das Zauber-
wort der Philosophie zu warten, das all die Daten zu ihrem eigentlichen
Leben erwecken würde. Damit würden wir denn auch der Behauptung
ausweichen, daß das, was der Schädelkasten zu bieten hat, eben nun alles
sei, was uns »ausmacht«. Wir hätten demnach nur einzelne Funktionen
unseres Denkens erläutert, aber keinen Ansatz gefunden, uns selbst zu
begreifen.

Andererseits schien sich in einigen der skizzierten Forschungsansätze auch eine Perspektive für eine viel umfassendere Erklärung zu
bieten. Dabei müßten wir davon ausgehen, daß unser Verhalten, unser
Denken nur eine Funktion des Hirnorgans ist. Die Begriffe »Seele« und
»Geist« wären, diesem Ansatz zufolge, nur vordergründige Beschreibungen
eines physiologischen Zustandes des Hirnorgans. An sich hätten sie keine
Substanz und wären entsprechend auch zu verwerfen.

Sind wir aber – wenn wir gegen Ende unseres langen Marsches
wieder auf diese sich schon eingangs abzeichnende Alternative kommen –
in all den Seiten- und Hauptwegen, die wir beschritten haben, wirklich
weitergekommen? Oder stehen wir wieder an unserem Ausgangspunkt, hat
uns damit also unsere Expedition für unsere Grundfragen gar nicht allzu-
viel gebracht? Ich denke, solch eine Aussage wäre zu global: Schon die
Problemstellung, von der ausgehend wir die Frage nach unserem Denken
anzugehen hatten, hat sich im Laufe unserer Expedition gewandelt. Wir
konnten sehen, daß in vielen Detailantworten schon ganz wesentliche
Aussagen darüber gefunden wurden, wie das Innenleben unseres Kopfes
funktioniert. Wir sind in vielen Dingen sehr vorsichtig geworden, wissen
wir doch, daß auch komplexe Verhaltensäußerungen von einer adäquaten

Funktion unseres Hirns, oder sogar spezieller Teile dieses Hirngewebes abhängen. Reichen diese Beobachtungen dann nicht doch aus, die Frage nach dem Geist und der Seele auch von seiten der neurowissenschaftlichen Daten her ganz wesentlich zu präzisieren und damit den Ansatz für eine ausgreifendere Antwort zu finden?

Nicht von ungefähr diagnostizieren wir den Tod derzeit als Hirntod. Mit der Vernichtung dieses Organs scheint das, was unsere Person ausmacht, zerschlagen. Wir hatten am Beispiel der Senilität verfolgt, was es bedeutet, wenn dieses Organ sukzessive zerfällt. Andererseits konnten wir die Kindheitsentwicklung und dazu parallel die Reifung einer Persönlichkeit zugleich auch als fortwährende Spezifizierung der Leistungskraft des Hirnorgans lesen.

Die neuronale Hardware trägt die »geistigen« Prozesse. Ist dieses »Geistige« aber überhaupt etwa Spezifisches? Oder steht dieser Begriff nur für eine unpräzise Benennung der physiologischen Funktionsabläufe im Hirngewebe? Lernen, Vergreisungserscheinungen, all dies finden wir mit Veränderungen der neuronalen Architektur korreliert. Erfahrung, Erleben sind uns nur dann möglich, wenn unsere neuronale Hardware funktioniert. Daß jede Erfahrung dann wieder Strukturveränderungen in diesem Gewebegefüge bedingt, also gleichsam ihren Abdruck hinterläßt, bringt eine ungeheure Dynamik mit sich, die wir derzeit noch nicht einmal bei vergleichsweise simpel gebauten Organismen zu überschauen vermögen. Wie könnten wir angesichts solcher Perspektiven stoppen und uns – in methodologische Zweifel gehüllt – aus dem tastenden Versuch auskoppeln, unser Denken und unsere Urteilsfähigkeit als ein Verhalten, eine Art »Kontraktion« des Hirngewebes zu verstehen?

Wir hatten auszutesten, wie weit die Konzepte der Neurowissenschaft tragen, was wir und wie weit wir damit etwas davon verstehen können, was unser Denken »ist«. Wenn wir hiermit weiterkommen – und einigen Ansätzen waren Sie auf den vergangenen Seiten jeweils kurz gefolgt –, gewinnt unsere Vorstellung von der Funktion des Hirns einen neuen Aspekt. In den ersten Kapiteln hatten wir das Hirn im wesentlichen als einen Reizverarbeitungsapparat begriffen, der ein gegebenes Reizspektrum anhand bestimmter ihm eigener Parameter verrechnet und so bestimmte Reizeingangskaskaden an bestimmte Outputmuster koppelt, die sich dann in Verhaltensäußerungen manifestieren. In den im Laufe dieses Textes immer wieder angesprochenen Ansätzen zu einem Verständnis der Hirnfunktion war der Ausgangspunkt demgegenüber leicht verschoben. Zusehends haben wir versucht, die inneren Verrechnungscharakteristika der Hirnrinde aufzuzeigen. Damit gewannen wir Einblick in erste Ansätze, nichtdeterminierte Verhaltensäußerungen, Spontaneität und Gedächtnis-

die sich z.B. als „Langeweile" zu besserer Anwendung anbietet!

Seelenlos oder seelenblind?   201

prozesse als Funktionen des Cortex zu begreifen. Unsere Darstellung suchte hierbei ein Vokabular zu erarbeiten, das diese Äußerungen, die wir normalerweise in den Zusammenhang kognitiven Verhaltens einordnen, als Eigenschaften der Hirnphysiologie, als Aspekte des Arbeitsprogramms der inneren Mechanik dieses Organs erscheinen ließ. Wir analysierten die Eigendynamik des Systems, verstanden den Cortex als eine von den primären Sinneseingängen entkoppelte Struktur, die zunächst durch ihr komplexes inneres Gefüge bestimmt ist. Wir verfolgten solche Binnenbestimmungen, wie sie sich etwa in der Darstellung des ontogenetischen Programmes analysieren lassen. Was haben wir damit in den Blick genommen? Ist es nicht spätestens hier angeraten – die Vorsicht des Einzelwissenschaftlers vergessend –, nun doch eine Hypothese zu wagen, die aus der methodologischen Nische einer Experimentalwissenschaft ausbricht?

Haben wir hier, indem wir die Binnencharakteristika eines äußerst komplex gestalteten Gewebes studierten, nicht ein Terrain betreten, auf dem es möglich scheint, so etwas wie Individualität, ein »Ich« zu erfassen?

Zunächst schien sich dies auch so zu verhalten. Entsprechend hatten wir denn auch so wertgeladene Begriffe wie »Selbstbewußtsein« und »Person« bewußt ausgeklammert. Wir hatten versucht, ohne diese Begriffe auszukommen, und wollten sehen, wie weit wir in einer Erklärung unseres Verhaltens ohne solche Begriffe gehen können.

Wenn wir den Philosophen Paul M. Churchland und Daniell C. Dennett folgen, hätten wir in einer Person nichts anderes als einen komplex verwobenen Verrechnungsapparat zu sehen, in dessen innere Determiniertheit ein Außenstehender – und wohl auch der sich in sich selbst versenkende Apparat des Hirns selbst – keinen Einblick mehr fände. Die Komplexität der Vernetzungen innerhalb des Hirns, die gleichsam einen eigenen Kosmos von Erfahrungen beinhalten, ist für einen Verstand, der gleichfalls nur aus einer gewachsenen Vernetzungsmaschinerie besteht, nicht auflösbar. Demnach – so Churchland und Dennett – hätten wir denn auch ein Verständnis dafür gewonnen, was uns in unserer Alltagssprache dazu bringt, von Eigenheit der Person, einem Ich und dessen freier Handlungsfähigkeit zu sprechen. Wir überblicken die komplizierte Maschinerie selbst unseres eigenen Hirns nicht einmal im Ansatz. Von einem Gegenüber, dem wir (bisher) ja nicht in den Kopf schauen können, brauchen wir erst gar nicht reden. Wie soll es auch möglich sein, daß eine Struktur, die sich in ihren Wechselwirkungen komplett überschauen will, hierzu einen Ansatz findet? Wenn das Hirn auf sich selbst blickt, um die Gesamtheit seiner Reaktionen zu überblicken, muß es selbst Reaktionen anwerfen. Diese entziehen sich damit seinem Blick. Das bedeutet, gerade weil es dies in sich

Descartes „Dämon"

selbst zu machen hätte, ist es dem Hirn völlig unmöglich, in einer Art Introspektion seine eigene Determiniertheit zu erfassen. Wir fänden hier eine Art Unschärferelation vor. Der Beobachter, der auf sich selbst blickt, verändert – indem er dies tut – fortlaufend seinen Binnenzustand. Diese Veränderung kann er nicht kontrollieren, sonst müßte er seine Beobachtungstätigkeit einschränken. Tut er dies, kann er aber gar nichts mehr erkennen. Ist es dann noch verwunderlich, daß wir uns nach eigenen Befunden als nichtdeterminierte und damit eben freie Wesen ansehen? Frei erscheint das Denken nur, weil es die es konstituierende Maschinerie nicht überblickt.

Solche Überlegungen kennen wir auch aus der Physik. Ein Wassertropfen fällt nach strengen – für jedes der ihn aufbauenden Atome »verpflichtenden« – physikalischen Gesetzen zur Erde. Nur ist für einen Betrachter, der nicht die Gesamtheit aller lokal wirkenden Effekte in diesem Tropfen überblickt, nicht auszumachen, wann genau und in welcher Form dieser Tropfen schließlich zur Erde fällt. Wir nennen dieses Geschehen dann »zufällig« und maskieren mit dieser Bezeichnung nur die Beschränkung unserer Einsicht.

Übertragen wir diesen Gedanken zurück auf das Hirn, in dem die Anzahl der Wechselwirkungen noch unermeßlich größer ist und die gesamte Historie eines Organismus und auch die Geschichte, die zur Selektion eines gewissen Genbestandes dieses Organismus führte, mit zu umfassen ist. – Ist demnach unsere »Erkenntnis«, daß wir frei seien, letztlich doch nichts anderes als das Zeichen für die Resignation davor, dieses komplexe Gefüge von Wechselwirkungen, das im Effekt unser Verhalten produziert, aufzulösen? Wäre damit die Frage nach der Determiniertheit unseres Denkens letztlich nur eine methodische Frage? Schließlich könnten wir ja, wenn die apparativen Möglichkeiten bereitstünden, in das Hirn eines anderen Menschen hineinschauen und nun testen, inwieweit er in seinen Reaktionen determiniert ist.

Wir besitzen erst seit kurzem bildgebende Verfahren, die es uns erlauben, komplexe Interaktionen in der Physiologie des Nervengewebes darzustellen. Wir beginnen gerade mit ersten zaghaften Schritten, unsere bisher eher intuitiven Überlegungen zur Hirnfunktion auch theoretisch zu untermauern und gegebenenfalls in Simulationsexperimenten zu überprüfen.

Wohin führt uns aber solch ein Weg? Wir wissen es noch nicht. Insofern ist hier auch von seiten der Neurowissenschaften nichts vorherzubestimmen. Manche Perspektiven sind aber auszuschließen. So können wir schon aus unseren Befunden zur Verrechnungsstruktur des Hirns solche

Ich bin geneigt, der jeweiligen Ausprägung des Sprachvermögens die Art Person zuzu-erkennen.

Theorien, die einzelne Hirnareale strikt mit bestimmten kognitiven Funktionen belegen, ausscheiden. Diese Lokalisationslehren greifen nicht die Spezifität der Hirnfunktion, die ihre hohe Variabilität erst aus der – in Grenzen geordneten – Synchronaktivität verschiedener Nervenzellareale gewinnt. Damit schließen sich konsequenterweise auch jene Überlegungen aus, die das ›Ich‹ an der ein oder anderen Hirnstruktur dingfest machen wollen. Die Diskussion um die Rechts-/Links-Dominanz ist – bei näherem Hinsehen – nur solch eine, allerdings aufgeweichte Lokalisationslehre. Streng genommen fixiert die entsprechende Diskussion die ›Persönlichkeit‹ des Ichs sogar in einem Subareal der linken Hemisphäre, im Sprachzentrum. Die Problematik dieser Vorstellung hatten wir schon diskutiert. Dabei stellte sich heraus, daß solch ein Ansatz nicht haltbar ist.

Wie wir gesehen haben, greifen entsprechende Überlegungen allerdings auch grundsätzlich zu kurz. Zum einen zeigte eine Analyse der Individualentwicklung, daß die entsprechenden Hirnareale bis in späte Altersstadien hinein einen hohen Grad funktioneller Plastizität beibehalten. Damit ist – auch noch beim Erwachsenen – eine Hirnverletzung zumindest in Grenzen regenerierbar.

Die Daten von Hirnschädigungen sind insgesamt allerdings problematisch. Was passiert mit einem funktionsfähigen Ganzen, das sich in der Individualentwicklung eine wohldefinierte Arbeitsteilung angelegt hat, wenn aus diesem ein Stück herausgeschnitten wird? Die Mißfunktion des Ganzen deutet damit doch nicht darauf, daß dieses Ganze nur summarisch, als Addition seiner Teile, zu verstehen sei. Vielmehr ist das Ganze durch solch einen Eingriff selbst geschädigt, da es eine ihm eigene Teilreaktion nicht mehr vollziehen kann. Daß sich solch ein Defizit dann wieder regeneriert, sagt ein übriges.

Es bleibt nun die verblüffende Erfahrung des Wada-Tests, eines Testverfahrens, in dem selektiv linke und rechte Hemisphäre eines Menschen betäubt und seine Verhaltensmuster in diesem Zustand registriert werden. In Extremfällen scheinen in solchen Patienten in den verschiedenen Stadien des Experiments zwei unterschiedliche Personen zu agieren. Haben wir es hier aber wirklich mit zwei Persönlichkeiten zu tun, oder ist eine Erklärung für diese Phänomene nicht sehr viel einfacher zu finden? Wir alle kennen entsprechende Effekte an uns selbst oder aus unserem Umfeld. Übermüdete, unter Alkohol oder anderen Drogen stehende Personen reagieren anders als im Normalzustand. Speziell unter Drogeneinfluß kann hierbei eine bisher unbekannte Verhaltensstruktur an den Tag gelegt werden.

Wenn wir einen (durch Alkohol) angeheiterten Menschen beurteilen, kommen wir nicht auf die Idee, hier einer neuen, bisher verdeckten Person gegenüberzustehen. Wir wissen, daß Drogengenuß bestimmte Hirnareale ausschaltet oder zumindest in ihrer Aktivität so verändert, daß der jeweilige Konsument bestimmte Funktionen nicht mehr ausführen kann; er verliert die Eigenkontrolle über sein Verhalten und kann gegebenenfalls auch die Rückmeldungen aus seinem Umfeld nicht mehr verarbeiten. Entsprechend reagiert die derart »abgefüllte« »Persönlichkeit« anormal, sie weist für einen Beobachter nun »neue« Züge in ihrem Verhalten auf. Wir würden aber nicht davon sprechen, daß sich hier eine Persönlichkeit seziert. Wir gehen eher davon aus, daß bestimmte Kontrollfunktionen, denen sich solch eine Person im Normalzustand unterwirft, abgeschaltet sind. Dabei kommen dann unter Umständen auch bewußt unterdrückte Verhaltensäußerungen ans Tageslicht, die sonst durch die Eigenkontrolle, die in einem langfristigen Selbsterziehungsprozeß gewachsen ist, abgedrängt werden.

Wir sprechen hier von Drogenmißbrauch. Effektororgan dieses Mißbrauchs ist das Hirn, das wie jedes andere Organ von uns entsprechend manipuliert werden kann. Wir können Schmerzempfinden unterdrücken, die Muskelphysiologie durch Doping verändern und entsprechend auch in die Hirnphysiologie eingreifen. Die entsprechenden Mittel sind probat und werden – bei Schamanen – schon seit Jahrtausenden genutzt.

Wohin führen nun aber diese Beispiele? Wir reden hier von Denkfunktionen und sehen diese Funktionen an die Hirnstrukturen gebunden. Ist es nun so, daß diese Funktionen, diese Mechanismen, in denen das Denken abläuft, selbst auch das Denken sind? Diese Frage mag müßig erscheinen, da wir ja – wenn wir ins Hirn schauen – nichts anderes sehen als die aufgezeigten Mechanismen. Und – und dies ist ganz wesentlich – wir wissen, daß die adäquate Funktion unseres Denkens an diese Mechanismen gebunden ist. Dies führt schon zu ersten Konsequenzen für jede Philosophie. Wir müssen festhalten, daß die neuralen Strukturen zunächst einmal eingrenzen, was überhaupt möglich ist. So portionieren unsere Sinnesorgane unser Weltbild. Die speziellen Mechanismen, mit denen die verschiedenen sensorischen Nervengewebsbereiche diese Information aufnehmen, strukturieren das, was wir dann Realität nennen, immer weiter vor. Aber diese Einschränkungen gehen ja noch viel weiter. Wir haben intrinsische Verrechnungseigenschaften des Cortex kennengelernt. Erregung – und damit Information – kann nur nach Maßgabe dieser entsprechenden Mechanismen verarbeitet werden. Wir hatten anhand der Arbeiten zum Phänomen des Gedächtnisses versucht, einzelne Vorstellungen von diesen internen Mechanismen etwas präziser zu benennen.

– im Ansatz =„ cognitiv incipit", aber dann entscheidet anders.

In unserer Analyse der cortikalen Mechanismen, die für eine kognitionswissenschaftliche Analyse von Bedeutung sind, haben wir bisher im wesentlichen auf ganze Gewebsarchitekturen geschaut. Doch auch die Grundeigenschaften des Neurons, das einen Fluß von Information nur in einer ganz bestimmten Art und Weise erlaubt, bestimmen eine der wesentlichen Grundeigenschaften unseres Erlebnisraumes. Das Neuron gibt, wie es auch immer in ein Netzwerk von Verflechtungen eingebunden ist, den Zeittakt vor, in dem unser Erleben möglich ist. Der Signaltransfer im Neuron folgt, bedingt durch seine biochemisch-physikalischen Eigenschaften, einem Zeittakt, in dem allein Verrechnungsprozesse möglich sind. All unser Denken läuft in diesem damit vorgegebenen Zeitgrundmuster ab.

Läge es demnach dann nicht nahe, die Konsequenz zu ziehen und zwei Punkte festzuhalten:

1. Geist, Denken und Bewußtsein werden als Etiketten für Phänomene verstanden, die letztlich auf physiologische Prozesse zurückzuführen sind. Es wird bestritten, daß sie einem eigenen Phänomenenbereich zugehören.

2. Die Theorie vertritt die Hoffnung, die Struktur mentaler Prozesse mit Hilfe der Neurowissenschaften aufklären zu können.

Ist dieses Konzept – unseren bisherigen Überlegungen zufolge – zwingend? Was haben wir für die Behandlung der Phänomene Seele, Geist und Bewußtsein wirklich gewonnen? Strenggenommen haben wir diese Begriffe – dem oben stehenden Ansatz zufolge – doch aufgelöst. Die Intention ist, diese beschreibenden Begrifflichkeiten auf analytische, an den experimentellen Daten überprüfbare Aussagen zurückzuführen. Das heißt also, wir haben eine Theorie erstellt, die – teilweise im Rückgriff auf naturwissenschaftliche Fakten, teilweise in Extrapolation vorhandener Aussagen – diese Begriffe und deren Inhalt letztlich für nicht beschreibbar und damit für nicht nachweisbar erklärt. Die Existenz eines Raumes, in dem diese Phänomene anzusetzen wären, wird schlichtweg bestritten.

Ehe wir nun der Argumentationskette, die zu dieser Schlußfolgerung führte, noch einmal genauer nachgehen, wäre auch zu betrachten, ob von der philosophischen Seite her die hier formulierten Gedanken prinzipiell gesehen wirklich so neu sind, wie es der fortlaufende Verweis auf die modernen Erkenntnisse der Neurowissenschaften erscheinen läßt. Meinem Eindruck zufolge finden wir nämlich von philosophischer Seite her nurmehr eine Neuauflage einer Diskussion, die mit ganz ähnlichen Ansätzen, allerdings im Rückgriff auf die *damals* modernen Befunde, schon im 18. Jahrhundert bei den französischen Enzyklopädisten, etwa bei D'Alembert oder De La Mettrie, stattgefunden hat. Wirklich neu in unserer Diskussion ist allein der Verweis auf die hochparallele Organisation des Cortex, die Darstellung der komplexen Vernetzung neuronaler Strukturen und der Blick auf analoge Leistungen von menschlichem Hirn und Computer.

Die wirklich entscheidende Frage, die über die Berechtigung des Ansatzes entscheidet, der mentale Prozesse ausschließlich als Funktionen der Hirnphysiologie deuten will, ist: Erkennen wir eine Phänomenenebene an, auf der Begriffe wie »Bewußtsein« und »Ich« sinnvoll anzuwenden sind? Was spricht eigentlich dagegen? Wir sind doch von solchen Problemstellungen überhaupt ausgegangen, um anhand der Neurowissenschaften Aussagen über die Qualität dieser Phänomene gewinnen zu können. Was ist nun die Antwort, die wir gewonnen haben? Die Antwort lautete, wir können in der Neurobiologie über diesen Phänomenenbereich direkt keine Aussage treffen, wir können nur die Restriktionsbedingungen analysieren, die in der Mechanik des Hirngewebes vorgegeben sind. Nun hatten wir schon untersucht, welche Bedeutung diese Art von Sprachregelung im innerwissenschaftlichen Bereich hat. Anerkannt werden nur Aussagen, die in der Methodologie dieser Wissenschaft absicherbar sind. Fehlen solche Kriterien, ist eine Rede über entsprechende Problemzusammenhänge in dieser Wissenschaftsdisziplin nicht möglich. Was haben wir aber in der vorstehenden Diskussion gemacht?

Wir haben daraus, daß der entsprechende Phänomenenraum der Wissenschaft nicht zugänglich ist, direkt eine prinzipielle Antwort formuliert: Es gibt ihn nicht. Dies ist innerwissenschaftlich, wie gesagt, auch richtig; die Wissenschaft ist von vornherein blind für Phänomene, die ihr Methodenrepertoire übersteigen. Nur, können wir die Spitze unserer Argumentation wirklich derart gegen die mit ihren naturwissenschaftlich abgesicherten Ergebnissen argumentierenden Denker richten, die eben Phänomene wie »Ich« und »Seele« nur als physiologische Ereignisse sehen wollen, und ihnen dabei eine unzureichende, nur partikulare Sicht der Realität vorhalten?

Gegen eine solche Argumentation spricht zunächst der hohe Stellenwert, den experimentell erhobene Daten besitzen. Sie scheinen der vermeintlichen Beliebigkeit philosophischer Aussagen enthoben. Doch ist dies nur vordergründig so. Wir hatten immer wieder rekonstruiert, wie weit einzelne Aussagen der Neurowissenschaften dadurch geprägt sind, daß bestimmte Methoden verfügbar waren oder man einem bestimmten Grundkonzept gefolgt war. Das technische Raffinement ist in dieser Disziplin zwar enorm verfeinert und teilweise wirklich bewundernswert weit entwickelt worden, dennoch – auch die Aussagen der Naturwissenschaft basieren auf Theorievorgaben. Ich kann diese Ideen in diesem Zusammenhang nur andeuten, möchte hier aber zumindest auf das Buch von Thomas S. Kuhn

Die entwickelte Außen- ist so ein gut Teil Innenwelt!

über die Struktur wissenschaftlicher Revolutionen verweisen. Wir könnten demnach auch einmal andersherum fragen und uns darüber klar zu werden suchen, wessen wir uns eigentlich sicherer sind: des Phänomenenraums der Naturwissenschaften oder unserer Erfahrung, die ein Ich, ein Du, Liebe und damit einen ganz anderen, der Naturwissenschaft prinzipiell verschlossenen Erfahrungshorizont kennt? Welche Phänomenenbereiche hätten für uns den höheren Wert?

Wir können dieses Problem sehr einfach angehen und uns fragen, wie sich uns naturwissenschaftliche Ergebnisse vermitteln. Wir werden feststellen, daß unsere Naturerkenntnis gerade auf Wegen zustande kommt, die eine rigorose Theorie, die allein das empirisch Ermittelte für akzeptabel hält, ausschließen.

Die Einsicht in die Struktur dieser Natur vermittelt sich uns über Personen, über ein Du, das eben nicht – das müssen wir voraussetzen – nur seine (eigene) Überlebensfähigkeit optimiert, sondern uns etwas beibringt. Wir gewinnen dann Einsichten in die Zusammenhänge der Erkenntnis, das heißt, wir tragen nicht ein bloßes Abbild unserer Außenwelt mit uns herum, vielmehr <u>entwickeln</u> wir uns eine Idee von diesem Weltzusammenhang. Und letztlich, erarbeiten wir uns unsere Einsicht unter Rückgriff auf die Sprache. Demnach sind wir in unserem Denken zunächst einmal außerhalb der methodologisch bestimmten Phänomenenebene des Naturwissenschaftlers. Wir formulieren dann aber unser Interesse derart präzise, daß wir unsere Neugier auf einen Aspekt eingrenzen können, den wir methodologisch zusehends verfeinert angehen. So betreiben wir auch Naturwissenschaft. Dafür beugen wir uns aber vor, um aus dem Gesamthorizont unserer Erfahrungsmöglichkeit eine Teilperspektive besser in den Blick nehmen zu können. Damit verengen wir zugleich auch unseren Blickwinkel auf einen Teilausschnitt. Dieser Ausschnitt kann nicht aus sich selbst den Rahmen für das Ganze hergeben.

Entsprechend dürfen wir festhalten: Die Tatsache, daß die Begriffe »Seele« und »Bewußtsein« der Neurowissenschaft nur in einer ganz reduzierten Betrachtungsweise zugänglich sind, zwingt nicht dazu, diese Begriffe abzuschaffen. Vielmehr zwingt dies die Neurowissenschaften dazu, ihr methodisches Vokabular zu verbreitern, um ihre Phänomenenbasis derart zu erweitern, daß sie auch die Inhalte, die mit diesen Begriffen benannt sind, zumindest in die Perspektive ihres Forschens stellen kann.

Greifen wir aber noch einmal zurück auf das, was uns die Darstellung der Neurowissenschaften bisher erschlossen hat. Welche Aussagen konnten wir aus unserer Darstellung der neurophysiologischen Grundsituation ziehen? Zunächst können wir einige vorschnelle, weltanschaulich ausgebaute Interpretationen der besprochenen Ergebnisse ablehnen.

Das Hirn ist ein in sich geschlossen wirkendes Ganzes. Aus den »Split-brain«-Versuchen abzuleiten, die Persönlichkeitsstruktur des Menschen sei gespalten, ist – schon von den Daten der Neurowissenschaft her – unzulässig. Dennoch ist eine solche – eben plakativ, greifbar erscheinende – Interpretation in der öffentlichen Diskussion bedeutsam. Entsprechende Problemdiskussionen finden sich hierbei sowohl im Bereich der Pädagogik wie auch im Bereich der medizinischen Ethik. Zwei Stichworte sollen dies andeuten: das Problem der Rechts-/Links-Händigkeit und das Problemfeld der Hirnoperationen.

In der Darstellung der Split-brain-Problematik hatten wir schon – im Verweis auf die Darstellung von Bryden – die mangelnde Evidenz für eine Zuordnung von Rechts- bzw. Linkshändigkeit und cortikalen Lateralisierungen aufgewiesen. Außer der vermeintlichen Analogie zwischen beiden Phänomenen ist für eine entsprechende Zuordnung keine Datenbasis vorhanden. Noch schlimmer, wie aufgewiesen, führt eine Interpretation, die Persönlichkeitsstrukturen an funktionellen Spezialisierungen des Cortex dingfest machen will, in die Irre. Die entsprechenden pädagogischen Konzepte, die zum Teil explizit mit einem Training von »Hirnhemisphären« verschüttete Persönlichkeitsstrukturen hervorholen wollen, stehen konzeptionell demnach auf Sand. Auf einem derart trügerischen Unterbau darf eine Pädagogik nicht aufbauen.

Eine andere Konsequenz ergibt sich für die Diskussion von Hirnoperationen. Bei sehr schweren Hirnverletzungen, zum Teil aber auch zur Behebung komplexer Epilepsien werden auch großflächige Hirnoperationen durchgeführt. Selbst Abtragungen ganzer Hirnhemisphären – sogenannte Hemisektomien – können hierbei therapeutisch notwendig sein. Wie schon ausgeführt, kann solch eine komplexe Operation dann, wenn sie in einem frühen Entwicklungsstadium des Hirns ausgeführt wurde, durch eine entsprechende funktionelle Spezialisierung des verbliebenen Cortexareals zumindestens weitgehend kompensiert werden. Entsprechend behandelte Kinder erreichen, wie Langzeitstudien ausweisen, durchaus normale, zum Teil sogar überdurchschnittliche Intelligenzquotienten. Sie sind als Persönlichkeiten voll entwickelt und keineswegs lebenslang als entsprechend »Hirnamputierte« kenntlich. Schon diese Entwicklungs- respektive Regenerationsfähigkeit etwaiger Patienten dürfte bestimmte Diskussionen um solche Operationen verstummen lassen. Wenn sich zeigt, daß die Hirnfunktionen in derart großem Maßstab von anliegendem Gewebe übernommen werden können, zeigt dies, daß die entsprechenden Funktionen nicht an ganz bestimmte neuronale Strukturen gebunden sind. Es gibt im Hirn keine Bereiche, die strikt auf den Aufbau bestimmter geistiger »Funktionsteile« ausgerichtet sind. Diese alte Theorie, die der

Schädelkundler Gall, der im übrigen ansonsten ein ausgezeichneter Neuroanatom war, schon gegen Anfang des 19. Jahrhunderts ausformulierte, ist falsch. Richtig an ihr ist, daß sich bestimmte Stoffwechselprozesse vollziehen. Im Aufbau der Elemente, die diese Prozesse tragen, ist das Hirn – vor allem zu Entwicklungsbeginn – allerdings extrem plastisch. Wir hatten dies – und die alternative Theorie zur funktionellen Organisation des Cortex – schon ausführlich diskutiert (s. S. 112 ff). Hiernach verbot sich eine vereinfachende Interpretation der funktionellen Asymmetrie des Cortex. Wir können also nicht hingehen und – analog der Vorstellung bestimmter zentraler Schaltstellen, wie sie ein technisches Kommunikationssystem kennt – Persönlichkeitsmerkmale an bestimmten Cortexstrukturen dingfest machen. Interpretationsansätze, in denen gefragt wird, ob eine Person, deren linker Cortex weitgehend zerstört ist (womit zumindest die Fähigkeit zu logischem Schließen stark eingeschränkt und die Sprachfähigkeit verloren ist), noch die ursprüngliche »Person« ist, sind demnach nicht von den Neurobiologen zu beantworten. Zumal es in solchen Diskussionen konkret darum geht, ob die juristische Person in solch einem Fall »erhalten« bleibt. Es geht damit um Fragen zu Haftungsregeln und der Gültigkeit eines Versicherungsschutzes. Pikant wird diese Diskussion insbesondere, als die für die Diskussion relevanten Fälle von entsprechenden Hirnoperationen fast ausschließlich bei sehr jungen Patienten vollzogen werden, die eben auch funktionell in ihren cortikalen Funktionen noch keineswegs fixiert sind. Auch hier entzieht aber schon der einzelwissenschaftliche Befund entsprechenden Diskussionen den Boden.

Gehen wir aber noch einmal zu unserer Ausgangsfragestellung zurück. Es scheint klar, und hier ist der Neurowissenschaft auch strikt zu folgen, daß die in ihr erhobenen Daten bestimmte Interpretationen neuronaler Funktionszustände und darauf aufbauende Theorieansätze ausschließen. Die eingangs gestellte Frage nach unserem Denken, unserer Person und unserem Selbstbewußtsein griff aber weiter. Vermag die Neurowissenschaft in der oben benannten Perspektive auch positive Konturen zur Eingrenzung des Problemfeldes Person und Bewußtsein zu zeichnen?

Vielleicht darf ich – bevor wir diesen Problemkontext etwas ausführlicher angehen – hier ganz explizit eines festhalten. Im Rahmen dieses Buches kann dieses Problem nicht in seiner ganzen Dimension dargestellt werden. Das Leib-Seele-Problem hat schon von seiner Tradition her einen derart breiten Ansatz, daß sich hier eine episodische Kurzbehandlung schlichtweg verbietet. Was uns in diesem Zusammenhang interessiert, ist denn auch nur eine Teilfragestellung:

Was kann die Neurowissenschaft zu diesem Problem sagen? Zwingt der in ihr erarbeitete Datenbestand dazu, bestimmte Fragen in

Hypothese

einer bestimmten Weise zu beantworten? Löst die Neurowissenschaft das Leib-Seele-Problem? Oder ist mit der Befundslage dieser Wissenschaft vorsichtiger umzugehen? Die Konsequenz des angedeuteten Denkmusters wäre eindeutig: Alles, was Bewußtseinsprozesse ausmacht, ist an Hirnfunktionen gebunden. Unser Denken ist ein physiologisches Ereignis. Schlaf und Traum zeigen uns sehr drastisch unsere Einbindung in diese unsere Physiologie, die eben kein Nebeneinander von Seele und Körper zuläßt, sondern sich in eines bindet. Hat dieser seitens der Neurowissenschaft ganz eindeutige Befund dann nicht die Konsequenz, auf alle Rede von »Denken«, »Person«, »Selbst« oder gar »Seele« zu verzichten und die entsprechenden, durch diese Begriffe abgedeckten Phänomene rein als Verhaltensfunktionen der inneren Mechanik des Gehirns zu deuten? Hätten wir somit, Quine, Dennett oder Churchland folgend, das Hirn nur als einen komplex gebauten Rückkopplungsapparat zu begreifen, der entsprechende Bilder aufbaut, um sich an diesen in ein Erregungskontinuum einzubinden, das ihn von seiner Umwelt weitgehend separiert? Das »Ich« wäre demnach nichts als eine – nach Maßgabe eines Mittelwertes von erlebten Umweltsituationen – programmierte Eigenaktivierungsschleife, die den Organismus über kurzfristige Oszillationen in der konkreten Umweltsituation hinwegführt und von daher sein langfristiges Überleben sichert. Derart in einen Sinnbezug gesetzt, der zumindest die Perspektive einer möglichen Begründung durch die Evolutionsbiologie aufscheinen läßt, werden diese Begriffe zu operativen Kategorien, die, solchermaßen neu bewertet, auch im Vokabular der Neurowissenschaften ihren Platz finden könnten. Wäre damit nicht die hier exponierte Problemstellung weitergeführt, wären wir so nicht auf dem Weg zu einer neuen, einheitlichen Weltsicht, die sodann eben doch den Primat einer Neurophilosophie begründet hätte?

dagegen:

Mir scheint eine entsprechende Argumentation vorschnell, operiert sie doch mit Begriffen, die sie in ihrem Gehalt völlig auf das Maß heruntergestutzt hat, das ihr in einer sich auf das neurobiologisch Beschreibbare reduzierten Perspektive verfügbar scheint. Genau dies war – wie dargestellt – der Kardinalfehler eines die methodischen Grenzen der Experimentalsicht übersehenden Philosophierens. Genau dies auch würde dieser Wissenschaft den Weg zu einem vertieften Verständnis aufbauen. Eine entsprechende Reduktion der Problemsicht tut der Neurowissenschaft also nichts Gutes.

Wie oben ausgeführt, ist ein interdisziplinärer Dialog nur dann sinnvoll, wenn die angegangenen Phänomene in ihrer gesamten Breite in den Blick genommen werden. In dem Moment, in dem ich die Phänomene auf *eine* begriffliche Tradition hin zurechtstutze, verliere ich das Umfeld

z.B. nur von Wellenfrequenzen statt von Farben zu sprechen.

meiner Forschung aus dem Blick. Die so erarbeiteten Resultate stehen
zunächst nur im methodologischen Spezialgewand meiner Wissenschaft
fest. Ob und inwieweit ich die gewonnenen Bestimmungen dann noch auf
andere Disziplinen ausweiten darf, kann erst eine genaue Rekonstruktion
der Phänomenenvielfalt erschließen, die das Versäumte nachzuholen hätte.
Dies zu unterlassen, kappt den Bezug meiner Disziplin zu dem Erfahrungs-
kontext meines Umfeldes. Und genau dieses Problem tritt bei einer derart
verkürzten Sicht, wie sie die Neurophilosophie formuliert, in den Blick.

Die Begriffe »Denken«, »Bewußtsein«, »Ich« oder »Seele« werden
nur als operative Begrifflichkeiten verstanden, der phänomenologische
Gehalt dieser Begriffe, die Erlebnissphäre des Ichs, die sich in solchen
Wörtern zudem auch nur unzureichend dokumentieren, werden einfach
unterschlagen. Wo etwa ist Liebe, wo ist so etwas »Simples« wie Trauer in
dieser »Neuro-Physio-Philosophie« »abgebildet«?

Wir dürfen hier auch die Neurophysiologie nicht überschätzen. Sie
kann etwa bestimmten neuronalen Aktivitätsmaxima bestimmte physikalische Farbwerte im visuellen Außenraum zuordnen. Diese physikalischen
Werte entsprechen aber nicht unserem Farbempfinden; sie stehen zum Teil
– Maturana hat dies zeigen können – sogar im Widerspruch zu dem, was
wir zu sehen meinen. Selbst das subjektive Zeitempfinden, unser Erlebnis-
raum, der für die adäquate Definition der persönlichen Aktion unverzicht-
bar ist, deckt sich nicht mit der physikalischen Zeit. Wie definiert sich mir
die Kontinuität meiner Person in einer Aktion, etwa im Schreiben dieses
Satzes, der doch, wenn geschrieben, schon Vergangenheit und damit nicht
mehr mir eigen ist, obwohl ich doch in ihm einen mir eigenen Gedanken
erst formuliere.

Formulieren heißt ja nun auch nicht, ein vorgegebenes Bild (eines
Satzes) einfach in eine Motorik zu übersetzen, die dann eine Buchstabenko-
lonne schreiben läßt. Formulieren heißt, einen Gedanken auszuformen.
Hier deutet sich eine Phänomenebene an, die in der verkürzten, hier
exponierten Fassung einer Neurophilosophie noch nicht einmal angedeutet
wurde.

Ist denn – wäre umgekehrt zu fragen – aber nicht aus dem Befund,
daß alles Denken ans Hirn gebunden ist, zu folgern, daß alle über diese
Befundsituation hinausgehende Spekulation nur Trugbildern nachhängt?
Nun wäre diesem, philosophisch gesehen, sehr einfach zu entgegnen. Ist
doch auch die Naturwissenschaft »nur« eine Form der Erfahrung, die in
ihren methodologischen Zwängen zudem schon hochartifiziell und demnach
äußerst »subjektiv« belastet ist. So offeriert – wie wir gesehen haben –
sinnliche Gewißheit alles andere als ein direktes Abbild der Umwelt. Im

Blick auf unser Umfeld sehen wir zunächst durch das komplexe Sensorium unserer Sinnesorgane und sehen – primär – eben nur die Antwortcharakteristika dieses Sensoriums. Wir hatten gesehen, wie »interpretiert« schon ein akustisches Signal ist, ehe es noch von den Rezeptoren im Ohrinnenraum als solches erkannt ist.

Ich hätte also nach Kriterien zu fragen, die es erlauben, auf der Ebene des Sensorischen Gewißheit zu finden. Hier kämen in einer etwaigen positiven Antwort seitens der Neurophilosophen dann aber direkt fundamental ansetzende Nachfragen nach den Kriterien für diese Befundung. Wären diese von der Physiologie überhaupt zu erbringen?

Quine postuliert dies. Er sieht den Beweis für Wahrheit erbracht, wenn zwei gleichartige (woher wissen sie darum?) Neuronen synchron feuern. Was sollte dies aber heißen? Eine Erregung wird hin- und hergeschoben, hierbei sind – idealiter – die Ausgaben der Neuronen a und b gleichwertig. Ja und? Wer stellt dies denn fest und markiert dies so wichtige Ereignis? Und wie können sich diese gleichartigen Neurone selbst überhaupt als solche erkennen? Ich/sie müßten dann doch schon vorab Kriterien besitzen, eine etwaige Entscheidung: »Aha, das ist das Richtige« treffen zu können. Wo finde ich dann solche Kriterien? Der Verweis auf die Evolution der Art Mensch fruchtet hier wenig. Wissen wir doch, daß die Evolution nicht an richtigen Lösungen, sondern nur an praktikablen Lösungen interessiert ist. Diese können auch »falsch« sein, es darf nur »niemandem« auffallen.

Eine ganze Reihe von Tierarten verbringt nach diesem Muster schon einige Jahrzehntausende. Diese Tierarten bilden die sogenannten mimetischen Formen, die nur deshalb überleben, weil sie von ihren Fraßfeinden mit anderen unter Umständen sehr giftigen Arten verwechselt werden. So finden sich Schmetterlinge, die in ihrer Zeichnung das Muster einer anderen, nicht enger verwandten für Vögel ungenießbaren Art exakt nachbilden. Die nachahmende Art selbst ist ungiftig.

Es wäre falsch, nur allein deshalb, weil die Denkprozesse im Hirn ablaufen, zu denken, daß das menschliche Denken hirnphysiologisch erschöpfend zu beschreiben sei. Dieser Satz ist effektiv falsch! Zur Übermittlung einer bestimmten Art von Tönen ist ein Radio notwendig, doch bestimmt die innere ›Mechanik‹ dieses Gerätes nur zum Teil die Phänomenologie seiner Ausgabe. Dieses Beispiel ist aber zugegebenermaßen ein wenig platt und trifft das Problem auch nicht in Gänze, da wir in unserer Theorie ja davon ausgehen, daß das Hirn zunächst ein »eigen«generierendes System ist. Auch dies stimmt aber wieder nicht. Die entsprechenden Theorien sagen, daß sich die Hirnstruktur in der Evolution entwickelt hat.

Das Hirn ist demnach das Resultat einer fortlaufenden Bewertung durch die Umwelt. Also ist es letztlich doch »von außen« geformt. In der Ontogenese eines Individuums organisiert sich das Hirn weitgehend selbst, allerdings folgt es dabei bestimmten Mechanismen. Diese Mechanismen wurden in einem langdauernden evolutionären Prozeß abgestimmt. Insoweit ist auch die Selbstorganisation des Hirngewebes ein Reflex bestimmter Umweltkonfigurationen. Von daher stimmt, setze ich die Zeitskala für die Verzögerung zwischen Reizeingabe (der Umwelt) und Wiedergabe (dem Aufbau eines die Ontogenese steuernden Gensets) entsprechend hoch an, das ›Radio-Beispiel‹ dann allerdings doch.

Wie falsch der entsprechende Ansatz der Neurophilosophie ist, demonstriert diese interessanterweise fortlaufend selbst. Schließlich modelliert sie Hirnfunktionen am Computer. Sie diskutiert die Frage einer künstlichen Intelligenz, läßt Freiheit, Gedächtnis und Lernen auch an Rechnern zu, und spricht über ein »Selbst«bewußtsein dieser künstlichen Apparaturen. Lassen wir diese Einzelaussagen in diesem Kontext zunächst einfach stehen, so verwundert dennoch eines: All diese Architekturen besitzen keine Physiologie, ihre Konstitution ist eben nicht neuronal (und, wie aufgewiesen, in ihrer Mechanik prinzipiell anders). Dennoch, trotz anderer Hardware lassen sich entsprechende Funktionen oder zumindest kryptische Karikaturen dieser Funktionen finden. Ähnliches gilt für die Diskussion um eine außerirdische Intelligenz, wobei auch von den Vertretern einer Neurophilosophie stillschweigend davon ausgegangen wird, daß auch ganz andere Realisationsformen der Materie – und sei es auf der Basis von Silizium – Strukturen hervorbringen können, die ähnlich unserem Denken »funktionieren«.

Kurz, und mit anderen Worten, die Neurophilosophie demonstriert, daß die Bindung Hirn und Bewußtsein auch für sie nur in einer Richtung läuft. Die entsprechenden Bewußtseinsleistungen sind gegenüber den Hirnstrukturen »emergent«. Dies meint, daß wir die Bewußtseinsleistungen nicht einfach aus der Addition der Teilmechanismen, die wir in der Hirnphysiologie analysiert hatten, erklären können. Das Wort »Emergenz« erklärt wenig, bringt aber das Problem wieder einmal auf einen Begriff. Hier wird deutlich, daß die Neurowissenschaft von sich aus diesen Begriff nicht zu füllen vermag. Wir können durch experimentalwissenschaftliche Befunde über »Bewußtsein«, »Denken« und »Seele« letzthin nichts aussagen. Diese Begriffe fallen nur in einer sehr reduzierten Bestimmung ins Blickfeld dieser Wissenschaft. Diese komplexen Phänomene entziehen sich noch einer neurobiologischen Darlegung.

Nur wenn die Vielfalt der phänomenologischen Ebenen ernst genommen wird, ist das explorierende Vorgehen der Naturwissenschaft aber sinnvoll. Nur wenn sie sich der vollen Dimension dieser Begriffe stellt, ist es für sie möglich, etwaige Wahrnehmungsfehler als Perspektivenverzerrungen zu demaskieren. Nur wenn sie derart flankiert durch eine kritische Reflexion ihres eigenen Tuns voranschreitet, kann sie denn auch hoffen, mehr zu sehen, als sie jetzt schon – im [Korsett der ihr eigenen Methodologie]– vorhersehen kann. Schließlich ist ja auch die Methodologie einer Wissenschaft nicht fest zementiert. Wie die Ideengeschichte jeder Wissenschaft ausweist, hat sie ihre eigene Befundsituation fortlaufend neu zu wichten. Nicht nur neue Techniken, sondern auch neue Interpretationsansätze können das Bild einer Experimentalwissenschaft verändern. Kurz und knapp: Die heutige Neurowissenschaft sagt nichts über die Seele; sie ist damit aber nicht notwendig seelenlos, sie ist – zunächst einmal – seelenblind.

Literaturhinweise:

Braitenberg, V. (1987): Künstliche Wesen. Verhalten kybernetischer Vehikel. Braunschweig; *eine sehr anregende und auch provokante Diskussion über die Frage, wie man ein Hirn konstruiert.*

Breidbach, O. (1987): Der Analogieschluß in den Naturwissenschaften. Frankfurt; *diese Arbeit geht auf einige der hier nur gestreiften wissenschaftstheoretischen Fragen näher ein.*

Bunge, M. (1984): Das Leib-Seele-Problem. Tübingen; *eine einführende Darstellung der philosophischen Problematik.*

Churchland, P. M. (1984): Matter and Consciousness: A Contemporary Introduction to the Philosophy of Mind. Cambridge (Mass); *das Buch erläutert die Position der Neurophilosophie.*

Globus, G. G., Maxwell, G., Savodnik, I. (Hrsg.) (1976): Consciousness and the Brain. A Scientific and Philosophical Inquiry. New York-London; *eine Sammlung von meist sehr pointiert formulierten Essays.*

Kuhn, T. S. (1978): Die Struktur wissenschaftlicher Revolutionen. Frankfurt. Kann eine wissenschaftsgeschichtliche Analyse die wissenschaftstheoretische Analyse weiterbringen? *Dieses Büchlein sollte man lesen.*

Kurthen, M. (1990): Das Problem des Bewußtseins in der Kognitionswissenschaft. Perspektiven einer »Kognitiven Neurowissenschaft«. Stuttgart; *ein klar und knapp geschriebener Forschungsbericht.*

Lem, S. (1972): Solaris. Frankfurt; *sollte man kennen.*

Pöppel, E. (Hrsg.) (1989): Gehirn und Bewußtsein. Weinheim; *eine Sammlung von geisteswissenschaftlichen und neurowissenschaftlichen Essays.*

122 !

Hirntransplantationen und Neuroprothesen – ein Blick auf Möglichkeiten und ethische Konsequenzen

kurz: ihr kommt
in die besten Hände. Alles ist seit langem vorbereitet.
Ihr braucht nur zu kommen.

Bertolt Brecht

Bewegen wir uns aus dieser umfassenden Perspektive aber noch einmal zurück auf den Boden neurowissenschaftlicher Forschung. Wir hatten gesehen, daß das ausdifferenzierte Nervengewebe des Menschen nur noch ein äußerst geringes Regenerationsvermögen besitzt. Zwar können sich Funktionsbahnen umlagern, so daß bisher weniger belastete Zellen nun in eine komplexere Vernetzungscharakteristik eingebunden werden. Einmal zerstörte Nervenzellen bauen sich aber nicht wieder auf. Das ist auch der Grund für die teilweise so drastisch anmutenden Epilepsietherapien, in denen Hirnbereiche einfach entfernt oder entsprechende Bahnverbindungen – in den »Split-brain-Operationen« – gekappt werden. Dies sind die oft letzten Mittel, epileptische Anfälle zu unterbinden, in denen ganze Hirnareale irreversibel geschädigt werden, da jeder Epilepsieanfall einen Hirnbereich abbaut. Um eine fortschreitende Selbstzerstörung des Hirns zu verhindern, kann man sich in diesen Fällen dann zu einer solch drastischen Operation wie der Entfernung eines großen Teils einer Hemisphäre entschließen.

Eine vergleichbare Problematik verknüpft sich mit der Drogensucht. Starker Drogenkonsum schädigt den Chemismus der Zellen, auf die die Droge einwirkt. Langfristige Drogenbelastung führt hierbei zum Zelltod. Eine Therapie kann diese Zellen nicht mehr ersetzen. Weitere Schädigung kann zwar verhindert werden, doch ist der einmal angerichtete Kahlschlag nicht mehr auszubessern. Nun bedeutet ein entsprechendes Absterben von Zellen nicht den sukzessiven Abbau von Intelligenz und Charakter. Wie im Lauf des Textes mehrfach dargelegt wurde, zeichnet sich das Hirn durch eine zum Teil umfassende funktionelle Plastizität aus, die speziell bei einer langsamen und kontinuierlichen Schädigung des Hirngewebes etwaige Ausfälle im Gewebebereich sehr lange kompensiert.

Wir können diese Kompensation in jedem normalen Lebensverlauf beobachten. Gegen Ende des Lebens kann es zu einer Vielzahl sehr kleinräumiger Hirnblutungen kommen, bedingt durch leichte »Verkalkungserscheinungen« in den Blutkapillaren, die speziell im Hirn dann leicht zu überkritischen Druckbelastungen und damit zum Platzen dieser feinen Äderchen führen. Die Nervenzellen der von diesen Blutungen betroffenen Hirnbereiche sterben ab. Im Verhalten eines solchen Patienten ist im Normalfall nicht zu erkennen, daß sein Hirn derart geschädigt ist. Selbst Patienten, deren Cortex mit Mikroläsionen geradezu gespickt erscheint (die modernen Verfahren, die Stoffwechselaktivitätsverschiebungen im Hirn registrieren können, ermöglichen eine bildliche Darstellung dieses Geschehens), zeigen ein völlig normales Verhalten. Was sich allerdings verringert, ist die Toleranzbreite des Hirns, mit *zusätzlichen* Teilläsionen fertig zu werden.

Die Kompensationsfähigkeit des aufgrund seiner funktionellen Plastizität immer mehr belasteten »Rest«-Nervengewebes schränkt sich ein. Die »übrig« gebliebenen Zellen haben nun mehr zu leisten. Sie werden stärker beansprucht und sind demnach nicht in der Lage, immer noch zusätzliche Aufgaben zu übernehmen. Wird der Toleranzrahmen des Systems überschritten, kippt das System und fängt sich erst in einem tieferen, reduzierteren Verarbeitungsmodus, der nun Ausfälle im Verhalten des Patienten erkennen läßt. Auf dieser Ebene wird das Gesamtverhalten wiederum stabilisiert, obwohl der Abbau von Nervengewebe nicht gestoppt ist. Das so erlangte Plateau wird nur so lange »gehalten«, bis es aufgrund der fortschreitenden Läsionen wieder zu einer Umwidmung des Gesamtsystemverhaltens nach unten kommt. Entsprechend erklärt sich demzufolge das Krankheitsbild bei Parkinson- oder Arteriosklerose-Patienten. Nach einem entsprechenden Abfall in den Leistungen wird sich hier zudem eine leichte Erholung einstellen, da sich das neue System erst funktionell abstimmen muß und sich hierbei in seinen Verrechnungscharakteristika noch einmal leicht optimiert. Entsprechend führt dies zu einem plateauartigen Krankheitsverlauf, in dem nach einer relativ stabilen Phase das Verhalten urplötzlich zusammenbricht, der Patient sich dann nach ein, zwei Tagen etwas zu erholen scheint, in den weiteren Wochen aber im wesentlichen nur den einmal erreichten Stand hält, bis in einer erneuten Katastrophe auch dieser Systemzustand zusammenbricht und sich auf einem tieferen Niveau neu einstellt.

Eine Therapie scheint in diesem Zusammenhang nur begrenzt möglich. Die Degeneration und schließlich der Abbau ganzer Nester von Nervenzellen ist irreversibel. Dieses Absterben reduziert die Grundaktivität in einzelnen Hirnbereichen noch weiter, entzieht damit auch anliegenden Zellen die für ihr Überleben notwendigen »Erregungseingaben« und kann so dort zu weiteren Degenerationen führen. Damit breitet sich solch eine Degeneration kaskadenartig, wie ein Fleckenmuster, über das Hirngewebe aus, bis auch vitale Funktionen wie Atmung oder Schluckbewegungen nicht mehr koordiniert werden können und der Patient stirbt. Wäre es möglich, dieses Sterben der Zellfraktionen im Hirn aufzuhalten? Es müßte versucht werden, die Vielzahl von lokalen Ausfällen zu kompensieren, d. h. einen Erregungsgrundpegel in den entsprechenden Hirnbereichen einzustellen, der eine Degeneration angeschlossener Hirnbereiche verhindert. Nun basiert die Erregungsweiterleitung auf einem Chemismus, auf bestimmten Nervenbotenstoffen. Es wäre also denkbar, hier entsprechend den Spiegel solcher chemischer Botenstoffe anzuheben. Implantiere ich einen entsprechenden Vorratsbehälter, fahre ich die jeweilige Aktivität innerhalb solcher Hirnbereiche aber *chronisch* hoch, so versetze ich den Patienten in einen dauernden Rauschzustand. Entsprechend wäre eine derartige Therapie, die doch den kognitiven Zustand eines solchen Patienten zumindest stabilisieren sollte, von vornherein sinnlos. Was wäre des weiteren denkbar?

Schon seit einiger Zeit arbeiten einige Arbeitsgruppen an einem alternativen Verfahren. Sie suchen den Gewebszerfall durch Verjüngung der entsprechenden Gewebebereiche aufzuhalten. Hierzu werden Nervenzellen des Typs, der bei Parkinson-Kranken primär geschädigt ist, in das Hirn eines Patienten implantiert. Er wird quasi »gespickt« mit embryonalen Nervenzellen des entsprechenden Typs. Zumindest einige von diesen Zellen sollen dann auch in das Wirtsgewebe einwachsen und dort eine Verbesserung der Grundaktivität in den entsprechenden Hirnarealen bewirken.

Nun gibt es mit solchen Operationen allerdings Probleme. Das Immunsystem des Menschen läßt es nicht zu, Fremdmaterial so ohne weiteres in ein Nervengewebe einzubinden. Äußerst schnell kommt es in solchen Fällen zur Abkapselung entsprechender Fremdgewebe. Damit wird nicht nur die Operation uneffektiv, vielmehr zerstört diese Kapselbildung umliegendes Nervengewebe und kann unter ungünstigen Bedingungen dann auch noch weiterwachsen und von daher die Schädigung des Hirngewebes noch vergrößern. Entsprechend sucht man in diesen Operationen diesen Faktor möglichst zu minimieren und arbeitet unter anderem auch mit fötalem Gewebe, d. h. mit Zellen von menschlichen Embryonen. Dürfen wir dies?

Wird hier nicht menschliches Leben gegen menschliches Leben gesetzt? Ich kann diese Frage hier nur andeuten. Nur – dies ist zu vermerken –, hier verbirgt sich eine funktionalistische Anthropologie, die um den Preis des Machbaren selbst eine Potenz, ein werdendes Leben, opfern will, um einen Vergreisungsprozeß aufzuhalten.

Um die Brisanz dieses Ansatzes vollends deutlich zu machen, sollte ich noch einmal eines betonen: In das Hirn des Patienten können nur lebende Zellen implantiert werden. Die Zellen müssen auch einen gewissen Differenzierungsgrad erlangt haben. Für solch eine Operation ist also »frisches« fötales Hirngewebe eines bestimmten Alters notwendig. D. h. aber, man muß, da auch die Vorbereitungen für die Operation am Parkinson-geschädigten Patienten längere Zeit benötigen, die Lieferung des Fötus regelrecht planen. Konkret: Entsprechende Föten stammen aus Abtreibungen, die zeitlich abgestimmt mit dem Operationstermin »vollzogen« wurden. Die Konsequenzen, die solch ein erster Schritt haben kann, liegen auf der Hand. Das hier zugrunde liegende Menschenbild, das Leben als ein Anlieferprogramm zur Produktion der für die Operation notwendigen Ersatzteile begreift, bedarf keiner weiteren Kommentierung.

Im Zusammenhang mit unserer Analyse der funktionellen Plastizität des Cortex waren schon mehrfach großflächige Hirnabtragungen erwähnt worden, wie sie etwa zu Entfernung eines epileptischen Focus, aber auch zur Elimination eines Hirntumors notwendig sein können. Solch eine Operation entfernt nun nicht nur ein Stück reaktionsfähiges Gewebe, sie zerstört auch die chemische Balance im Hirngewebe. Um hier ausgleichend zu wirken und eine weitere Degeneration von Hirngewebe zu verhindern, werden nun zumindest in einigen Fällen Hirntransplantationen durchgeführt. Hierzu wird etwa einem Unfalltoten oder einem im Kindbett gestorbenen Säugling (meist werden solche Operationen nur an sehr jungen Kindern vollzogen) Hirngewebe entnommen und ›auf den Hirnrest‹ des operierten Patienten gelegt. Dabei wird diese Hirntransplantation nicht unternommen, um eventuell entfernte Hirnbereiche durch »fremdes« Hirn zu ersetzen. Die entsprechenden Hirnteile wachsen denn auch nicht an. Vielmehr soll dieses Hirntransplantat zumindest für die ersten kritischen Wochen die komplexe Regulation des Chemismus in dem operativ behandelten »eigenen« Hirngewebe des Patienten erleichtern. Das noch »lebende« transplantierte Hirn gibt weiter Neurohormone, Wachtumsregulatoren u. ä. ab und kann so helfen, die Ausbildung großflächiger Degenerationen in dem Resthirn des operierten Patienten zu unterdrücken.

Etwaige Befürchtungen, in solche Personen seien nun zwei Personen eingebunden, sind völlig unbegründet. Die entsprechenden Vorstellungen hatten wir schon oben, im Zusammenhang mit der Interpretation der Split-brain-Versuche, zurückgewiesen. Die Probleme liegen hier auf einer gänzlich anderen Ebene.

Um eine entsprechende Operation durchführen zu können, muß das transplantierte Gewebe möglichst »frisch« sein. Ich muß also das Hirngewebe eines Unfallopfers oder eines gestorbenen Säuglings möglichst weit re»vitalisieren«, um solch eine Operation vollziehen zu können. Das Hirngewebe degeneriert äußerst schnell; nach Feststellen des Todes müßten also alle Körperfunktionen reaktiviert und das Hirn möglichst rasch entnommen werden. Vielleicht sehen Sie schon das Dilemma. Wie diagnostiziere ich einen Tod, wenn die Apparate, über die ich die Organe revitalisiere, Lebensfunktionen übernehmen können? Darf ich dann entsprechende Maschinen, an die ich den Toten angeschlossen habe, überhaupt wieder abstellen?

Die Situation wird noch dadurch kompliziert, daß wir den Tod in der Medizin als Hirntod diagnostizieren. Auch dieses Dilemma ist offensichtlich. Jede Revitalisierung von entsprechenden Hirnfunktionen erzwingt, daß eine Nutzung dieses »Präparates« für weitere medizinische Zwecke zu unterbinden ist. Hier steht die Neurochirurgie vor einem Problem, das mittlerweile alle Transplantationsoperationen mit fremden Spendern (Unfallopfern u. ä.) betrifft. Besonders problematisch wird dies bei Säuglingen. Schon bei Erwachsenen ist der Zustand des Komas von einem Hirntod mit dem routinemäßig verfügbaren klinischen Instrumentarium nicht unbedingt zweifelsfrei abzugrenzen. Die klassischen Diagnoseverfahren wie das EEG – das Verfahren muß ja auch schnell gehen – greifen hier zu kurz. Noch problematischer wird dies bei Säuglingen, deren Hirnfunktion ja noch nicht voll etabliert ist. Entsprechend komplex sind die möglichen Reaktionsausfälle, die sich im EEG abbilden, die aber keineswegs direkt einen Hirntod bekunden. Auch dieses Problem sei hier aber nur benannt.

Die hier ansetzenden Diskussionen greifen weit über den engeren Bereich einer Neurowissenschaft aus. Wir sehen den Menschen, den wir derart behandeln, als ein aus seinen Funktionen zu definierendes Lebewesen; etwaige Ausfälle versucht man demnach auch so zu kompensieren. Verengt sich eine Betrachtung auf diese Sicht des Menschen, so sind wir sehr schnell bei einer funktionalistischen Perspektive, die in ihrer Diskussion dann etwa auch die fundamentale Differenz zwischen dem »Denken« eines Computers und dem des Menschen verwischt. Solch eine Konsequenz kann aber noch sehr viel weiter führen. Sind wir »nur« das Resultat der Evolutionszwänge, die etwa Churchland, Dennett oder Fodor darstellten, so hätten wir unser »Ich« nur als eine Art Handlungsverstärkungsaktion des Neocortex zu begreifen. Ein sich derart stark rückkoppelndes System schafft es, Motivationsschübe und damit Verhaltensdispositionen auch über längere Phasen extrem negativ wirkender Umweltreize durchzuhalten. Damit gewinnt ein solches System eine Aktionsbestimmtheit, die es gegenüber schwächer in sich rückgekoppelten Systemen bevorteilt. Solche Systeme sind in ihrem Handlungsaufbau stabiler und können damit auch komplexere Verhaltensmuster entwickeln. Allerdings fänden wir, wenn wir in dieser Weise weiter Schlüsse ziehen, zwischen den derart gesteuerten Verhaltensäußerungen von Mensch und Computer nurmehr graduelle Unterschiede.

Dies sind nun keine bloß akademischen Diskussionen. Vielmehr prägt uns eine solcherart funktionalistisch ausgerichtete Sicht vom Menschen bis hinein in unser Alltagsvokabular: So sprechen wir von einer »Schnittstelle« zwischen Computer und (bedienendem) Menschen. Erst neuerdings zeigen sich hierbei Tendenzen, die entsprechende »Schnittstelle« nach Maßgabe des Menschen – und nicht der Maschine – zu gestalten. In diesem Problemkontext stehen die Neurowissenschaften sehr rasch vor der Gefahr, im Sinne einer entsprechenden funktionellen Betrachtung des Menschen mißbraucht zu werden. Wenn etwa ein Bildregisseur die Schnittechnik in seinen Filmen nicht mehr nach ästhetischen Kriterien oder besser noch nach der Sache, die darzustellen ist, ausrichten würde, sondern nur der verkürzten, verballhornten, vermeintlich neurophysiologischen Einsicht gehorchte, daß wir Bildern ohne Bewegung keine Aufmerksamkeit schenken, so zeigt gerade solch eine Fehlinterpretation, wie weit die Diskussion neurowissenschaftlicher Befunde schon in unser Alltagsleben eingreift.

Was untersuche ich, wenn ich analysiere, wie sich Sinneseingänge im Hirn abbilden? Hiermit studiere ich die Repräsentation eines Eingangsmusters, suche Antwortcharakteristika im Hirngewebe mit Außenkonfigurationsveränderungen zu korrelieren und fasse so immer nur Portionen, Teile eines Bildraums, Portionen eines Hörraums, Stücke eines Test- oder Geruchsraumes, aber nicht die Totalität, die wir als Handlungsraum erleben.

Der Cortex vermag Erregungsmuster, die ihn erreichen, eigengenerierend umzudeuten und sie sich so für seine »Erfahrung« der Umwelt nutzbar zu machen. Er ist vor einer komplexen Überflutung durch die Sensorik gesichert. So erhält er sich seinen »Eigenraum«, aus dem heraus er auch eine Wichtung des ihn erreichenden Datenstromes vornehmen kann. In dieser Selektion und Bewertung koppelt sich der Organismus aus der Umwelt aus und generiert ein »Selbst«, ein Etwas, das ihn von den momentanen Wechseln in den Parameterkonstellationen seiner Umwelt entbindet. Seine innere Plastizität ermöglicht es dem Cortex, zu lernen, zu adaptieren, und damit auch ungewohnte Reizkonstellationen zunächst als solche zu identifizieren und zu lernen, sie zu interpretieren. Entsprechend ist es möglich, dem Cortex auch eine neue Peripherie »aufzusetzen«.

In der Tat machen wir dies fortwährend, wenn wir Instrumenten-
tafeln nutzen, die uns primär unzugängliche Sinnesqualitäten derart codieren, daß wir mit den so erhaltenen Informationen umgehen können und
uns aus ihnen ein Bild der entsprechenden Umweltbereiche zusammenset-
zen können. – Man denke nur an das Echolot eines Fischerkutters oder ein
Radioteleskop. – Können wir hier dann noch weitergehen und den Ausfall
einzelner sensorischer Eingänge direkt operativ, durch Einsatz einer Neuroprothese korrigieren?

Es gibt Versuche, Ausfälle der Hör- oder Sehorgane dadurch zu
kompensieren, daß man über vorgeschaltete technische Sensoren Impuls-
muster generiert, die direkt oder indirekt auf bzw. in den Cortex projiziert
werden. So wurde mit einer Fernsehkamera experimentiert, die das erhaltene Bild in ein Muster von Druckknöpfen umkodierte, das über eine auf
der Brust der Versuchsperson befestigte Schaltscheibe an die Drucksenso-
ren der Haut vermittelt wurde. Die Versuchsperson lernte, diese Druckmu-
ster als Abbild eines visuell perzipierten Außenraumes zu deuten. Andere
Verfahren arbeiten mit schwachen Plattenelektroden, die den entsprechenden Cortexarealen direkt aufliegen und nun Erregungsmuster produzieren,
die sich in Erregungsmuster der darunterliegenden Neuronen übersetzen
(Abb. 29). Damit gewinnt die entsprechende Hirnregion einen Eingang, den
sie nun entsprechend interpretieren und zur Verhaltenssteuerung nutzen
kann. Bisher scheitern solche Operationen in Langzeitversuchen vor allem
an drei Faktoren: Die Elektrodenspannung muß sehr niedrig gehalten
werden, um Langzeitschädigungen des darunterliegenden Nervengewebes
auszuschließen; gleichzeitig müssen die Elektroden extrem lagestabil positioniert sein. Schließlich stößt der Körper die implantierten Kabel und
Elektroteile in Langzeitversuchen ab, oder es kommt zu Infektionen über
diese Teile. Dies alles sind jedoch keine prinzipiellen Probleme. Vielmehr
zeigen Kurzzeitversuche, daß solche Neuroprothesen in der Klinik durchaus erfolgreich sein könnten. Zu erwarten ist auch, daß diese Technologien
von den Versuchen, Bio-Computer zu entwickeln, erheblich profitieren
werden. Wir hatten angesprochen, daß schon in den einzelnen Neuronen
komplexe Verrechnungsprozesse ablaufen (s. S. 53 ff). Für die Konstruktion
eines Computers, der dem neuronalen System analog strukturiert werden
soll, ist dies zu berücksichtigen. Probleme sind insbesondere dann zu
erwarten, wenn ich einen Computer gezielt an reale neuronale »Schaltkreise« ankoppeln möchte. Ein Weg wäre es, eine Ableitelektrode in eine
Zelle einzuführen und die Zelle so mit einem Computer zu »verschalten«.
Diese Kopplungsschleife ließe sich noch ausbauen, indem der Computer
seine Ausgangssignale über eine erregende Elektrode wieder in das Aus-
gangsnervengewebe und eventuell sogar in die erste Nervenzelle »einfüttert«. Dieser Weg wird zur Zeit erprobt.

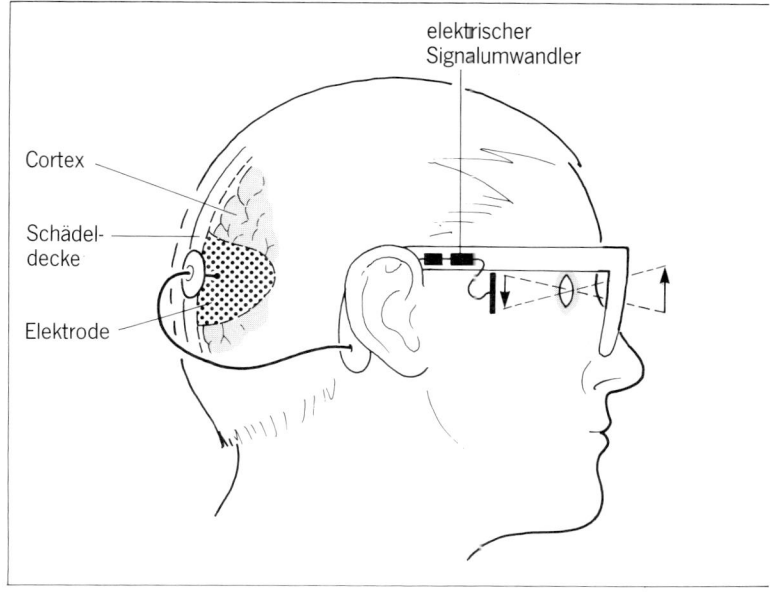

Abb. 29   Neuroprothesen
Beispiel für eine elektrische Stimulationselektrode, die direkt auf die primäre
Sehrinde aufgelegt wird.

Wichtig für eine umfassendere Nutzung und auch für ein Verständnis der Rolle der Einzelzelle wäre es aber, die Zelle in ihrer vollen
physiologischen Charakteristik zu erfassen. Dies wird momentan in Gewe-
bekulturansätzen probiert. Hierzu werden Nervenzellen auf einem speziell
behandelten Substrat ausgebracht, auf dem sie dann anwachsen. Dieses
Substrat besteht aus einer Platine mit einer Fülle von Ableitbereichen, die
die Erregungsströme innerhalb des Neurons an verschiedenen Stellen
direkt erfassen können. Es ist zu erwarten, daß diese Versuche uns helfen,
die Funktionsmorphologie eines Neurons eingehender zu begreifen. Für die
Fragen der klinischen Anwendung bedeutet dies, daß hier unter Umständen die Chance besteht, elektrische Eingangs- oder Ausgangssignale, wie
sie in einer Neuroprothese entstehen könnten, direkt an die entsprechenden neuronalen Zellpopulationen anzukoppeln. Vielleicht wäre so ein direkter Kontakt zwischen der Prothese und einzelnen Neuronen herzustellen.

Ist diese Perspektive für Sie beunruhigend? Trösten Sie sich:

Der Computer ist auch nur ein Mensch, auch er kann entzwei gehen

Stanislav Lem

Literaturhinweise:

Björklund, A., Stenevi, U. (Hrsg) (1985): Neural Grafting in the Mammalian CNS. Amsterdam; *eine Sammlung sehr spezieller Arbeiten zum Problem der Transplantation von Nervengewebe.*

Flohr, H. (Hrsg.) (1988): Post-Lesion Neural Plasticity. Berlin; *eine Sammlung von Facharbeiten zum Problem der Regeneration von Nervengewebe.*

Linke, D. B. (1993): Hirnverpflanzung. Reinbek; *das Buch stellt die Möglichkeiten der modernen Medizin dar und diskutiert deren Konsequenzen für eine Ethik.*

Nicholls, J. G. (Hrsg) (1982): Repair and Regeneration of the Nervous System. Berlin: *eine Sammlung orientierender Aufsätze zum Problem neuronaler Regeneration.*

Wallace, R. B., Das, G. D. (Hrsg.) (1983): Neural Tissue Transplantation Research. Berlin; *eine Sammlung von Facharbeiten.*

Abbildungsnachweis

Abb. 1   aus: A. van Gehuchten (1892): La Cellule 6.
Abb. 2   nach: N. Geschwind (1987): Die Großhirnrinde. In: Gehirn und Nervensystem. Spektrum der Wissenschaft, Verlagsgesellschaft, Weinheim.
Abb. 3   nach: C. v. Campenhausen (1981): Die Sinne des Menschen. Thieme, Stuttgart, und P. H. Churchland (1988): Neurophilosophy. MIT-Press Cambridge, Mass.
Abb. 4   nach: P. H. Lindsay, D. A. Norman (1977): Human Information Processing. Academic Press, New York.
Abb. 6   Prof. Dr. H. W. Heiss, Max-Planck-Institut für neurologische Forschung.
Abb. 7   nach: N. A. Lassen, D. H. Ingvar (1978): Brainfunction and Blood Flow. Scientific American, Oct. p. 62.
Abb. 8   nach: N. J. Strausfeld (1976): Atlas of an Insect Brain. Springer, Berlin.
Abb. 9   nach: N. J. Strausfeld (1976): Atlas of an Insect Brain. Springer, Berlin, und N. J. Strausfeld, U. K. Bassemir (1985): Cell Tissue Res. 242: 531−550.
Abb. 10   nach: L. L. Iversen (1987): Die Chemie der Signalübertragung. In: Gehirn und Nervensystem. Spektrum der Wissenschaft Verlagsgesellschaft, Weinheim.
Abb. 11   nach: J. E. Dowling, B. B. Boycott (1966): Proc. R. Soc. (London) 166: 80−111.
Abb. 12   nach: D. H. G. Hubel, T. H. Wiesel (1987): Die Verarbeitung visueller Information. In: Gehirn und Nervensystem. Spektrum der Wissenschaft Verlagsgesellschaft, Weinheim, und P. S. Churchland (1988): Neurophilosophy. MIT-Press, Cambridge, Mass.
Abb. 13   nach: P. S. Churchland (1988): Neurophilosophy. MIT-Press, Cambridge, Mass.
Abb. 14   nach: O. Creutzfeldt (1986): Cortex cerebri. Springer, Berlin.
Abb. 15   nach: W. J. Freeman (1991): Die Physiologie der Wahrnehmung. Spektrum der Wissenschaft 4.
Abb. 16   nach: G. M. Shepherd (1988): Neurobiology. Oxford Univ. Press, New York–Oxford.
Abb. 17   nach: W. J. H. Naata, M. Feirtag (1987): Die Architektur des Gehirns. In: Gehirn und Nervensystem. Spektrum der Wissenschaft Verlagsgesellschaft, Weinheim.
Abb. 18   nach: J. Levy, C. Trevarthen, R. W. Sperry (1972): Brain 95, p. 68.
Abb. 19   nach: M. S. Gazzaniga, J. E. LeDoux (1978): The Integrated Mind. Plenum, New York.
Abb. 20   nach: W. M. Cowan (1987): Die Entwicklung des Gehirns. In: Gehirn und Nervensystem. Spektrum der Wissenschaft Verlagsgesellschaft, Weinheim
Abb. 21   nach: S. W. Ranson, S. L. Clark (1959): The Anatomy of the Nervous System. Saunders, Philadelphia.
Abb. 22   aus: V. Braitenberg, A. Schüz (1991): Anatomy of the Cortex. Springer, Berlin.
Abb. 23   nach: J. Szentágothai (1975): Brain Research 95: 475−496, P. S. Churchland (1988), Neurophilosophy, MIT-Press, Cambridge, Mass. und O. D. Creutzfeldt (1983): Cortex Cerebri. Springer, Berlin.
Abb. 24   nach: G. Palm (1982): Neural Assemblies. Springer, Berlin
Abb. 27   D. Purves, J. W. Lichtman (1985): Principles of Neural Development. Sinauer Assoc., Sunderland.
Abb. 28   nach: E. R. Kandel (1987): Kleine Verbände von Nervenzellen. In: Gehirn und Nervensystem. Spektrum der Wissenschaft Verlagsgesellschaft, Weinheim
Abb. 29   Nicholls, J. G. (Ed.) (1982): Repair and Regeneration of the Nervous System. Springer, Berlin.

Personenregister

Sachregister